直面课堂的灵动

幼儿园
团体心理辅导101例

YOUERYUAN
TUANTI XINLI FUDAO 101 LI ●●●●

主　编　周耀飞
副主编　陆怡汝　董艳芳
主　审　张骏乐

图书在版编目(CIP)数据

直面课堂的灵动：幼儿园团体心理辅导101例/周耀飞主编.—宁波：宁波出版社,2016.8
ISBN 978-7-5526-2596-7

Ⅰ.①直… Ⅱ.①周… Ⅲ.①幼儿园—心理辅导—教学参考资料 Ⅳ.①G444

中国版本图书馆CIP数据核字(2016)第194796号

直面课堂的灵动——幼儿园团体心理辅导101例

主　　编	周耀飞
副 主 编	陆怡汝　董艳芳
主　　审	张骏乐
责任编辑	王松见　黄　彬
责任校对	霍佳梅
装帧设计	原色太阳
出版发行	宁波出版社(宁波市甬江大道1号宁波书城8号楼6楼　315040)
电　　话	0574-87287264(编辑)　87242865、87279895(发行)
网　　址	http://www.nbcbs.com
印　　刷	浙江开源印务有限公司
开　　本	787毫米×1092毫米　1/16
印　　张	18
字　　数	380千
版次印次	2016年8月第1版　2016年8月第1次印刷
标准书号	ISBN 978-7-5526-2596-7
定　　价	35.00元

如发现缺页或倒装,影响阅读,请与我社发行部联系调换。联系电话:0574-87286804

代序

致守护童心的精灵

当幼儿心理健康教育工作的定位,实现了从"学校教育预备工作"到"终身教育奠基工程"的转变,欣喜之后的理性,让我们再一次直面许多难题,抑或是课题——幼儿在各个发展阶段出现的各种令人"不可理喻"的状态,是否让你"束手无策"?你自己精心设计的心理辅导活动课在落实中是否达到了预期的目标?你是否觉得自己的心理课堂还不够专业、不够出彩、不够给力?

《直面课堂的灵动——幼儿园团体心理辅导101例》一书将给予您许多的启示和帮助。

本书主编周耀飞女士,是继《直面童心的点拨——幼儿园个体心理辅导101例》之后,第二次操刀主持"101例"德育·心育系列丛书的编写工作。她从事心理健康教育工作和幼教工作30余年,是一位拥有教育情怀的资深儿童心理健康教育工作者。周老师怀揣着一颗感恩的心,多年来满怀激情地执着于心爱的幼儿心理健康教育事业,她将对儿童心理健康的深刻了解,以及丰富的一线教育实践经验,浓缩成这本《直面课堂的灵动——幼儿园团体心理辅导101例》,功德无量。

走进此书,我们看到的不仅仅是团体心理辅导。

为使本书更好地服务于广大幼儿教育工作者,编者精选素材,从"学会生存""学会感恩""学会关爱""学会诚信""学会交往""学会合作""学会分享""学会接纳""学会自信""学会抗挫""学会创新"等几条主线入手,选择不同的切入点,全方位地提升幼儿的心理素养。书中的101例教案均出自一线心理辅导专、兼职教师之手,汇集了来自多个省市的心理课程,其中有获得各级各类评比一等奖的优秀成果,也有实操性很强的草根之作,可谓集"东西南北八大菜系"之大成。

每一篇教案后面,都附有编者的"点评"。画龙点睛般的点评,是在做批判性的分享;也是表达一种思想,那就是对作为守护童心的精灵——幼儿教师的赞美。心理辅导活动课不仅是我们教学的组成部分,更是我们修炼自身和守护幼儿的一种武器。

合上此书,我们思考的绝不仅仅是团体心理辅导。

幼儿园是儿童最早加入的教育家园,或者说是一个集体教育机构。在这个世界里,孩子接受的不仅仅是上几堂心理辅导课,搞几次活动,更重要的是,要把心理健康辅导活动潜在的力量挖掘出来,让孩子感受到成长的快乐。

守护童心的精灵们——幼儿教师,不仅仅要上得一手好课,还要不断地使自己成长,重视和加强自身心理卫生保健,以正确的教育行为影响幼儿人格发展,为幼儿的健康成长保驾护航。

1000个读者就有1000个哈姆雷特,《直面课堂的灵动——幼儿园团体心理辅导101例》每个人都会读出不同的课堂,不同的灵动。让我们一起分享,一起践行,静待"心灵"花朵的盛放!

张国宏

(《德育报》社长兼总编辑)

目录

代　序 /张国宏

■ 心理辅导之学会生存

002　1.难缠的纽扣/葛鼎莲
004　2.总会有办法/钱亚玲
006　3."生"技/陈嘉琪
009　4.遇到危险怎么办/翁晓燕
011　5.火海逃生/黄　微
014　6.你愿意独自睡觉吗/周　健
017　7.坚持就有希望/康艳芬
019　8.走丢了怎么办/俞　娇

■ 心理辅导之学会感恩

023　9.爸爸,我想对您说/虞佳维
025　10.爱的感恩/王巧萍
028　11.妈妈,我想对您说/臧　妍
030　12.爱心树/陈思思
033　13.我和爸爸零距离/王　成
036　14.温暖的小礼物/陈瑜露
038　15.爷爷一定有办法/欧　慧
041　16.感恩树/胡盈盈

■ 心理辅导之学会关爱

045　17.让爱住我家/方雨兰
047　18.爱我你就抱抱我/罗佩佩
050　19.妈妈心,妈妈树/胡　嫣
052　20.漂亮的巨人/谢敏芬
055　21.我的爸爸叫焦尼/冯　燕
058　22.点亮爱心/张　玲
060　23.爷爷奶奶我爱您/刘　晓

063 24.有一种关爱叫"严厉"/朱继红

心理辅导之学会诚信

067 25.守门,守信/徐丰丰
070 26.花盆里的种子/张晓燕
072 27.说实话,不骗人/尤思思
075 28.友谊的魔法石/林千淇
077 29.守信的好孩子/杨益武
080 30.诚实花开/张　璐
082 31.不做"匹诺曹"/陈　茜
085 32."过小门"/徐佩盛
087 33.诚信你我他/冯蒙蒙

心理辅导之学会交往

092 34.大胆说出来/陶学军
094 35.小不点交朋友/卢建浓
097 36.没有人喜欢我/吴　春
099 37.鸭子说:不可以/蒋洁雁
102 38.小老鼠和大老虎/朱瑾妍
104 39.我有友情要出租/陈春维
107 40.我的快乐,带给你/龚小丹
109 41.兔子先生的"麻烦"/冯妙苗
112 42.结交新朋友/童清清

心理辅导之学会合作

116 43.合作的暖阳/曹薇芬
118 44.一起来吧!/章　瑛
121 45.《大石头》/张　芸
123 46.手拉手,快乐多/方惠英
126 47.抱团才会赢/宋丽丽
128 48.合作游戏,妙趣横生/钱盛美
131 49.大力士与三个和尚/徐敏聪
133 50.抢椅子/劳红芳
136 51.合作真快乐/王桃月

心理辅导之学会分享

- 140　52.分享快乐/陈仙红
- 142　53.卡卡的烦恼/乌建波
- 145　54.闹闹的苦恼/邱　爽
- 148　55.一起玩/陈奕含
- 150　56.我当姐姐(哥哥)了/林超之
- 153　57.你一半我一半/蒋月波
- 155　58.小乌鸦开心了/刘丽君
- 158　59.红狐狸和蓝狐狸/刘　萍

心理辅导之学会接纳

- 162　60.不一样的清清/陈贤惠
- 164　61.我的"随迁"朋友/胡丹红
- 167　62.弟弟妹妹我喜欢/朱黎黎
- 170　63.《短耳朵》康　莉
- 172　64.你棒,我也棒/陈　芬
- 175　65.我不要妒忌/翁慈雅
- 177　66.菲菲生气了/柴晓群
- 180　67.学做情绪小主人/姚晴晴

心理辅导之学会自信

- 184　68.我就是我/陈　萌
- 186　69.我是好样的/陈亚贞
- 189　70.乌龟阿慢的宝贝/赵依波
- 191　71.加油,宝贝！/钱静波
- 194　72.爸爸,你为什么会喜欢我/鲁晴瑜
- 196　73.我,喜欢我自己/王洪波
- 199　74.不一样的我/王芳芳
- 201　75.青蛙弗洛格/李海珍
- 204　76.大胆说出来/包伟书

心理辅导之学会抗挫

- 208　77.孩子,别怕/沈珍宇
- 210　78.生气汤/黄晶璐
- 213　79.勇气/章小凤

216	80.我不想生气/蒋　兰
218	81.越挫越勇/吴云芝
221	82.失败我不怕/陈　薇
224	83.输得起的孩子/陈霞君
226	84.礼物/周佳卉
229	85.失望的时候/叶　蔚

心理辅导之学会创新

233	86.魔术师变变变/胡　佶
235	87.美丽的花园/吴姿洁
238	88.游戏,带你走入创新王国/汪亚蓉
241	89.圆形变、变、变/韩幼萍
243	90.画声音/陈莉霞
246	91.我的地盘我做主/陈音子
249	92.送你一个惊喜/周飞波

心理辅导之其他

253	93.分豆豆/周　静
255	94.《不要随便摸我》/俞婷婷
258	95.不跟陌生人走/叶　彦
260	96.时间都去哪里了/姚成瑾
263	97.魔鬼医生覆灭记/顾芳芳
266	98.原谅小黑猪/李玉波
268	99.坚持,我小小的梦想/李洁莹
271	100.我不知道我是谁/顾科青
273	101.上小学,你准备好了吗?/郭晓蕾

后　记

心理辅导 之
学会生存

难缠的纽扣

葛鼎莲

A 辅导缘起

天气已渐渐转凉,小朋友穿的衣服明显多了起来。午睡前耳朵听得最多的一句话是:"老师,请你帮我脱衣服。"一天中午午睡,一些孩子都已经睡了,还有很多孩子没有躺下,我奇怪地走过去想看个究竟,却发现他们大都困在了解衬衫的扣子上。在安静地等了五六分钟之后,几个孩子陆续躺了下去,但是还有好些个孩子仍在努力。有个叫楠楠的孩子突然叹了一口气,并用余光瞄了瞄我,马上低头继续解起扣子来。只剩最后一粒了,在尝试了十多分钟之后,他还是没有解开。这时候我又听见他在深呼吸之后叹了一口气,于是,我轻轻地说:"把这粒小扣子从这里面钻出来。"并用手帮他抵住了灵活的扣子,这次他轻松地脱了下来,一脱下来他如释重负地说了一句:"好难缠的纽扣啊!"一件衣服,四粒扣子,却难倒了好几个小班的孩子。

《3—6岁儿童学习与发展指南》针对幼儿生活习惯与生活能力中的目标中提出了这样一条建议:鼓励幼儿做力所能及的事情,对幼儿的尝试与努力给予肯定,不因做得不好或做得慢而包办代替。我们也常常为了避免孩子速度过慢导致活动时间的拖延而选择了直接帮孩子解决还未完成的事情,其实这样往往让孩子错失了一次锻炼的机会,久而久之,孩子某方面的能力就会越来越弱。有的时候,我们适当做一会儿懒老师,让孩子绕绕远路,却是给孩子最好的机会。

B 辅导节点

1. 热身台——好玩猜谜,找出纽扣

(1)吸引游戏:幼儿围坐成一个圆圈,教师把若干纽扣放进铁罐子里,摇晃出声音,吸引幼儿的注意。

(2)提示猜谜:这个罐子里面藏着一样宝贝,它小小的、圆圆的,藏在我们的衣服上,小朋友们赶快找一找是什么?

(3)谜底揭晓:原来这个宝贝是纽扣呀!纽扣多重要呀!天气冷的时候,我们把衣服上的纽扣扣上就不冷啦,但是你们会扣纽扣吗?

2. 情景场——故事聆听,体验情绪

(1)聆听故事:今天呀,一只小熊大清早就开始哭哭啼啼的,到底发生了什么事情呀?我们赶快去看一看。

(2)图片展示:熊妈妈大清早干吗去了?谁来找小熊?小熊怎么哭了呀?(提示:熊妈妈早起去街上买菜了,小狗来找小熊玩,小熊不会穿衣服,着急地哭了)

(3)换位思考：小熊解不开扣子,你觉得它心里会怎么想？如果是你遇到这样的事情,你会怎么样呢？（提示：小熊会很着急,不会扣扣子又不能出去玩,它太伤心了）那我们先安慰安慰它吧,你会怎样安慰它呢？

(4)寻求帮助：小熊哭得这么伤心,我们该怎么帮助它呢？

3. 工作坊——动手操作,乐于助人

(1)动手体验：给每个小朋友发一个小熊玩偶和一件玩偶外套（均为前襟对开,有纽扣）,让他们初次尝试扣纽扣。

(2)视频展示：教师事先录好扣纽扣的视频,让幼儿一边看视频,一边学扣纽扣。教师巡回指导。

(3)情感体验：好多小朋友都学会了扣纽扣,都帮小熊穿好了衣服。小熊高兴地和小狗出去玩了,听小熊说了什么,播放录音"谢谢"。

4. 感悟园——自己动手,亲身体会

(1)我会动手：宝贝们这么能干！请宝贝们坐到自己的位子上,自己动手穿上你们的衣服。

(2)互相帮助：穿好衣服的小朋友可以帮助不会扣纽扣的小朋友,帮助他们穿好衣服。

5. 实践点——敢于尝试,能力提升

宝贝们,你们又学了一项新的本领,要是让爸爸妈妈知道你们学会了这项本领,他们该多高兴啊！老师给你们布置一项任务,请你们回家去帮爸爸或者妈妈扣一下扣子,让他们瞧瞧你们的本领,让你们知道你们真的长大了！

C 辅导反思

这节课来源于小熊满满成长绘本里的一则《我会穿衣》,结合小班幼儿的年龄特点（家里包办多、生活自理能力差、不愿自己动手等）,同时为了从小培养幼儿良好的生活自理能力,故设计了这样的一节课。

故事里的小熊因为不会穿衣服没法出去玩非常着急,作为小班同样爱玩的宝贝们,还是能够深切体会到的。他们也为小熊焦虑、着急,于是当我问"我们该怎么帮助它"时,宝贝们都大声地喊道"我来帮它穿衣服",但是也有不少孩子说"帮小熊找妈妈"。现在的家庭都是独生子女居多,六个大人围着一个孩子,孩子们衣来伸手,饭来张口,越长越退缩到了婴儿时期,只要一哭,父母就给解决所有的事情。

所以在这节课上我的教学重点放在让孩子们学习扣纽扣上。虽然他们第一次尝试扣扣子非常慢,但我给时间让他们慢慢地尝试和探索。孩子们其实比我们想象的要聪明,他们的模仿能力太强了,一下子就学会了。此后的活动,我会让孩子们学会自己穿脱衣服、鞋子,后续的事情继续做下去,孩子们才会真正地学会自己动手。

作者单位：宁波市象山县高塘岛乡中心幼儿园

编者点评

课堂设计切口小、有梯度,以小熊满满成长绘本里的一则《我会穿衣》贯穿全课,从帮助小熊解决扣扣子的问题,到学会自己穿衣、帮助同学穿衣、帮家人扣扣子……

本课设计的巧妙之处在于将动手能力不强的幼儿放在"助人"的角色上,激起幼儿参与的积极性,同时结合行为训练的方法,提升了幼儿的生活自理能力。

当然,本课如能从扣扣子一事拓展到生活中其他事务的自理,就更为理想了。

总会有办法

钱亚玲

A 辅导缘起

多数家长因为自己工作繁忙,将孩子的教育、生活问题交给了爷爷、奶奶、外公、外婆,而祖辈家长对孩子们的照顾呵护备至,常常代为其劳。孩子不用说不用想,大人便已替他们做好了。除此之外,成人教育观念中认为孩子年龄小,现在帮助他们做这些事不会有什么影响。还有部分独生子女平日里因家人过分宠溺,都不愿自己动手动脑,缺乏自己想办法解决问题的能力,习惯性向成人求助。

在小班幼儿中,我常发现起床时多数孩子躺在那里不动,等待老师给他穿衣服;学习新本领遇到困难时总爱说:"老师,我不会。"为此,针对幼儿缺乏自己想办法的主动意识和依赖心理,实践我园培养幼儿自我管理的宗旨,笔者尝试通过绘本故事《总会有办法》,充分挖掘孩子们的想法,调动孩子们的积极性。从小培养孩子的生存智慧,让我们的孩子慢慢学会独立,成长不是一蹴而就的,而是需要我们耐心去引导和支持,"授人以鱼,不如授人以渔",对于孩子亦是如此。

B 辅导节点

1. **热身台——**创设情景,激发兴趣

(1)情景导入:昨天老师准备骑车回家,却发现车坏了,这可怎么办?谁能帮我想想办法。

(2)各抒己见:请幼儿说出自己想的办法(借别人的车、把车修好、走着回家)。

(3)提出主题:车坏了我很害怕不能回家,但是我知道总会有办法的,就像你们

说的我可以把车修好或者走路回家。

2. 情景场——讲述故事,引发思考

(1)引出故事:老师有一个朋友,他是一只非常快乐的小仓鼠,还是一个小小旅行家。(出示绘本PPT,播放背景音乐)一天他来到了橘子树林,在美丽的树林里睡着了。这里太漂亮了,于是他决定在这里盖一座房子。

(2)绘本讲解:他又准备去旅行啦,可是他非常想带着自己盖好的房子一起旅行,这样做可能吗?

幼儿自由发言,老师对说"可能"的幼儿提问:"你有什么办法带着房子旅行呢?"

(3)教师小结:小仓鼠和你们一样,爱动脑,他知道总会有办法的。

3. 工作坊——积极动脑,寻找办法

(1)认真思考:出示绳子图片,"小仓鼠拿绳子做什么?"(引导幼儿思考绳子的作用)小仓鼠用绳子把房子捆起来,向前拉,可是房子太重了,只往前走了一点儿。(再思考,可以邀请更多小伙伴帮助他拉房子)

(2)联系经验:小仓鼠要走很远很远的路,这样走太累了,他希望自己的房子可以走得快一些,像汽车一样。(提示幼儿联想汽车有轮子,装上轮子的房子走得更快)

(3)发散思维:他开着房子车,可是遇到了一条小河,不过总会有办法,你们和小仓鼠比比看谁想的办法好。

根据幼儿想的办法出示相应图片(教师提前预设可能的办法),并肯定幼儿的想法。

看看小仓鼠想到了哪些,依次出示气球、竹蜻蜓、大翅膀等。

(4)小结提升:小仓鼠终于可以带着心爱的房子到处旅行啦,他非常开心!其实很多东西可以帮助我们解决问题,比如故事里的绳子可以用来拉东西、车轮可以让房子跑得更快、气球可以让房子飞起来。遇到困难的时候,只要肯动脑筋,总会有办法的。

4. 感悟园——结合实际,解决问题

(1)观看图片:你们看这些问题是不是你们常遇到的?起床后衣服找不到了,它会在哪里?(提示幼儿思考睡觉的时候衣服会放在哪里?)

(2)实战练习:瞧,老师的这本故事书坏了,看不了怎么办?需要些什么?请小朋友帮助故事书去找小剪刀和胶布,我们一起来解决问题。

5. 实践点——我有办法,自己能做

不管以后遇到什么问题,想一想有什么东西可以帮助我们,总会有办法的。你可以问问爸爸妈妈、爷爷奶奶有什么问题需要你帮助的。(与家长沟通,在家中让幼儿解决他们自己能做的事)

C 辅导反思

团辅活动让孩子们对困难和问题有了清晰的认识。困难是显而易见的,以往孩子们并不会去看待困难与问题,而是等待大人去解决。从"热身台"开始,教师提问引发了孩子们去思考,并提出解决问题的方法,看得出孩子们是具备思考问题能力的。

整个活动以绘本故事《总会有办法》作为主线,通过小仓鼠的奇特想法和不断遇到的问题,调动了孩子们挑战问题的积极性。故事里出现了许多孩子们熟悉的东西,例如绳子、车轮、气球、翅膀等,让问题的解决变得有章可循;实战练习——自己到图书区拿剪刀和胶布,动手与老师一起修补图书,让幼儿相信并体验到自己参与解决问题的乐趣。

活动后,教师需要与家长积极沟通,让孩子学着自己的事情自己做,遇到问题愿意自己想办法去解决,不能剥夺孩子思考问题的机会,给他们一些时间,减少一些催促和包办。从小培养孩子的生存意识,减少依赖心理,还需要我们成人更多耐心的引导和支持。

作者单位:安徽省合肥市康园幼儿园

❤ 编者点评

不论是以教师自身遇到的困难引入话题,还是让幼儿帮助小仓鼠实现梦想,都将幼儿放置在"助人"的角色上,能很大程度地激发他们的积极性和使命感,完成了幼儿从"求助"向"自主解决问题"的角色转变。

"感悟园"又将焦点拉回现实中存在的问题,给予幼儿实践操作的机会,并获得成功的喜悦。

最后的"实践点"可以改为自行解决生活中的一件事,记录自己的小进步,会更直接而有效。

3 "生"技

陈嘉琪

A 辅导缘起

在新闻上有时不经意地看到孩子被拐骗,甚至于被杀害等一些催人泪下的报道,这不仅让人对这些犯罪分子感到痛恨,也让我联想到这些孩子为什么就这么轻易地被骗去,这么轻易地被杀害。在幼儿园里也经常会有各种安全演习,在演习中看到自己班的孩子被糖果、玩偶、游戏机,以及"骗子们"的各种花言巧语拐骗至另一地时(他们甚至连跟老师说都不说一声就大胆离园),我既好笑又心痛。事后也有个别孩子意识到这是个骗局,但对于"骗子们"他们不知如何应对。孩子们这种对自我生命安全缺乏防卫的现象,让我觉得帮孩子们从小构筑安全防线、引导孩子学会生存,是迫切需要解决的重大问题。

团辅活动结合中班孩子的年龄特点以及实际情况而设计,通过"情景再现""移形换位"等角色表演和头脑风暴等具体方式,帮助孩子学会自我保护。我们必须从小就教会幼儿学会生存,培养他们的生存技能,确保生命安全。

B 辅导节点

1. 热身台——经验回顾

(1)欢快入场:幼儿在轻松的乐声中进入活动室,自由选择位置坐下,让他们感觉到身心的放松。

(2)日常应对:请幼儿说一说遇到陌生人跟他聊天时,他会如何应对?如何分辨他们是不是坏人?如何抵制他们的诱惑?如何自救?

(3)交流分享:跟老师、同伴说一说自己平时看到过的或者听到过的,甚至经历过的对于诱拐的认识。

2. 情景场——情景再现

(1)角色表演:请几位陌生大人来充当一下"骗子的角色",几位大班的哥哥姐姐作为"被拐骗"的对象,来进行角色表演。

①情景一:幼儿被游戏机、好吃的零食等手段吸引骗走。

②情景二:幼儿发现陌生人想拐骗他,但不知如何应对,还是最终被强行拐走。

(2)抛出问题:

①情景一中的小朋友是被什么骗走的?

②情景二中的小朋友发现陌生人是骗子了吗?他又是怎么做的?结果如何?

3. 工作坊——移形换位

(1)头脑风暴:

①如果上面的小朋友变成了你们自己,你们会如何处理上面情景里出现的情况。

②小组对问题进行探讨,并得出小组的结论。

(2)拓展体验:

①请幼儿在老师的指导下把小组的想法进行角色表演,通过表演告诉大家你们是怎么处理的。

②教师小结幼儿的表演,并总结这些幼儿自身安全防线的构筑是否正确。

4. 感悟园——身临其境

(1)播放视频:播放现实中发生的这类事件以及人们的处理方式。拓展幼儿的经验,让幼儿初步掌握解决此类事件的一些基本方法。(问一问幼儿:视频上的孩子是怎么处理这类事件的?他们做得正确吗?如果再遇到这类情况,你们会处理了吗?)

(2)情景还原:把遇到情景一和情景二时正确的处理方法让幼儿自己通过角色表演再次生动地表现出来,让孩子们加深印象。(虽然有些孩子可能生活中没有遇到过这种情况,如果让他们表演过了,就会有类似的经验,不然只是空谈)

(3)除了上述这些可能会发生的诱拐事件,其实生活中还有其他不同的对我们幼儿的生存安全存在隐患的事件,请幼儿说一说他们还知道哪些?

5. 实践点——突击演习

(1)在幼儿相对放松的情境下突击进行类似防诱拐的安全演习,增强孩子们的安全知识和经验。活动后教师问问孩子:这次你们觉得自己应对得如何?有没有再犯以前一样的错误呢?你们觉得自己还有什么不会应对的?有需要增强安全知识的地方吗?

(2)教师总结突击演习的结果和解决一些幼儿的困惑和问题。

(3)平时多学习各方面生存知识。

C 辅导反思

鲁迅先生在一篇文章中说:人的本性是一要生存,二要温饱,三要发展。生存是最重要的,没有生命,就奢谈其他的一切。"生存能力"不单是过去的知识和记忆,还包括分析问题和解决问题的素质和能力。在今后,随着信息化的发展而不断涌来的信息中,每个人能够选择自己需要的信息。

对幼儿来讲,他们的身体发育还很不完善,适应自然环境的能力也相当弱,缺乏生活的经验和技能,认识水平低,心理发育不成熟,情感自控能力弱。但幼儿可塑性大,是接受教育的黄金时期。所以我采用了中班孩子比较喜欢的角色表演的形式让孩子学会一些简单易懂的安全知识应急自救。通过创造逼真的情景和角色表演,让孩子们身临其境,切身感受,知道万一发生以上的几种情况该如何处理。

但是本次辅导也让我产生了一个围绕已久的困惑。那就是单单只是在幼儿园进行生存技能的锻炼就够了吗?那么在家庭中呢?家长作为孩子的亲密陪伴者,作为孩子的第一任老师,他们对于孩子生存技能又是如何培养的?是放任不管,还是随之任之,还是……社会是一个大染缸,有形形色色的人,孩子以后是需要单独去面对的,单单靠幼儿园的生存技能培养是不够的,需要家庭的配合,才能让孩子得到更多的锻炼,具备更多的自我保护知识,孩子们需要学会的还有很多,安全教育是一条漫漫长路。

作者单位:宁波市怡江幼儿园

编者点评

整个教学环节设计流畅、过渡巧妙、层次分明、实操性强,没有流于理论上的空谈。教师充分利用音乐、心理剧、角色扮演、头脑风暴、实践演练等形式,为幼儿创设身临其境的氛围,帮助幼儿提高参与度、较好地进行自我心理探索、学会构筑自我保护的安全防线。

此外,教师不局限于对诱拐的讨论,还进一步引申出对生活中其他安全隐患事件的探讨,并进行适当的拓展训练,也是本堂课的亮点之一。

4 遇到危险怎么办

翁晓燕

A 辅导缘起

前阵子在微信朋友圈有一条信息引起了大家的震惊,说是一个小女孩被绑架关在车里,刚好这时经过一名警察,小女孩不但没有呼救反而更加害怕,因为妈妈说过,她不乖就让警察叔叔把她抓走,孩子失去了一次很好的自救机会。我所在的园曾经开展过一次防陌生人演习,在演习中,扮演陌生人的家长用一颗糖骗出一群孩子,更有家长用一个iPad把整个班级的孩子都骗走了,这很让我们吃惊。我们在加强孩子的安全教育的同时,是不是更要教会孩子遇到危险、遇到坏人该怎么办。我们都爱我们的孩子,可是总有不在孩子身边的时候,这时他们遇到危险,引导他们如何自救、如何脱离危险、如何生存,显得格外重要。

因此,我萌发了开展团体心理辅导活动的想法。辅导对象为中班幼儿,他们对社会充满好奇,但还不能准确辨别是非善恶。拟通过辅导,引导幼儿在遇到危险、坏人时,能用简单的自救方法,使自己脱离危险,学会生存。

B 辅导节点

1. **热身台——脸部运动,情绪体验**

(1)脸部操:活动开始,请全班幼儿做脸部运动,大家发挥想象做各种表情,在笑声中感受控制脸部肌肉的能力。(出一个不同表情加一个星星)

(2)我说你做:教师随机报出一个表情,请幼儿准确做出该表情,做得好的幼儿可以得到一个星星。

(3)情绪大反串:根据教师出示的图片,幼儿做出相反的表情,成功的幼儿可以得到一个星星。

2. 情景场——案例再现,情真意切

(1)案例再现:请幼儿观看视频(小孩被坏人控制),并思考:小女孩被坏人抓走了,你觉得小女孩心里会怎么想?小女孩又是怎么表现的?

(2)换位思考:如果现在被抓走的是你,你会怎么做?请幼儿大胆说说。

(3)分享交流:当遇到危险的时候,不要大吵大闹,要找机会让警察帮忙,给爸爸妈妈打电话……(想出一个办法得一个星星)

3. 工作坊——辨清警察,熟记号码

(1)说一说,认一认:请幼儿说说警察是什么样子的,他穿什么样的衣服,带什么样的帽子。幼儿每说出一样,教师出示相关的图片。(说出一个得一个星星)

(2)辨一辨,找一找:教师为每个幼儿提供一份材料,请幼儿在穿类似制服的人中准确找出警察、军人、保安等。(准确分辨找出一个得一个星星)

(3)报一报,记一记:教师出示相关遇到危险的图片,请幼儿把相关急救电话报出来,然后再请幼儿说说爸爸妈妈的电话号码、姓名、自己所在的城市名字、小区名字和门牌号。看谁记的多。(说出一个得一个星星)

(4)分享交流:在紧急情况下,如果忘记爸爸妈妈的电话号码,我们可以拨打110、119、120等求助电话,告诉他们我们在哪里遇到什么困难了,但是这些电话只有在紧急情况下才能打,平时不能乱拨。

(5)颁奖鼓励:看谁得到的星星多,依次颁发小奖品。

4. 感悟园——视频再现,排除困难

(1)播放视频:完整播放模拟视频,观看小女孩的整个脱险过程,请幼儿说说小女孩哪里做得特别棒。

(2)教师分析,提升经验:小女孩在孤立无援时,没有过度反抗,发现警察后迅速挣脱求助,清晰准确地描述了被拐过程,准确报出姓名及家长联系方式,而且紧贴警察,保证自身安全。

5. 实践点——体验脱困,保证安全

(1)情景重现:请个别幼儿扮演案例中的小女孩,其他幼儿观察,说说扮演哪里做得好,哪里可以用更好的方法。

(2)教师小结:在生活中,我们要避开危险,不跟陌生人走。对于陌生人提出的任何要求,我们都要坚决拒绝,无论去哪里,都要及时与大人取得联系,并告知具体方位。但如果真的遇到危险了,我们也不要慌张,要沉着冷静,找机会使自己脱险。

 辅导反思

本次活动我以知识竞赛的形式,让幼儿答对就能得到星星,按照得到星星的多少最终颁发相应的小奖品,让幼儿积极地参与活动,同时也希望能减少幼儿的恐惧感。活动中我引导幼儿在和坏人单独相处时,不大哭大闹,保持冷静,知道遇到危险要向警察寻求帮助,并且要牢记110等救急电话;提醒幼儿最好能准确说出自己爸爸妈妈的姓名、电话号码、家庭住址,方便他人更快地帮助自己。

整个活动我都围绕这个真实的案例开展,从情绪变动到案例再现,再到辨认警察、熟记相关电话号码,都是为了让孩子知道遇到危险的时候要冷静想办法脱离危险,完成本次的辅导目标。最后的情景再现,让幼儿把经验化作实战,加深记忆。

在成长过程中,孩子们可能遇到许多危险。危险无处不在,而我们也不知道它们何时降临,也不可能和孩子们一直都形影不离。因此,让孩子具备自我保护的本领,学会自立和脱险显得尤为重要。但这些不是仅仅靠一个活动就能教会的,还需要家园配合,让孩子在日常生活中多多关注、学习。

作者单位:宁波市江东实验幼儿园

编者点评

选材着眼于目前幼儿亟待增强的安全意识,很有意义。真实的案例贯穿整个活动,主题明确,主线清晰,不仅贴近幼儿的生活实际和内心,而且有助于幼儿在讨论和实践中深刻体悟,通过模拟情景,掌握自救的方法。

开始的热身活动如果能贴合主题,则更有意义。

⑤ 火海逃生

黄 微

A 辅导缘起

现在的孩子,从小受家里几代人的宠爱,逐渐形成了不良的习惯和性格,如蛮横、自私、狭隘等。在幼儿园,孩子在一起,不免会因一些小事而发生争执,如抢玩具、喝水不排队、挤座位,等等。当发生争执时不少幼儿不会用"有序"的办法来解决。而"有序"一词在生活中运用广泛:上车要有序、超市排队要有序、坐电梯要有序……衣食住行、工作学习,人类的生存和发展都离不开"有序"。所以让孩子学会"有序"显得尤为重要。辅导对象为大班幼儿。

直面课堂的灵动——幼儿园团体心理辅导101例

B 辅导节点

1. 热身台——谈话交流,引出主题

(1)演示课件:屏幕上出现大片的火海。

(2)师生交流:

教师:图片里发生什么事了?

幼儿:着火了。

教师:如果我们教室着火了该怎么办?

2. 情景场——实景演练,交流体验

(1)游戏导入:我们今天来玩个游戏,游戏的名字叫"火海逃生"。

(2)游戏规则:听到警报声,大家马上从安全出口逃出教室,听到口哨声一响,说明最佳逃生时间已过,此时无论你有没有逃出都必须静止不动。

(3)交流分享:听到警报声时心情怎么样?哪些小朋友逃出了教室?你为什么没逃出?

3. 工作坊——模拟道具,发现方法

(1)模拟游戏:出示模拟道具,通过乒乓球演示逃生游戏拥挤的情景。

游戏规则:瓶子代表教室,乒乓球代表逃生的人。游戏开始前,每个幼儿手拿一根绑着乒乓球的绳子,球必须在瓶底,当老师喊"开始"时,大家拉绳子,让球从瓶口逃生。口哨声一响,停止拉动,时间5秒钟。

(2)操作道具:幼儿分组,每组6个人,按照要求操作模拟道具。

(3)交流结果:发现逃生的方法,知道只有大家有序地逃生,才能更快地离开火场,初步感受到了有序的重要性。

4. 感悟园——视频回放,反思感悟

(1)再次游戏:第二次做"火海逃生"游戏,并将游戏情况现场录像。

教师:通过刚才模拟玩具,现在请你回想一下活动前我们玩的这个"火海逃生"游戏,要想让所有的人都逃出教室,我们要注意什么?

(2)现场采访:游戏后,观看录像,如果有个别拥挤现象,此时我就以记者的形式来采访这两位幼儿。

(3)对话记录。

教师:刚才画面上的两位是你们吗? 当时你们俩同时被挤在那里有什么感受?你们当时是怎么想的?

幼儿A:怕逃不出,着急。

幼儿B:希望有人来救我。

教师:可是由于你们谁都不让谁,结果浪费了宝贵的时间,让后面的小朋友都无法逃出。

幼儿B:为什么要我先让,他也可以让我呀!

(这名幼儿的回答让全场的幼儿喧闹起来,大家纷纷谴责他自私、不讲理等)

教师:那让我们回到刚才的场景来试试看!

(教师找来了两把椅子,背面相对,留出一人宽的间距,作为临时的一个通道,请这两位幼儿上来,再现刚才的情景)

教师:现在两个人同时被挤在通道中,该怎么办?你们看看他俩站的位置,谁先出去方便?

幼儿B:老师,我让他先逃。

教师:为什么你让他先逃?

幼儿B:因为他比我前面一点。

教师:好,那你退一步。

(果然,两人顺利逃出通道)

教师:通过刚才的演示,你们发现了什么好办法?

其余幼儿:谁在前面,就让谁先逃。

教师:刚才××说希望有人来救他,怎么救?

幼儿C:我来拉他一把他就能够出去了。

(请幼儿演示)

教师:因为你伸手帮了他一把,结果让大家都成功逃生了。

(其余孩子给他们鼓掌,两个孩子高兴地拥抱在了一起)

教师:原来互帮互助也是有序逃生的一个好办法。

5.**实践点——体验成功,联系生活**

(1)体验成功:第三次游戏幼儿全部"逃生",幼儿通过有序逃生使他感受到了成功的喜悦,大大鼓励他们在今后生活中运用"有序"的积极性。

(2)经验迁移:其实在我们生活中还有很多地方需要用到"有序",那么哪些时候我们要"有序"呢?如果我们不"有序"会发生什么?

C 辅导反思

活动中出现了三次"火海逃生"的游戏。第一次游戏,就如我课前预想到的,发现孩子们在通道中挤成一团,毫无"有序"意识。为帮助幼儿找到有序的方法,我穿插了一个乒乓球的模拟游戏,在理解感受的基础上再次"逃生",通过DV回放,感受"有序"在逃生中的重要性。但也发现有两个孩子还是出现了相互拥挤的情况,此时我灵机一动,用两把椅子做了一个临时通道,请这两个孩子再现刚才的情景。这个环节,幼儿在开放的情境体验中发现问题,并且自己找到了解决的方法。

"火海逃生"创设的是一个紧张而特殊的场景,需要幼儿迅速做出反应,这种反应往往具有本能性。25分钟的活动,也许只能让孩子在脑海里有初步的"有序"概念,我们要根据幼儿的年龄特点,把"有序"教育融于活动细节之中,潜移默化地让孩子形成秩序感,通过生活实践的不断练习来加强巩固。

"逃生自救"是生存教育的一个部分,中国的孩子由于家长的溺爱和生活环境的优化,个体的生存能力相对下降了,许多生存技能也减退了,如没有父母陪伴无法独自在家,缺乏自我保护和独立思考判断能力等,这些生存能力的缺失更凸显了"学会生存"的重要性和必要性。

为了让孩子更好地生存于社会,我们每一位成年人都应该行动起来。

作者单位:宁波市市级机关第一幼儿园

❤ 编者点评

从导入的课前热身到最后的实践点,贯穿课堂始终的是"火海逃生",该活动紧扣"有序"的主题展开,有情节、有讨论、有改进、有体验,关注孩子的心理体验和心理感悟,起到了不错的辅导效果。

如果能将画面的讨论移至课堂中来,让学生演练"火海逃生",则更有带入感,会有更深刻的体悟,并学以致用。

6 你愿意独自睡觉吗

周 健

A 辅导缘起

通过谈话了解,班中多数孩子都是和大人一起睡。原因有多种,有客观上的,如家长问题(担心孩子一个人睡会踢翻被子感冒)、物质条件(没有孩子独立的房间),也有幼儿主观上心理原因等。通过和幼儿交流,我大致归纳幼儿不愿意独立入睡的原因有以下几点:一、恐惧心理(怕黑、担心有怪兽、做噩梦等);二、依恋心理(习惯依偎成人入睡);三、生理问题(晚上不敢一个人上厕所)。和家长交谈中我也发现,许多家长有培养幼儿独立入睡的意愿,但没有合适的教育方式,或采取的教育方法不够恰当:往往用训斥、强制等手段教育孩子,使孩子产生抵触心理。

幼儿园大班正是幼儿自主性、独立性快速发展的时期,随着幼儿不断成长,让适龄孩子与父母分床睡,有助于他们独立意识和自理能力的培养,并可促进心理成熟,养成良好的睡眠习惯。

基于以上几点分析,我就萌发了开展团体心理辅导活动的想法,帮助他们解决相关的入睡问题,使其愿意尝试独自入睡。

B 辅导节点

1. 热身台——问题呈现

(1)分组调查:在家里,你是一个人睡觉的,还是和爸爸妈妈一起睡觉的?

(2)选择座位:请幼儿根据自己的睡觉情况,选择座位。

(3)呈现视频:播放视频一(晴晴在自己的小房间里翻来覆去,不肯睡觉……)。

(4)现场提问:录像里的小朋友一个人睡着了吗?为什么她睡不着?你从哪里看出来?

2. 情景场——了解成因

(1)互相讨论:你们觉得晴晴晚上睡不着的原因是什么?

(2)个别交流:小朋友,晚上你是一个人睡觉,还是和大人一起睡? 想问问和大人一起睡的孩子,你为什么不愿意一个人睡觉? 不敢一个人睡觉有什么原因吗?

(3)表格记录:根据幼儿的回答,教师用图谱的形式进行记录。

(4)张贴标记:了解自己睡不着的原因。

师:我睡不着,主要是这个原因。(教师示范贴纸)小朋友,你晚上不愿一个人睡觉的原因主要是哪个? 上来贴一贴。

(5)教师小结:原来一个人睡不着,有各种各样的原因:怕怪兽、做噩梦、担心有小偷等;还有的孩子怕黑,或许有更多……

3. 工作坊——助人自助

(1)预设提问:睡不着的原因有许多,比如怕××的小朋友最多,大家想想有什么解决方法吗?

(2)小组讨论:针对刚才睡不着的原因寻找解决方法。

(3)图示对应(寻找解决方法,舒缓幼儿心理焦虑),预设追问:

①恐惧心理,睡觉怕黑,有什么方法解决?(点一盏灯)

②怕做噩梦,怎么办?(放一些轻松音乐)

③怕睡着有小偷来?(睡前检查门窗)

④依恋心理,要妈妈陪伴?(妈妈陪着讲述故事,轻拍孩子的身体)

4. 感悟园——心理共情

(1)榜样示范:播放视频二(晴晴睡觉片段)。

(2)提问:晴晴后来一个人睡着了吗?她是怎么睡着的?(根据幼儿回答,把晴晴睡觉的方法贴在表格上)

(3)教师小结:我们想出了那么多解决的方法,看,绿灯也亮了,其实一个人睡觉并不是那么难以做到。

(4)现场采访:今天老师把晴晴也请来了,小朋友,你们有什么话想对她说吗?

5. **实践点——体验内化**

(1)体验模仿:一个人睡觉。

教师:让我们现在也尝试一下一个人睡觉吧。睡觉前点一盏小灯,把小房间门打开,放一点轻松的音乐,抱一个自己喜欢的玩具,做一个甜甜的美梦。

(2)教师提升:一个人睡觉好处多。(图示:一个人睡觉:大大的床,睡着很舒服,空气也新鲜)我们长大了,可以试着一个人睡觉。

辅导反思

活动中,我首先采用生活中的情境片段,引发幼儿产生共鸣,体验录像里的晴晴不愿入睡的情绪。借助他人的问题,我鼓励幼儿大胆地说出不愿一个人睡的多种原因,运用图标记录,然后让小组讨论,同伴互助,使不愿独自入睡的幼儿分享到一些解决方法。同时,媒体生动形象地演示温馨的睡眠场景,让幼儿体验到:一个人睡觉并不那么难以做到,达到心理共情。

通过这样一个团体心理辅导活动,幼儿在独立入睡的问题上愿意向同伴、老师积极倾诉自己不愿意独自入睡的原因,使自己的不良情绪得到释放,可以预料,在活动结束后,还是会有部分孩子仍不愿意尝试去独自入睡。我觉得这也没有关系,因为独自入睡毕竟需要一个过程,不是靠一次心理辅导就能解决的。况且,影响孩子独自入睡的因素还有许多,其中更需要家长的配合。和家长做一些必要的沟通和交流,转变家长理念,运用一些教学策略和方法,家园配合,循序渐进,才能事半功倍。

作者单位:宁波市海曙区清林闲庭幼儿园

编者点评

教学活动的主题符合幼儿园孩子的心理特征,也是父母想要解而未决的问题,富有实际意义。教师由现场选择和晴晴的故事引出话题,贴近幼儿的内心,容易激发幼儿的联想和讨论。整堂课从实际生活到心理体验再回到实际生活,通过预设、现场采访、体验模拟引导孩子找到恐惧的原因和解决的办法,目的明确,层次分明,实际操作性较强。

在操作过程中,要注意教师预设与幼儿现场生成的差异,深入幼儿内心,以达到学以致用的效果。

 坚持就有希望

康艳芬

A 辅导缘起

近几年灾难性事件时有报道,当灾难来临时,除了有带给人们家破人亡的伤痛,也有不断发现的生命奇迹。困境中如何生存?靠的无疑是坚持不懈、顽强抗争的精神。因此我们需要在孩子心中播下有坚持就会有希望、顽强生活的坚定信念,培养幼儿今后面对和处理各种问题或危机时的积极态度,促进他们人格的健全发展。而纵观我们的孩子,却遗憾地发现,孩子们在生活中缺乏坚持去做一件事情的决心和恒心。很多时候,他们甚至被成人尤其是祖辈剥夺了尝试做事的机会。因此,依赖和放弃成了阻碍孩子发展的绊脚石。

大班幼儿的坚持性在感兴趣的活动中,相对小、中班已有了较明显的发展,但有目的地去增强坚持性、怎样能更好地坚持,仍是很欠缺的。

本次辅导活动以情境体验为活动基础,以勇于坚持为活动切入口,以归纳坚持方法为活动重点,以感悟应用为活动终极目标,同时运用多种方法引导幼儿懂得坚持、懂得积极面对困难的方法。

B 辅导节点

1. **热身台——激发心情,尝试体验**

(1)激情进场:幼儿在有节奏的音乐声中踏步进入活动室,在山洞模拟场景前站定。

(2)接受挑战。

师:今天,老师请小朋友来做一个冒险游戏,老师要请你们去山洞探险。在这个过程中,可能会遇到危险的情况。如果出现危险,请进入山洞的小朋友不要随意乱动,因为这样山洞有可能会坍塌,就会更危险。谁愿意来试试?

2. **情景场——情境体验,交流感受**

(1)情境游戏:幼儿进行冒险游戏,部分幼儿过桥后进入一个窄小的易坍塌的山洞。之后桥体坍塌,进入洞内的幼儿由于没有回去的路,需等救援的幼儿重新搭好桥后才能获救。

(2)感受交流。

提问去探险的幼儿:你在洞里的时候,山洞要塌了,心里觉得怎么样?

提问去救援的幼儿:桥很难搭,有的小组成功了,把小伙伴救了出来;有的没有

成功,那么你们心里是怎么样的?

根据小朋友的回答教师给予情感上的回应,接纳幼儿的真实表现和想法。

3. 工作坊——综合感知,图示归纳

(1)深情讲述。

刚才我们只是做了个游戏,但我们都感到紧张、难受。可是,在现实生活中,有时真会发生很大的灾难,有许多人会被埋在地底下,经过几天几夜的坚持,一些人活了下来。接下来,老师就让你们认识其中的一位大姐姐乐刘会,请你们仔细听听她是怎么说、怎么做的?

(2)课件感知。

播放乐刘会获救片段,让幼儿重点听听乐刘会对救援人员说的话:

"我就知道你们会来救我,我相信你们会来救我。"

"我听到你们外面有人说话,我就不停喊救命;没声音了,我就不喊了,我就留着力气。"

"渴了,饿了,我也坚持着。累了我就休息一会儿。"

(3)交流归纳。

①大姐姐为什么能在那么困难的情况下活下来?她有哪些正确的想法和做法?

②你还知道在地震中还有哪些其他正确的自救方法?

③当你在生活中遇到困难的时候,你觉得还有哪些想法和做法能让你坚持更久?

根据幼儿的回答出示相应的方法进行归纳。

4. 感悟园——情境再现,体悟运用

(1)游戏再现。

幼儿进行"五人四足过竹竿"游戏,请每五个小朋友把各自的小腿绑在一起,要求五人四足,过高度为15cm的竹竿。在过的过程中,有幼儿摔倒、竹竿一再碰掉的情况出现,教师引导幼儿进行相互地鼓励和坚持。

(2)交流感悟。

在前面山洞冒险游戏中,好多小朋友没有坚持到最后,"五人四足"的游戏这么困难,但每一个小组都做到了,为什么?

5. 实践点——同感鼓励,承诺分享

(1)同感表达:老师也会在今后的生活中遇到困难,我想对自己说:面对困难,我会坚强;面对挑战,我要坚持。

(2)大声承诺:请每位幼儿选择对自己来说最有帮助的一句话,大声对大家说一说。(播放《阳光总在风雨后》)

C 辅导反思

本次心理教育活动重点在于让幼儿感知坚持在面对困难时的重要性,初步懂得面对困难如何坚持的方法。团队辅导中我主要通过层层深入的较为直观、形象化的活动环节来实现,幼儿也在参与游戏、交流感悟、借鉴经验、再次游戏和团队承诺中对于坚持的信念和方法得到了真实地体验和运用。前后两次游戏的结果形成了明显的对比,体现出了幼儿自救能力的提高。

让我困惑的是,在心理辅导课中,我们创设了面对困难、勇于坚持的环境,但在真实的生活中,幼儿往往缺乏的就是这样的环境,从最简单的系鞋带来说,有的家长索性就买没有鞋带的鞋子;做手工,往往家长代劳……因此,我们需要对家庭教育进行辅导,结合理念和具体实例帮助家长了解坚持性对于幼儿形成健康人格、发展各种能力的重要作用。

作者单位:宁波市市级机关第二幼儿园

编者点评

对大姐姐乐刘会事例的讨论是本课的重点及亮点,播放乐刘会获救的视频,分析乐刘会对救援人员说的话,能帮助幼儿理解坚持的重要性与必要性。

如果开始和最后的游戏能彼此呼应,通过再一次进行冒险游戏,让幼儿体会"坚持"带来的不同和改变,会更有说服力。

8 走丢了怎么办

俞 娇

A 辅导缘起

只要你生活在这个世界上,你就要面对生存问题。渴望生存是人的本能,但现在的孩子生活在羽翼庇护之下,很多自我保护的本领渐渐退化,遇到问题和困难时,就会不知所措,不仅不能保护自己,还会让自己陷入更多的问题和困难中。

绘本《汤姆走丢了》讲述了汤姆和妈妈走散的故事,形象地展现了汤姆走丢后的内心世界,对于孩子们来说非常贴近他们的生活。我将故事贯穿于活动中,引起孩子们情感的共鸣,在帮助汤姆的同时,更好地帮助孩子掌握走丢后自救的方法,使孩子学会镇定面对问题;同时让孩子们明白每个人都会遇到麻烦和困难,这是很正常的事。团辅活动根据大班幼儿的年龄特征,用故事的形式,让幼儿感受走丢了会有着急、害怕的情绪,这样的心理是很正常的;通过大家一起讨论、判断,梳理出走丢后自救的办法;通过宣传的方式,既巩固了自己的经验,又能让孩子将自己所知道的自救方法和大家一起分享,收获快乐。

B 辅导节点

1. 热身台——游戏愉悦心情

(1)游戏导入:小朋友,你们玩过"摸黑过障碍"的游戏吗?今天我们一起来玩这个游戏!大家先看好前面的障碍,等下音乐响起,请大家戴上眼罩,绕过那些障碍,到达终点最快的为胜利者哦!

(2)幼儿听音乐,做游戏。

(3)交流感受:在过障碍的时候,你是怎么做的?你的心情怎样?

(4)教师小结:生活中,我们会遇到一些困难,会遇到一些麻烦,甚至看起来会很危险,这也是很正常的事。

2. 情景场——绘本体验情绪

(1)角色进入:今天,汤姆也遇到了一些麻烦,请大家一起来看看。

(2)绘本欣赏:用PPT播放《汤姆走丢了》的前半部分。

(3)体验交流:

①汤姆为什么会走丢?

②你觉得他的心情会怎样?你怎么知道的?

③为什么他会害怕?

(4)教师小结:是的,汤姆因为一心想着自己要买的那条裤子,不小心走丢了,周围都是陌生人,他感到很害怕。

3. 工作坊——换位理解他人

(1)换位思考:

①你们有没有走丢过?当时你的心情是怎样的?

②你后来是怎么找到妈妈的?

(2)集体支招:那汤姆可以怎么办呢?(幼儿交流,教师用简笔画的形式进行记录)

(3)绘本解惑:我们一起来看看最后汤姆有没有找到妈妈?他又是怎么找到妈妈的?(用PPT看《汤姆走丢了》的后半部分)

(4)教师小结:如果走丢了,我们不要紧张、不要害怕,可以安慰一下自己;我们不能随便相信陌生人,不能跟陌生人走,必须要找保安叔叔;我们可以通过广播来找妈妈!

4. 感悟园——分组梳理经验

(1)预设场景:除了在商场,还有哪些地方我们可能会走丢?(幼儿交流,教师用简笔画的形式进行记录:幼儿园、超市、菜场、游乐场……)

(2)分组讨论:每组选择其中的一个场景,讨论并记录走丢后自救的办法。

(3)经验共享:请每组代表分享讨论结果。

①你们组要介绍的是在哪个地方走丢后的办法？
②在幼儿园(超市、菜场、游乐场……)走丢后,可能会出现什么危险？
③当这些危险出现时,你们想到了用什么办法自救？

(4)教师小结：我们可能会在幼儿园放学的时候走丢,可能会在游乐场里走丢,可能会在公园里走丢,也有可能在超市里走丢,当我们走丢的时候不要着急乱走,我们要寻找可以帮助我们的人,这样才能安全回到爸爸妈妈身边。

5. **实践点——**海报宣传心得

制作海报,并向小、中班的弟弟妹妹进行宣传。

C 辅导反思

该辅导活动遵循了孩子的年龄特征,本着"从孩子中来,到孩子中去"的原则,运用绘本故事贯穿了整个活动。从游戏体验快乐,到汤姆走丢时产生害怕的共鸣,到帮助汤姆解决麻烦的经验碰撞,到小组商量不同方法,再到经验的广泛交流,在层层剥茧中,孩子们知道了遇到走丢的事情一定要努力使自己镇定,要寻求正确的帮助,同时也懂得了无论是谁,都会遇到意想不到的状况,不要太紧张。

活动采用了游戏法、故事体验法、小组讨论法、集体建构法等多种形式,不断调动孩子的已有经验,建构新的经验,使孩子们学会自我保护,学会生存！

辅导活动之后的一段时间里,孩子可能印象深刻,但随着时间的推移,可能会忘记,这就需要成人不断地和孩子聊一聊这方面的话题,可以用类似的绘本或谈话,让孩子有诸多的经验积累。另外,对于孩子来说,语言表达和行为表达往往会脱节。当实际问题产生的时候,孩子往往还是会害怕、紧张,这种情绪的产生也是很正常的,后续的辅导活动可以进行模拟演练,使孩子们能进一步体验遇到类似的情况时要镇定。

作者单位：宁波经济技术开发区幼儿园

♥ 编者点评

开始的热身游戏教师让幼儿真实体验过程中的困难,很自然地引出话题。课堂中教师结合绘本《汤姆走丢了》,不仅引导幼儿找出解决的办法,更难能可贵的是,能带领幼儿一起梳理当时的心情,做适当的心理调适。接着教师又马上将视角拉回现实,引导幼儿运用所学方法解决实际问题,具有现实意义。

最后的海报制作也是一个亮点,从"实践家"到"宣传者",是内化和提升的一个过程。

心理辅导 之
学会感恩

9 爸爸，我想对您说

虞佳维

A 辅导缘起

今天的孩子大多为独生子女，基本上都存在情感冷漠的现象，认为父母的付出都是应该的，不会体谅大人的辛苦。很多人都把现在的孩子比喻成"不懂感谢、不会感动，只知道索取的一代人"。的确，越来越多的孩子表现出性格偏激、固执己见、自私自利、不知满足与感恩的特点。

另一方面，随着孩子的接受能力普遍提高，父母对孩子的要求相对变高，特别是父亲，总是以一个权威者的形象出现，很多孩子就会产生我"讨厌"爸爸的想法。我经常听到孩子们在教室里说："我爸爸从来都不陪我出去玩""今天爸爸又打我了""爸爸每天就知道让我写字"等等。根据小班幼儿的需要，我设计了这一节课，希望通过活动能够让幼儿重塑父亲在他们心中的形象，让小班孩子能够懂得感恩、理解父爱的伟大。

B 辅导节点

1. **热身台——心灵零距离**

(1)课前分享彼此之间的小故事、秘密。

(2)播背景音乐《好爸爸 坏爸爸》，引题：刚才我们分享了很多小秘密，今天老师也带来了一个秘密跟大家分享，是关于我爸爸的。

(3)出示医生爸爸照片并介绍，提问：你的爸爸是干什么的？

小结：小朋友们的爸爸都有不同的职业，有的是工人，有的是司机，每个职业都有不同的特点。

2. **情景场——情感对对碰**

(1)情景讲述：早上我和爸爸之间发生了一件很不开心的事。我家离幼儿园比较远，昨晚爸爸说好开车送我上学的。今天早上7点我就喊他起来送我，他说再睡一会儿。都七点半了，爸爸还在睡觉，害得我都迟到了。哼，讨厌，爸爸真讨厌！

(2)提问：你的爸爸有没有让你讨厌的地方？（图示）你爸爸这样做的时候，你的心情是怎样的？（哭脸）

小结：有些爸爸有脚臭，有些爸爸爱玩游戏。原来爸爸们有那么多的坏毛病。

3. **工作坊——妙招大看台**

(1)出示"换"字，提问：这么讨厌的爸爸我真想把他换掉，你们呢？

(2)情况一:出现想换爸爸的幼儿时。

①提问(不想换的幼儿):你们刚才说了那么多爸爸讨厌的地方,现在怎么不换了?(图示笑脸)

②提问(想换的幼儿):你们确定要换爸爸吗?

③提问(不想换的幼儿):他们都想换爸爸,有什么话想对他们说吗?(幼儿发表观点)

④小结:其实爸爸有很多好的地方:给我们买吃的,陪我们玩,教会我们很多的本领……

(3)情况二:没有孩子想换爸爸时。

教师以自身想换爸爸为例。提问:你们都不想换爸爸,请你们来说说爸爸好的地方?

小结(同上)。

4. 感悟园——感恩父亲心

(1)提问:你们都不换爸爸了,那我呢?

小结:爸爸虽然有时很讨厌,但他辛辛苦苦地工作赚钱,也是为了我呀!我也不换了!(把"换"字翻过来)

(2)观看排泄不良情绪方法的图片。

小结:在以后的生活中,我们也许还会遇到很多"不喜欢爸爸"的时候,我们可以用这些小办法缓解自己的情绪。

(3)给幼儿倾听老师爸爸的录音,感受父爱的伟大。

小结:原来爸爸不送我上班,是为了帮助更多需要他帮助的病人,是我误会他了。在爸爸身上我学会了责任心。现在我想大声对爸爸说:"爸爸,我爱您。"

5. 实践点——爱心大碰撞

(1)小朋友,你们有什么想对爸爸说的吗?用图画的方式记录下来。

(2)请个别幼儿说说想对爸爸说的话,体现出对爸爸的关心。

(3)集体对爸爸说:"爸爸,我爱您!"

小结:虽然爸爸身上有很多的缺点,但是也有很多好的地方,我们应该学会体谅父亲,理解父亲,他是最爱我们的。

C 辅导反思

团辅活动让孩子们对自己的爸爸有了新的认识,他们能从爸爸"严厉"的要求中体会到对自己的关爱。在老师的"自我分享"后,孩子们纷纷数落爸爸的"不是",一时间"坏爸爸"充斥了整个活动室。在孩子们"义愤填膺"之时,我用"空椅技术"设计了"换爸爸"这一较为刺激的活动,面对"是不是要换了自己的爸爸"这个选择,孩子们陷入了沉默。他们开始小声谈论爸爸对自己的关心,很用心地去挖掘爸爸在

"训"自己背后藏着的"好"。在"倾听爸爸心声"的环节,很多小朋友因情感被触动而感动落泪。最后,孩子真诚地向爸爸提出了希望,并表达了对爸爸的感恩。整个活动暖意浓浓,触动着孩子们也感动着我。

活动后,有另一种感受一直围绕着我:作为父母包括老师,我们怎样用孩子们能够理解的、读得懂的爱去呵护他们,去陪伴他们?这是一个来自于本次团辅的一个课题,也是我后续工作的方向之一。

作者单位:宁波市北仑区高塘幼儿园

编者点评

活动以"读懂父爱"为主题,让古老的感恩话题充满现实意义。

老师通过空椅子技术、访谈、对话,为幼儿留下了充分的"生成"平台,在互动中挖掘出内心深处对父亲的依恋与认同。老师很好地做到了"导而弗牵",整个课堂就像一辆过山车,让孩子们在情绪起伏中探索自我,萌发感恩的种子。

在团辅活动中,让每一个孩子都获得力量是关键。所以,建议类似的团辅活动采用同质辅导并控制活动人数,一般以10人左右为宜,这样才能达到动力场圆满的效果。

爱的感恩

王巧萍

A 辅导缘起

现在的孩子,大多以独生子女居多,他们是每个家庭的中心,集万千宠爱于一身,于是养成了自我、自私,甚至自负的个性。在幼儿园,因为孩子以自我为中心而引起同伴间的矛盾,可以说是屡见不鲜。他们习惯于被爱,被帮助,被关心,很少有孩子会去付出爱,主动帮助和关心他人。在日常与家长和老师的交流中,我也发现这类问题的存在,但他们是社会的一员,终将独立面对社会。在倡导和谐社会的今天,我想培养孩子成为一名会感恩,会回报的人,这对他们的一生都是至关重要的。

因此,我们在中班年级段尝试了"感恩的心"团体辅导。这个年龄段孩子的理解能力进一步提升,对于情感表达会有自己的方式。对于大班孩子的情感教育,我们可以尝试更多的情感迁移,甚至是情感的一种升华。通过辅导,孩子开始感恩身边的人,逐渐懂得感恩社会。

B 辅导节点

1. 热身台——前期调查,了解身边人的工作

(1)调查交流:在音乐《感恩的心》中,幼儿走进活动室,按照调查时的六组入座。"幼儿园有哪些工作人员,她们平时会做哪些事情?"以小组为单位,拿着调查的海报进行集体交流汇报。

(2)组员答疑:"你对幼儿园哪个工作人员做的事情最感兴趣,并且还想多了解一些?"根据幼儿的回答,出示相关图片,对幼儿园工作人员的工作内容进行进一步的介绍。

(3)了解爱心:"幼儿园那么多工作人员,每天做那么多的事情,都是为谁在做呢?"

(4)教师小结:原来在我们身边有这么多人在为我们付出,在关心着我们。

2. 情景场——视频展示,感受身边人的勤劳

(1)视频一:凌晨5:00。

这是什么时候?凌晨5点,天只有一点点亮,这时候你在干什么?但这时候幼儿园已经有人上班了——食堂阿姨,她们在干什么?为什么这么早就来上班了?磨豆浆、洗菜,这些事情是为谁而做?

小结:在大家都还在甜甜睡觉的时候,食堂阿姨就来上班了,为的是让每一个小朋友都能喝上新鲜的豆浆,吃上可口的饭菜。原来食堂阿姨一直在默默地为我们付出。

(2)视频二:晚上7:00。

这又是什么时候?晚上7点你一般都在干什么?这时候幼儿园里还有人吗?我们一起来看看,这个爷爷是谁?他在干什么?为什么他不去休息,而往一个一个教室里看呢?(看视频,听门卫爷爷说原因)

(3)教师小结:在我们的幼儿园到处都有认识的人给我们暖暖的爱,让我们记住他们!

3. 爱心屋(心意屋)——分组表达,说出对身边人的爱

(1)说出爱:我们都是幸福的人,在幼儿园有那么多人爱着我们。那你们爱幼儿园吗?最爱幼儿园里的谁?为什么?

(2)表达爱:我们可以用哪些方法去表达自己对他们的爱呢?(朋友间的相互拥抱、一句爱的表达……)教师将幼儿分成六组,让他们表达心中的爱,并帮助他们拍视频。(以组为单位,对自己最爱的人说一句话)

4. 感悟园——角色互换,升华对身边人的爱

(1)播放视频:我们一起来看一看。刚才你们大声的表达,想一想为什么要把你们的话拍成视频?如果你是幼儿园的工作人员,看到这些视频,心里会有什么感觉?

(2)教师小结:能够得到你们爱的感谢,幼儿园所有的工作人员都会和你们一样幸福的。

5. **实践点——区角实践,送出对身边人的爱**

在接下去的区域活动中,幼儿可以选择自己喜欢的材料,做出各种各样的东西。区域活动结束时,每个人和朋友一起,把自己的感谢送到最爱的人那里。

区域备选:智慧厨房(水果拼盘)、美工区(爱心卡片)、阅读区(成长书籍)、益智区(幼儿园拼图)、建构区(我的幼儿园)等。

C 辅导反思

本次活动我以"感恩"作为切入点,让孩子发现身边人给自己的爱,从而引发孩子对于爱的感恩。对于幼儿而言,在幼儿园最直接和最多的关于爱的感受来自于同伴和老师。从直观感受入手,从感恩同伴到感恩老师,再到食堂阿姨和门卫爷爷,这些不容觉察到的爱和关心由浅入深、由近及远,会让孩子更有话可说,更符合孩子的学习特点。

整个活动重视孩子的情感体验——前期调查,为感恩作铺垫;视频辅助,为感恩作渲染;多元表达,为感恩掀高潮;延伸制作,将感恩落到实处——比较自然地达成了本次辅导目标,特别是请中班孩子回忆幼儿园里最爱的人,有好几个孩子说到自己班级的老师时流泪了。

学会感恩是每个人一生的品质。感恩是一种情感,感恩是一种氛围,感恩更是一种素养。这样一次辅导,可能不会让每个孩子都学会感恩,但是通过这个活动,孩子还是在幼儿园的生活阶段接触了爱的感恩。这种情感,需要我们在日后的生活和幼儿成长的每一个阶段去继续关注。

作者单位:宁波市江东中心幼儿园

♥ 编者点评

从单刀直入的热身分享到充满温情的视频播放,从充满童真的爱的表达到形式多元的感恩实践,教学设计递进展开,前后呼应,一气呵成,自然流畅,温暖感人。幼儿在爱的氛围中积极参与,学习感受爱、理解爱、表达爱,使爱和感恩逐渐内化为自身的组成部分。

感动于这样用心而接地气的课堂设计,唯心中有他人、懂得感恩的教师,才能贴心地设计出直达内心深处的活动。同时,这也对使用本教案进行教学的老师提出了高层次的要求——应正确引导、深入挖掘、积极反馈,而非匆匆过场、只按预设行事。

11 妈妈，我想对您说

臧 妍

A 辅导缘起

现在的孩子，大多都是独生子女。父母把所有的爱都给了孩子，将他们捧在手里怕摔了，含在嘴里怕化了，这样反而形成孩子自私自利、缺乏爱心的不良习惯。特别是母亲，她们的万般叮咛、句句嘱咐，在孩子的耳朵里听起来往往是啰唆，还会觉得这份"爱"是个负担，嫌她们烦。

每天来园时，我都会看到一种现象：孩子的手上空空的，轻轻松松地走进教室，跟在后面的家长手上却是满满当当，背包、水壶、吸汗巾等。在分类放置的同时家长还不断提醒孩子多喝水，热了脱衣服，孩子的回答往往是："哎呀，知道了！"幼儿园的亲子活动，比如三八节和妈妈一起做蛋糕或者中秋节品尝月饼，孩子们总是理所当然地将食物送到自己嘴里，妈妈们笑眯眯地看着孩子吃，等老师提醒别忘了给妈妈吃一口的时候，孩子们才想起。有的孩子还说"我妈妈不爱吃，她说给我吃"。根据这些情况，我设计了本次中班幼儿集体教学活动，希望通过活动能够让孩子知道母亲的辛苦付出，让中班孩子在获得爱的同时，也要懂得感恩和付出。

B 辅导节点

1. 热身台——心灵零距离

（1）课前交流：幼儿随着音乐《世上只有妈妈好》进入活动室，分享彼此的小故事和小秘密。

（2）自我开放：教师出示大卫张开双臂很委屈地要妈妈抱的照片，让孩子们猜测之前发生的事情，打开他们思维的翅膀。

（3）小组分享：观察图片的内容，并讲述大卫在做什么？这样做可不可以？通过自己对事件的评述形成"大卫不可以"的意识。

2. 情境场——情感对对碰

（1）大卫在家里打棒球，不小心打破了妈妈最爱的花瓶。如果你是大卫，你会怎么想？

（2）妈妈的"啰唆"：你的妈妈和大卫的妈妈一样吗？她会在什么时候告诉你"不可以"？根据幼儿的回答教师张贴图示。

小结：原来你们的妈妈和大卫的妈妈一样，总是会在你们玩得正高兴的时候阻止你们做这个做那个，常常告诉你"不可以"！

(3)我秀我心:当你的妈妈总是告诉你"不可以"的时候,你的心情是怎样的?你会怎么做?幼儿自由发言,教师可出示哭脸表情。

3. **工作坊——妙招大看台**

(1)我和妈妈换角色:"既然我们的妈妈这么烦人,要是你做妈妈会比她做得好吗?"

(2)"换角色"对话:

①情况一:想和妈妈换角色的幼儿,请到教师身边,不想换的幼儿留在原地。

问不想换的幼儿:为什么不想做妈妈?根据幼儿回答,图示张贴妈妈好的地方。(出示笑脸表情)

问想换的幼儿:想做妈妈的理由是什么呢?

小结:其实妈妈有很多好的地方,关心我们的饱、暖,给我们讲故事,还会和我们玩……

②情况二:没有孩子想换身份时,教师以自身想和自己的妈妈换身份为例。

问:你们都不想和妈妈换身份,请你们来说说妈妈好的地方。根据幼儿回答,图示张贴妈妈好的地方。(出示笑脸表情)

4. **感悟园——感恩母亲心**

(1)我述我心:教师分享自己的体悟,妈妈虽然有时候很啰唆,但她无微不至地照顾我们,也是为了我们能够快乐平安地度过童年。

(2)观看图片:排泄不良情绪的方法。

看图片,了解以后要是遇到"不喜欢妈妈"的时候,可以用这些小办法缓解自己的情绪。

(3)妈妈之心:幼儿倾听妈妈的心声。

当大卫做错事受罚时,最后妈妈还是会把大卫紧紧地搂在怀里,轻声地说"大卫乖,我爱你"。原来不管我们做错了什么事情,妈妈都是爱我们的,还给我们大大的拥抱。

5. **实践点——爱心大碰撞**

(1)我爱妈妈:请幼儿说说,大声地告诉妈妈"我爱你!"

(2)爱妈行动:让幼儿把想对妈妈说的话用画图的方式记录下来,读给妈妈听。

小结:有时候妈妈也有小缺点,但是,妈妈爱我们。我们要学会体谅妈妈,理解妈妈,感谢妈妈。

C 辅导反思

整个教学活动中,幼儿渐渐开始适应,他们体验、感受着大卫的种种情绪,比如看见大卫站在歪歪扭扭的书堆上够鱼缸时的紧张,看到大卫躺在妈妈怀里的甜蜜等,都能引起心灵上的情感共鸣。

本次集体活动,不仅实现了规则教育与阅读活动的有效融合,还将规则教育潜移默化地隐含在阅读活动中,目标达成度较高。更让我欣喜的是,看到孩子们未来日子里的变化:早上来园,背包自己背,水壶自己拿,主动和妈妈说"再见";女孩子还会扭捏地在妈妈的怀里抱一抱,亲一亲;就连男孩子也会和妈妈来一个飞吻,看得我们心里甜滋滋的,家长的脸上更是露出了灿烂的笑容。有的家长还难为情地说:"这孩子怎么变得这么黏人了。"有时吃水果,我还会看见几个孩子往衣袋里塞水果,她们说:"这是妈妈最爱吃的,我要留给妈妈吃。"放学家长来接时,她们一个个边喊边扑到家长的怀里,亲昵地说:"妈妈,你来啦。"

这些感人的场面几乎每天都在上演,我深刻感受到孩子们的成长。他们的感恩是用自己的实际行动来证明的。

作者单位:宁波市大榭开发区中心幼儿园

❤ 编者点评

采用猜一猜的图片呈现方式引入,带有神秘感,容易打开幼儿的思维。互换角色的体验活动能激起幼儿的内心冲突,不仅起到帮助幼儿自我梳理情绪的作用,而且加深了孩子对父母之爱的理解和体验。

当然,良好的亲子沟通需要双方共同的努力,本堂课的拓展活动可以增加对家长的辅导。

12 爱心树

陈思思

A 辅导缘起

当下在"四二一"的家庭模式中,六个人整天围着一个孩子转,什么都以孩子为中心。孩子们都备受宠爱,养成了一种自我为中心的性格:他们不懂得感恩,只是索取,把别人给予的关爱都当成理所应当的事情。尊老爱老是中华民族的传统美德,但随着时代的发展和进步这种习惯渐行渐远。身边有太多太多的真实例子,如:一男孩因为妈妈不给他买玩具就当街殴打自己的妈妈;几个孩子在父亲快去世时还争抢关于遗产分配的问题等,数不胜数令人瞠目结舌的例子,让我们认识到如何让幼儿学会感恩,是一个需要引起重视及解决的问题。

团辅活动设计从中班孩子的年龄特点出发,通过直观演示法、讲述法和提问法等教学方法,层层引导,唤起幼儿情感的共鸣,进行真切的表达。理解"给予"的含义,感受爱与被爱,懂得感恩。

B 辅导节点

1. 热身台——激趣导入,超前悬思

(1)激发兴趣:老师今天给大家读一本书,一本会让人铭记于心的书。这是一本怎样的书呢?通过PPT介绍人们对这本书的评价,引起幼儿阅读的兴趣。

(2)介绍读本:出示PPT,向幼儿介绍这本书的名字"爱心树",并请幼儿说说画面上画了些什么,这是一棵怎样的大树。

(3)随意猜想:让幼儿发挥想象,猜想书中的内容。这样一棵大树会和这个小男孩发生些什么故事?

2. 情景场——欣赏绘本,体验情感

(1)感受快乐:请幼儿欣赏绘本《爱心树》第一部分,让幼儿感受大树与小男孩玩游戏时的快乐。

辅助提问:

①大树和小男孩玩了些什么?

②大树为什么会快乐?(引导幼儿了解付出让人快乐)

(2)品味"给予":教师通过播放PPT讲述绘本第二部分,感受大树给予小男孩的爱。

辅助提问:

①小男孩向大树索要了哪些东西?大树又是如何回应的?

②男孩来了,没有再和大树一起玩耍,他来干什么?可它还是很快乐?这又是为什么?

观察体验:你是怎么知道大树此时的心情是快乐的?(引导幼儿观察图片上大树形态发生的变化)

猜测交流:失去了果实、树枝、树干的大树心情会是怎样?(难过、伤心)

3. 工作坊——扣问心扉,情感升华

(1)情景表演:你能来表演一下小男孩向大树索要东西的情景吗?大树是怎么说的?谁能来表演一下?

(2)分享交流:

①原来大树的心情是什么样的?(快乐)

②感受大树的无私奉献:失去了果实、树枝、树干的大树为什么却是快乐的呢?(因为它爱男孩,男孩的快乐就是大树的快乐)

(3)换位思考:如果你是大树,你的心情是怎么样的?(引导幼儿理解失落的感觉)

4. 感悟园——联系生活,情感迁移

(1)情感提升:

①"在生活中,有谁也像这棵爱心树一样给你快乐,给你幸福,给你爱心呢?"(爸爸妈妈,生病时他们照顾我……)

②"我们的爸爸、妈妈等长辈和许许多多关心和爱护我们的朋友都是这样一棵棵无私的大树啊!不断努力地满足我们,让我们感到快乐和幸福,才是他们最大的心愿啊!"教师鼓励幼儿大胆说出亲人为自己付出的故事。

(2)学会回报:我们应该怎样回报父母的爱?(做个听话的孩子,帮爸爸妈妈做家务)教师鼓励幼儿在生活中进一步学着关心、爱护自己的长辈。

5. 实践点——家人互动,爱心延伸

幼儿讨论我们该怎么对待自己的爸爸妈妈和爷爷奶奶,学会回报长辈,并且能够在日常生活中体现出来。教师引导幼儿回家把这个故事讲给家里人听;把幼儿把他们想对妈妈说的话写下来,并做成卡片,送给妈妈。

C 辅导反思

这是一个由一棵有求必应的苹果树和一个贪得无厌的孩子,共同组成的温馨,又略带感伤的动人故事;这是一则令人心醒动容的寓言——在"施"与"受"之间,也在"爱"与"被爱"之间。故事的文字纯朴直白、简洁明了,讲述耐人寻味的故事,讲述一段深沉的爱,一种无私的给予和奉献,让人在百读不厌中细细体味蕴藏其中的爱的哲理,禁不住流下热泪。

整个活动在感动中结束,很多小朋友说:我想哭了。在生活中,有谁也像这棵爱心树一样给你快乐,给你幸福,给你爱心呢?孩子谈到的更多的是妈妈和老师,为他们倾其所有奉献自己的一切,让我很感动。反过来,这个故事并不仅仅是适合幼儿,它适合很多的年龄层次,包括自己以及身边的朋友们。在我们遗忘了父母对我们的付出的时候看一看,会有不一样的收获。

家长是孩子的第一任老师,父母的一言一行都直接影响孩子的健康成长。家庭环境教育对幼儿学会感恩影响颇深,让家长意识到家庭教育的重要性并能用正确的方式教育自己的孩子尤为重要。我们可以通过各种活动加强家园联系,使幼儿的感恩教育双管齐下,收到两种教育效果。

感恩是一个长期细致的工作,需要教师、家长的不懈努力。让我们共同努力,让幼儿拥有一颗"感恩的心",并让它在孩子的心底生根发芽。让感恩成为一种习惯,使社会变得更加团结、和谐!

作者单位:宁波市北仑区戚家山中心幼儿园

♥ 编者点评

本课很好地运用了《爱心树》这一绘本,在细水长流般的一个个问题中,把"大树"和"小男孩"、"失去"和"获得"、"奉献"和"索取"、"失落"和"快乐"组成鲜明的对比,从失去了果实、树枝、树干却依然快乐的大树迁移到为我们不断付出而依然感到幸福的父母,幼儿被震撼和深深地触动了,这样的设计可谓四两拨千斤。

在实际操作中,教师要注意挖掘孩子内心的声音,避免走入说教的俗套。

我和爸爸零距离

王 成

A 辅导缘起

在孩子眼里,父亲的形象都是高大伟岸的。然而现实生活中很多父亲借着工作忙,很少与孩子亲近、相处。同时,我们的教育更多歌颂母爱的伟大,有很多孩子并不完全理解爸爸对自己的爱是怎样的。有孩子提道:"我只爱妈妈,不爱爸爸,爸爸不管我的。""爸爸很凶,我讨厌爸爸!"……父亲经常以一种威严的形象出现在孩子面前,导致孩子对这种爱的理解是有困难的。

然而,父爱在幼儿的成长中起着不可替代的作用。与父亲接触多的孩子,心智发育都要强一些。因此,我们有必要通过开展各种活动、创造各种情境来拉近父女(父子)的亲情。

对大班孩子来说,他们的思维更深刻,理解能力更强,表达爱的方式已不再停留于拥抱和亲吻。我希望通过父亲与孩子面对面的表白和行动,能激发孩子对父亲的关心和理解,从而学习用自己的方式表达感恩。

辅导对象:大班幼儿。

B 辅导节点

1. 热身台——认识我爸爸

(1)营造氛围:前段时间,我们一起收集了我和爸爸一起拍的照片,还了解了爸爸的爱好、生肖等等,又画了爸爸。今天老师把爸爸们请到了幼儿园,我们一起用热烈的掌声请出爸爸们,和我们坐在一起!(在音乐声中,爸爸们入座)

(2)认识爸爸:鼓励幼儿用连贯、完整的句子,介绍自己的爸爸,如爸爸的名字、工作、兴趣爱好、生日等。

(3)亲近爸爸:和爸爸拥抱。

2. 情景场——爱要说出来

(1)语言提示:从我们出生到现在,爸爸为我们做了很多事情。比如在我们生病时,细心地照顾我们;平时,耐心地教我们学本领。你的爸爸为你做过的哪件事让你最难忘?

邀请爸爸与孩子展开对话,解开心结。

(2)暖心表达:引导幼儿用完整的句子说一件爸爸为我做的事。教师用多媒体一一再现幼儿搜集的生活照片,萌发幼儿的感恩之情。爸爸为你做的,给你带来了快乐,你想对爸爸说些什么?

A——说到高兴的事时,教师与幼儿对话,让幼儿感受到爸爸对自己的关心和爱,对爸爸表示感谢。请爸爸给孩子一个微笑表示回应。

B——你们的爸爸永远都是微笑可亲的吗?他什么时候让你觉得不快乐?鼓励幼儿说出内心为什么不高兴的想法。

如孩子说:有一次我去同学家玩,回来后,爸爸就对我很凶,我很不高兴。

教师问爸爸:对于这件事,爸爸是怎么想的?(爸爸表达自己的想法)

教师问孩子:原来是你没有和爸爸说明,而爸爸找了你很久,他很担心你的安全,你明白吗?

师:你是爸爸每天最记挂的人,他的心里非常爱你、疼你,所以爸爸对你很凶是有原因的。

(3)行动感激:幼儿用自制的爱心贴在爸爸的胸口,表示在心里永远记着爸爸。(爸爸说说心里的感受)

3. 工作坊——爱的双向流动

(1)示范引领:老师的爸爸也很爱老师,可是他身上有些不好的习惯,让我很担心。我和爸爸没有天天见面,所以我写了封信告诉他我的心里话。教师深情地读信的内容,表达对父亲的关爱。

(2)爱的建议:你敢与爸爸当面说缺点、提建议吗?爸爸有哪些问题是你要提醒的? 鼓励幼儿大胆给爸爸提建议。

(3)爱的流动:幼儿倾听爸爸的心声,爸爸们给孩子也提个小小的建议,帮助孩子快快长大。(提示爸爸要说得具体,让孩子明白该怎么做)

4. 感悟园——爱就是理解和表达

(1)爱在心里:在爸爸的心里,我们永远是他们最重要的宝贝。爸爸有时会忽视我们,是因为他工作很忙,有更多需要他帮助的人,我们要理解他们。有时爸爸很累,我们要主动关心爸爸、问候爸爸。

(2)图片引导:以后可以用这些方法主动找爸爸沟通,好好说说自己的想法,用语言和行动让爸爸知道你很爱他。(打电话、捶背、画图、写信、找爸爸做游戏等)

(3)爱的托举:让爸爸把你高高地举起来,你感觉到了什么?然后看着爸爸,对爸爸说:"爸爸,我爱您!"

5. **实践点——爱的秘密约定**

(1)语言启发:爸爸那么爱你,你也爱爸爸,那么你最想为爸爸做一件什么事?现在就用行动来告诉爸爸。

(2)爱爸行动:我们的爸爸工作很辛苦,经常会上火、睡眠不好、胃口不好。今天老师带来了许多对身体健康有益的花茶,让我们一起为爸爸泡一杯好喝的健康茶。

幼儿主动去问爸爸喜欢喝什么茶,然后取杯子为爸爸配制好喝的茶,并为茶取个名字,然后端给爸爸。

小结:我们泡的茶有个共同的名字叫"爱心茶",这里藏了我们对爸爸的爱,希望小朋友今后可以用自己的方式去关心爸爸。

❤ 辅导反思

面对面的活动,打开了亲子畅通交流的通道。当孩子们大胆地在活动中介绍爸爸时,已经为活动铺下了情感的基点。"爱要说出来"的环节中,有的直接说优点,非常自豪;也有直截了当地说爸爸曾经对自己过于严厉,一时把矛盾推向浪尖。解铃还需系铃人,教师鼓励父子面对面谈心,把心结打开,通过贴爱心、拥抱、举高、泡茶等互动环节,互听心声、互提建议,把关心和爱传递给对方。在活动现场,爸爸们也很主动地关注孩子这种稚嫩的"孝心",给予积极地回应,父子之情产生了双向交流。

半小时的相处,说的都是生活小事,却是一段美好的相处时光。不要小看这几分钟相处的时间,它让孩子感受到父爱的存在,在孩子的记忆深处又贮存了一段父亲与他在一起的记忆。每一个镜头都让我和爸爸们感动。感恩、爱护等亲子教育话题需要融入日常生活的每一件小事中,这是当下和未来长久的话题。

作者单位:宁波市李惠利幼儿园

❤ 编者点评

对父职教育的重视,恰恰反映了目前许多家庭父职教育的缺失现状。本课邀请父亲一起参与活动,有着非常重要的意义和作用。课前的搜集资料和准备工作、向他人介绍父亲、拥抱父亲,为活动的进一步开展创设了浓厚的亲情氛围。双方真诚地沟通和交流,在传递爱意的同时,解开心结,让爱的土壤更肥沃。

更重要的是,此次活动能帮助幼儿和父亲了解彼此:爱需要理解和表达,需要语言,需要行动,需要一颗体贴细腻的心。

> 本课实施过程中,教师需要了解班级孩子的家庭情况,对父母离异、丧父、留守等特殊儿童要进行特殊关注和处理。

14 温暖的小礼物

陈瑜露

A 辅导缘起

感恩教育作为情感教育的重点,它集中体现了人类情感的共同性和相互性,这是建立和谐人际关系、合理认识人与自然社会关系的基点,是个体人格完整的起点。而现在大部分孩子都是独生子女,孩子过节家长送礼都是大手笔,甚至有的家长为了给孩子过节一掷千金。渐渐地,孩子间的攀比心理越来越强,他们不再注重礼物的真正意义,而在意价格的高低。现在的幼儿是未来社会民主建设和多元化趋势的主流,如果没有在教育的启蒙阶段对其进行良好的感恩教育,则他们以后情感的不完整就可能直接导致其人格的不完整。本次活动,立足感恩,让幼儿感知一份小礼物也能充满温暖和爱。

大班幼儿已经有了一定的价值观,站在收礼者的角度,从不喜欢小礼物到发自内心地喜欢上小礼物,体会到礼物制作者的一份真情,感受到用心做的礼物,就算很小,很不起眼,也能够表达对对方的喜爱和关心,也是温暖且珍贵的。

B 辅导节点

1. **热身台——通过调查,探究原因**

(1)出示调查表,回忆自己最喜欢和最不喜欢的礼物。

师:前几天,我做了一份调查,这些礼物中,大家最喜欢什么?最不喜欢什么?(最喜欢的礼物:漂亮的衣服、美味的食物;最不喜欢的礼物:小朋友送的自制贺卡、手工窗花)

(2)了解幼儿不喜欢这两份礼物的原因。

师:为什么不喜欢小伙伴送的自制贺卡和手工窗花呢?

师:尽管你们不喜欢,别人还是要送给你们,这里面肯定有原因吧。

2. **情景场——欣赏故事,感知温暖**

(1)设疑。

师:有一只青蛙想给它的蛤蟆兄弟送礼物,它想送什么呢?我们来看一看。

师:青蛙原来想做一条长长的围巾,现在却是小小的手帕,那你们猜蛤蟆还会喜欢吗?为什么?

(2)探疑。

师:蛤蟆喜欢吗?你们从哪里发现的?

(3)释疑。

师:蛤蟆为什么会喜欢?(爱、辛苦、动脑筋)

(4)教师小结:原来我们喜欢礼物的原因是因为它是我们需要的,也是我们喜爱的,还可以是别人用心准备的。(是爱、是辛苦、是动过脑筋的礼物)

3. 工作坊——情感体验,换位思考

师:今天来你们这里做客,我也很高兴。我为你们带来了一份礼物,想不想看?

(1)出示大礼物盒,幼儿非常期盼。

(2)揭晓礼物是纸房子,幼儿极度失望。

(3)赠送幼儿礼物,换位理解。

①送房子。

师(边送边轻声温情地说):我想把我的礼物送给你们!你们快看看里面的祝福是什么?(大家念祝福)

②谈感受。

师:现在你们会像蛤蟆一样喜欢这份小礼物吗?为什么?

(4)播放视频,真心接受。

师:其实我在做这份礼物时真的很辛苦,不信请你们来看看。

师:现在你喜欢我这份礼物吗?

4. 感悟园——情感迁移,真情表达

(1)重新审视自己不喜欢的小礼物。

师:那我们回过头来看看,谁能从这两份礼物中猜出它们背后的温暖?

(2)幼儿审视小礼物(播放相关视频,教师小结)。

小朋友们年纪小,没有能力买贵重的礼物来表达自己的情感,像这样由我们亲手制作的贺卡和窗花,更能表达我们的心意。

5. 实践点——关心伙伴,温暖延伸

师:我们幼儿园有个小朋友生病了,我们学习青蛙做一份温暖的小礼物送给她好吗?这份礼物可以怎么做呢?

师:一会儿我们把做好的礼物放进这个礼物盒中,送给她好吗?

C 辅导反思

《温暖的小礼物》这堂心理活动课让孩子们对礼物有了新的认识。原来,喜欢礼物的原因可以是我们需要的,也可以是我们喜爱的,还可以是别人用心准备的,是爱、是辛苦、是动过脑筋的礼物。同时这堂课能让孩子从原本讨厌的小礼物中体会到父母、老师的关爱。我精心设计老师送礼环节,孩子们极大的期盼(各种猜测)—极度地失望(只有小小的卡片)—理解(视频播放老师辛苦制作礼物过程)—喜欢(因体会到老师的用心而倍感礼物的珍贵)。利用孩子情感的反差,将孩子真实的心理展现出来,情节跌宕起伏,目标水到渠成。孩子们在真实的体验中学会如何去感受爱和表达感激。在日常教学中,我将开展角色扮演等活动引导幼儿辨别和认识他人情感,进入别人的角色、体验别人的情感,并准确、大胆地表达自己的情感;让幼儿在日常生活中的一点一滴、一言一行中潜移默化地学会知恩和感恩。我还打算继续挖掘节日内涵,有目的、有选择地把感恩教育融入节日活动中去,如三八节、教师节、老人节等。

作者单位:宁波市北仑区实验幼儿园

❤ 编者点评

本课主题贴近孩子内心,环节设计巧妙,环环相扣,前呼后应。如:老师给小朋友送礼物环节,与前面的童话寓意如出一辙,过渡自然;送礼物环节设计精妙,孩子们极大的期盼(各种猜测)—极度地失望(只有小小的卡片)—理解(视频播放老师辛苦制作礼物的过程)—喜欢(因体会到老师的用心而倍感礼物的珍贵),利用孩子情感的反差,将孩子真实的心理展现出来,情节跌宕起伏,目标水到渠成。孩子们在真实的体验中学会如何去感受爱和表达感激。

本课最后一个环节如果设计成开放式的,让孩子分享表达友谊的方式,延伸拓展至课外,效果会更好。

15 爷爷一定有办法

欧 慧

A 辅导缘起

如今,人们的生活水平逐渐提高,很多孩子都享受着大家庭给予他们的爱。孩子们有可能会感受到父母给予他们的爱,却很少会去在意和珍惜老一辈人的爱。常听人说起,现在的孩子遇到爷爷奶奶都不会主动问好,这会让老人感到有些伤心。其实,老人对孩子的爱并不比爸爸妈妈少,他们更需要我们去珍惜他们的爱。

我观察到,在我们班有超过半数的幼儿来园和离园时都是由爷爷奶奶、外公外婆接送的。一天,我看到轩轩一个人蹦跳着走进教室,我奇怪地问轩轩:"你是一个人来幼儿园的吗?"轩轩摇摇头说:"不是,我比奶奶跑得快,奶奶在后面呢!"过了一会儿,奶奶气喘吁吁地走到门口,和我说她年纪大了,赶不上小孩子了。她边说边看了看正在玩积木的轩轩。我赶紧让轩轩和奶奶说再见,轩轩回头和奶奶招了招手,又继续玩积木了。这种现象,在我们班的孩子身上普遍存在着。为此,我结合绘本故事《爷爷一定有办法》,设计了本次大班心理辅导活动,引导孩子认识到爷爷奶奶、外公外婆对自己的爱,并学着去珍惜这份浓浓的爱。

B 辅导节点

1. 热身台——放松心情,联系生活

(1)轻松聆听:幼儿在柔和优美的音乐声中进入活动室,在位置上安静坐下。

师:我们一起舒服地坐下来,听一听优美的音乐。

(2)回忆过往:出示老爷爷手偶。

师:这是谁?你们喜欢自己的爷爷吗?你们的爷爷有厉害的本领吗?

(3)交流分享:爷爷都有哪些厉害的本领呢?来和身边的小朋友说说你的爷爷有哪些厉害的本领。

2. 情景场——欣赏绘本,体验情绪

(1)引起谈话:教师出示一块破旧的毛毯。

师:这个毛毯还可以用吗?为什么能用(不能用)?你是怎么想的?

(2)引出绘本:讲故事的同时随之出示由布料变出的东西。

师:有个叫约瑟的小男孩,他也有这么一条蓝色的毯子,我们来听听他的故事:当约瑟还睡在摇篮里的时候,爷爷为他缝了一条蓝色的小毯子。那么暖和和舒服,噩梦一个也没有来。可是,约瑟渐渐长大了,奇妙的蓝毯子太小了,也旧了……

(3)感受情景。

师:故事里,爷爷把破掉的小毯子变成了什么东西?

师:当妈妈想扔掉小毯子时,爷爷会怎么想呢?猜猜小约瑟会怎么想,怎么做。

小约瑟一直在说哪句话?当你听到这句话的时候你会怎么想?如果你是爷爷,你听了这句话会有什么感觉?

教师小结:你们觉得小约瑟的这句话表达了对爷爷怎样的感情?

3. 工作坊——换位体验,情感迁移

(1)情景再现:幼儿园里,明明的爷爷做了香喷喷的粥,和明明一起来幼儿园上学。可明明一点也不想吃爷爷做的粥,还一个劲儿地说难吃。爷爷只好追着明明满教室跑,想喂粥给明明吃。

(2)小组讨论。

如果你是故事里的明明,你会对爷爷怎么说(怎么做)? 如果你是情景里的爷爷,你又会对明明怎么说?

(3)换位体验:教师准备两把椅子,红椅子代表明明,黄椅子代表爷爷。请一位小朋友先来扮演明明,坐在红色的椅子上。

师:明明,如果爷爷做了粥给你送到幼儿园,你想对爷爷说什么?请你再坐在黄色的椅子上,现在你是爷爷了。爷爷,刚刚你听到明明对你说的话,你会怎么想?你想对明明说什么? 请你再回到红椅子上,你刚刚听到爷爷这样说,又会怎么想呢?

4. 感悟园——亲身体验,学习表达

(1)感受爱意:平时生活中,爷爷奶奶是怎么爱你们的?你们感觉到爷爷奶奶对你们的爱了吗?

(2)大声说爱:爷爷奶奶那么爱你们,你想对爷爷奶奶说什么?

将小朋友说的话录在录音机里,放入语言区,方便幼儿以后回忆和讨论。

5. 实践点——家人互动,爱心延伸

回家后我们要多和爷爷奶奶说说话,告诉他们我们有多爱他(她),好吗?

C 辅导反思

在这节心理活动课中, 我运用了一些心理技术来帮助幼儿更好地体验到小约瑟对爷爷的敬仰之情以及在生活中爷爷奶奶对于他们的爱。感受故事情景时,我引导孩子设身处地地想:如果你是故事中的小约瑟和爷爷,你会怎么想呢?随后,我及时地联系生活,用幼儿园里明明和爷爷之间发生的真实小故事来引起幼儿的共鸣。活动中,孩子们也能够以故事里的小约瑟为榜样,积极地讨论合适的做法。在这之后,我尝试运用了心理学中的空椅子技术。我请一个孩子先后坐在两张不同颜色的椅子上,扮演有内心冲突的两方,并让孩子扮演的两方持续进行对话。这与我们幼儿课程中的角色扮演有些相似,通过这种方法,来帮助孩子切身体会彼此的感受,加深孩子的情感体验。

这是一次为孩子们设计的心理辅导活动,同时也给教师、家长深深的感悟。现今老龄化社会现象日益严重,老人需要我们给予他们温暖,珍惜他们的爱,关爱老人,不仅仅是孩子,也是我们做儿女的需要做到的。

作者单位:宁波市象山县新桥镇中心幼儿园

编者点评

以优美的乐曲伴随暖暖的回忆开场,温情而细腻,直达幼儿的内心。不论是破旧的小毯子,还是香喷喷的粥,都透射出爷爷对孙辈浓浓的关爱,从生活的小细节中刻画大文章。这就像我们难以下咽5克盐,却愿意享用含有5克盐的美味的汤。本课将知识目标融合在温暖的场景之中,配合以空椅子等心理战术,引导幼儿共同感受和分享长辈的爱。

有关绘本"小毯子"的讨论容易侧重技术层面而忽视情感层面,需要教师好好把握。

16 感恩树

胡盈盈

A 辅导缘起

某日,淘妈来接淘宝,因为没有按照奶奶来接淘宝的惯例——给淘宝带零食,淘宝大发脾气,任凭妈妈怎么解释都没有用,最后竟然还甩了妈妈一个大嘴巴。面对老师和其他家长,淘妈一脸尴尬,气不打一处来……这个并非偶然的案例,折射出现代社会独生子女家庭孩子内心的自私、狭隘、霸道和不讲道理。看到这些,我不由得担忧:我们的孩子对自己的父母尚不能存感恩之心,觉得父母给予的一切都是理所应当,将来又怎会对社会心怀感恩呢?为此,我设计了此次心理辅导课,希望能逐步让孩子懂得感恩的美好,初步从自内心萌发感激他人、关爱他人的情感,形成与人为善、乐于助人的良好品质。

皮亚杰指出,儿童在发展过程中存在一个去中心化的过程。大班幼儿在去中心化的过程中逐渐开始理解物体之间的客观关系,并且在人们之间建立合作的关系,开始关心他人,理解他人。

B 辅导节点

1. 热身台——倾听故事,理解感恩

(1)温暖故事引出感恩话题。

教师配乐讲述故事,引导幼儿倾听、理解。

(2)提问引发幼儿对感恩的思考。

师:听了这个故事,你知道什么是感恩?故事里的小动物和小姑娘为什么要感恩?你想拥有一颗感恩的心吗?

2. 情景场——回归生活,体会感恩

(1)回忆周围生活中值得感谢的人和物

师:生活中,曾经有谁帮助过你或对你有恩,有需要我们去感谢的人吗?

幼儿讲述,教师分块速记。

(2)教师小结:在家里,许多亲人和朋友关心爱护着我们,我们应该感谢他们;在社会这个大家庭里,有许多认识或不认识的朋友在热心帮助着我们,我们也要感谢他们;在周围美丽的世界里,万物给我们带来方便和快乐,我们也应对它们有一颗感恩的心。

3. 工作坊——畅所欲言,寻找感恩

(1)鼓励幼儿表达感激之情。

师:我们该如何感谢帮助过我们、有恩于我们的人?

幼儿分组分块讨论,讨论后个别讲述交流。

(2)教师根据幼儿回答提升小结:有时候,感恩是一首动听的歌;有时候,感恩是一个甜甜的吻;有时候,感恩是一句简单的谢谢;有时候,感恩是一个精致的小礼物;有时候,感恩是一个美味的苹果;有时候……

4. 感悟园——课件演示,升华情感

(1)观看"让感恩流动"的课件。

(2)提问:你在谁身上找到了感恩的心?"感恩"在哪些人之间传递?"感恩"的流动给我们的世界带来了什么样的变化?

(3)教师小结:是的,生活中感恩无处不在。只要我们心怀感恩,用感恩的心去对待身边的每一个人,一起来帮助别人、传递感恩,我们的世界将会变得更加温暖和美好。

5. 实践点——分组操作,表达感恩

(1)幼儿自由表达感恩之情。

如果你想要感谢的人或物不在这里,老师为你们提供了感恩卡,你可以自己制作并写上感激的话;如果你想要感谢的对象在这里,你可以选择感恩话筒,对你想要表示感恩的人说出你感谢的话,当然,同时也可以送上深情的拥抱。另外,你还可以选择老师为你们准备的感恩瓶、感恩布,对我们身边的小花、小草及各种物品表示你的谢意。

(2)制作感恩卡,布置感恩树。

制作感恩卡时,你想说的话不会写可以寻求老师的帮助,当然,接受帮助后,也别忘了表示你的谢意。

请幼儿将制作好的感恩卡挂到感恩树上,和同伴一起看一看,说一说。

◉ 辅导反思

"感恩"包含：知恩、感恩、报恩。"知"是感知、知道；"感"是感谢、感念；"报"则是报答、回报。根据感恩的这三个层面，此次心理辅导活动通过"润"——故事导入、理解感恩，"思"——迁移体验、感恩生活，"述"——交流操作、表达感恩，层层深入展开。心理辅导课程的重点是要让幼儿去深切地体验和感受，在理解的基础上把这种体验潜移默化地移情到生活中。通过活动，幼儿理解了感恩的深刻含义：它不仅仅是物质上的感谢，还包括精神上的感激之情；并且它不会因为时间的流逝而磨灭，也不会因为感恩对象的消逝而消失，它永恒地存在于我们的心中。辅导活动用故事、生活中的事例来激起孩子们的感恩之情，使他们从小怀有一颗感恩的心，初步形成积极的生活态度，这对他们的一生都将有很深远的意义。

但值得一提的是，对幼儿感恩的教育不会仅仅在一次活动中就能完全形成，我们要更注重在生活中的浸润。因此，我们老师和家长首先就应有一颗感恩的心。对幼儿来讲，感恩就是要从日常小事做起，在需要感恩的对象面前，我们要遵循的原则是："勿以善小而不为，勿以恶小而为之。"

作者单位：宁波慈溪市机关幼儿园

♥ 编者点评

本课采用故事导入、联系实际、视频播放、多元表达等心理课元素，一定程度上彰显了心理健康辅导活动课的"活动"属性，重体验、重分享，有反馈、有观点碰撞，有利于幼儿进行自我心理探索。

但不建议直接教导幼儿感恩的概念，或用诗歌朗诵等僵硬的形式。感恩教育应是润物细无声的，在分享、交流、感知、表达、行动中将感恩内化为幼儿毕生的一种质素。

心理辅导 之
学会关爱

心理辅导之学会关爱

17 让爱住我家

方雨兰

A 辅导缘起

我们班的孩子大多数都是由长辈负责接送的,而孩子们的妈妈很多都是早出晚归,平时上班非常辛苦,自然而然与孩子的感情就比较淡薄。小班幼儿处于依恋情绪非常强的阶段,但是当妈妈的仍然没有意识到要对孩子付出更多关爱。这就造成大多数孩子和妈妈之间缺少互动与情感的交流。甚至孩子在交谈过程中总会存在一些对妈妈的抱怨,这样长久下去非常不利于家庭的和睦,同时还会影响孩子身心健康的发展。在孩子成长的道路上,学会关爱是家庭和睦及良好人际交往的前提。借助三八妇女节,我希望通过此次活动,可以帮助孩子和妈妈建立深厚的情感。

因此,我萌发了开展团体心理辅导活动的想法。他们具有强烈的情绪,爱模仿,思维具有直觉行动性。我拟通过角色扮演、榜样示范、行为练习、强化评价与移情训练的方法,引导小班幼儿学会感受妈妈的爱,并能初步学习通过自己的行动表达对妈妈的爱。

B 辅导节点

1. 热身台——角色扮演,激发情感

(1)角色分配:老师扮演妈妈,请两位幼儿扮演孩子。

(2)情景扮演:

情景一:6点整(用录音机播放),天黑妈妈下班回到家,带着一副疲惫的表情。小丁哭闹着要妈妈带他去买彩虹糖,妈妈对小丁说吃完饭再带他去,可是小丁一点都不理睬妈妈的话,还是一个劲儿地哭闹……

情景二:6点整(用录音机播放),天黑妈妈下班回到家,带着一副疲惫的表情。小美发现妈妈的手上贴了一个创可贴,连忙上前关心地问妈妈手怎么了,还对妈妈说了些关心的话,然后自己就去玩了。

(3)矛盾凸显:妈妈下班回到家,小丁是怎么做的呢?小美又是怎么做的呢?

2. 情景场——榜样示范,积聚情感

(1)自由畅谈:你们的妈妈每天都要做些什么事情呢?妈妈是不是很辛苦?

(2)积聚情感:PPT播放妈妈们下班后还要为孩子洗衣服、整理玩具、打扫卫生、煮饭菜,还要给孩子洗澡……妈妈那么辛苦,你们可以做些什么呢?(自己能做的事情自己做,说好听的话等)

3. 工作坊——行为练习，表达情感

（1）教师示范：播放一段自己在家帮助妈妈洗碗、打扫卫生的视频。

（2）畅所欲言：幼儿之间互相讨论妈妈每天那么辛苦，自己可以做什么或对妈妈说些什么好听的话。（自己的玩具自己收拾、为妈妈端上一杯水等）

（3）行为练习：（事先通知所有的妈妈今天来接孩子）你们的妈妈马上就要到了，我们起立欢迎妈妈们。请妈妈坐到孩子的椅子上，让孩子用行动表达对妈妈的爱。（给妈妈敲背，唱歌给妈妈听，和妈妈聊天等）

（4）表达情感：（请所有的妈妈和孩子面对面，每个孩子从书袋里拿出原先亲手制作的节日贺卡）孩子们齐声对妈妈说："妈妈，您辛苦了！我爱您！"

4. 感悟园——强化评价，升华情感

（1）强化评价：奖励贴纸，鼓励孩子们表达对妈妈的爱。播放歌曲《世上只有妈妈好》，妈妈是我们最亲的人，我们要学会关心爱护妈妈。

（2）升华情感：播放《让爱住我家》，请孩子和妈妈相拥在一起，教师用相机记录下最动人的时刻。

5. 实践点——移情训练，延伸情感

通过这次活动的开展，妈妈们可以发照片到QQ群里表扬孩子对自己的关心，记录下孩子成长的点点滴滴。偶尔晨间接待的时候，妈妈们也会主动地和我们谈论孩子对她们的关心。慢慢地，我们也发现，当我们点名时，孩子们都能快速地说出今天不在园的同学，可见孩子们不仅形成关心妈妈及家人，还养成了关心同学的良好品质了。

C 辅导反思

此次活动我以三八妇女节为契机，引导孩子感受妈妈的辛苦，利用放学家长接孩子的时间，为他们创造一个亲子互动交流的机会，使他们情感互通；让孩子有更多的机会去关爱妈妈，并能够大胆地表达自己对妈妈的关爱之情。

整个活动围绕一个"情"字展开，激发情感、积聚情感、表达情感、升华情感、延伸情感，把情、行、爱融合在一起，激发了孩子们的社会情感。孩子们也非常自然地表达对妈妈的爱，妈妈也感受到来自孩子内心的爱，较好地完成了辅导目标。尤其是在音乐的烘托下，孩子和妈妈相拥在一起的场景，真的是感人涕下。

关爱，是我国的传统美德，也是社会主义精神文明的重要内容。我们应该帮助孩子从小建立关爱的良好品质，但是仅仅通过这样一次关爱妈妈的活动，似乎忽略了其他家庭成员、同伴等人。以后在孩子的学习和生活中，家园仍需要多多配合，进一步了解孩子的内心世界，帮助他们建立积极的心理环境，让孩子永远幸福地生活在爱的大家庭中。

作者单位：宁波市北仑区戚家山中心幼儿园

❤ 编者点评

> 教师以幼儿与妈妈的日常生活事件为主线,始终围绕幼儿体验、情感来逐步递进,鼓励幼儿表达自己的想法与感受。同时,采用行为训练的方法,搭配教师的积极引导,充分调动了幼儿参与的积极性。事先安排母亲参与活动是本课的重点和亮点,亲子互动以及幼儿对母亲爱的表达将活动推至高潮,产生巨大的能量场,直达内心深处。
>
> 为了防止幼儿"感动一时,过后就忘",建议教师可以在实践点中设置适合幼儿的拓展活动,以图形记录表的形式,督促幼儿日行一孝。

爱我你就抱抱我

罗佩佩

A 辅导缘起

孩子初次入园,陌生的环境让很多孩子都产生了分离焦虑,导致每天来园时大哭大闹,哭泣着要找妈妈。这时候,给孩子一个爱的拥抱就显得尤为重要。孩子们能在爱的抱抱中感受到老师的这份关爱,爱的抱抱其实就是一颗"灵丹妙药"。

绘本《抱抱》的故事真挚感人,作者借着小猩猩的丰富表情与肢体语言——抱抱,深刻传达内在的情绪转变。当小猩猩看到动物们亲密拥抱,内心的渴望油然而生,在情绪低落时放声哭泣,看到妈妈又破涕为笑,开心地大喊"抱抱"。相信孩子都曾有小猩猩的心情感受。我们将这个故事引入心理辅导活动课,试图帮助孩子尝试用简单的语言、肢体动作表达对他人的关爱。

团辅活动设计从小班孩子的年龄特点出发,用爱的抱抱这种方式,安抚和帮助入园焦虑的孩子克服心理困惑,适应集体生活。从孩子们可以理解、接受的方法入手,有换位、有移情、有实践,多方位地帮助孩子体验情感,尝试表达亲情关怀(抱抱)的关爱情感。

B 辅导节点

1. 热身台——放松心情,分享感受

(1)轻松聆听:幼儿在轻音乐声中进入活动室,找一个舒服的姿势坐下静静聆听。

师:让我们一起舒服地坐下来,听一听优美的音乐。

（2）自我开放：好听的音乐让我想到了我爱的人——我的爸爸、妈妈。现在老师的心情非常舒畅，想到了我的爸爸妈妈，我想亲亲他们，想抱抱他们。

你们会想到谁？你爱他们吗？你是怎么爱的？（提示：我爱爸爸妈妈，我会亲亲他们，抱抱他们）

（3）交流分享：在家里，爸爸妈妈会爱你们吗？他们爱你的时候是怎么做的？（提示：亲亲、抱抱）那你心里怎么样？（开心的、快乐的）

2. *情景场*——*欣赏绘本，体验情绪*

（1）进入角色：今天我们要听一个故事，故事里有只小猩猩Bobo遇到麻烦了。我们来听一听小猩猩Bobo的故事。

辅助提问：

①故事里的小猩猩Bobo怎么了？（找不到妈妈了）在路上看到了什么（提示：看到了小动物们都相亲相爱地和妈妈抱在一起）

②上幼儿园的时候，你哭过吗？（提示：原来不高兴的时候，我们会用哭来表示）

（2）肢体表达。

①小猩猩Bobo不高兴的时候看到其他小动物有妈妈的抱抱，他也想什么？"抱抱"表示什么意思呢？（提示："抱抱"表示妈妈对小猩猩的爱，表示"我爱你"）

②原来我们可以用抱抱的动作来表达"我爱你"的意思，老师也很爱你们，我要来抱抱我的每一个孩子。

（3）情绪转变。

①好心的大象妈妈背起小猩猩Bobo找妈妈，妈妈找到了吗？小猩猩心情怎么样？（提示：开心）

②他还怎么做的？（和妈妈幸福地抱在一起）

3. *工作坊*——*亲身体验，学习表达*

（1）（用PPT展示幼儿与爸爸妈妈的合照）孩子们，照片中都有谁呢？（回忆美好的时光）照片中的你们是如此的开心，爸爸妈妈肯定非常非常地爱你们。那么你们爱爸爸妈妈吗？那我们可以对他们说什么？（说声"爸爸妈妈，我爱你"）

（2）幼儿园里老师、阿姨、小朋友也都爱你们，我们可以怎么说？（老师，我爱你；××小朋友，我爱你）

4. *感悟园*——*亲身体验，学习表达*

（1）找"爱的抱抱"：幼儿园里，你能找到多少有"爱的抱抱"的人？在我们班级里有"爱的抱抱"的人吗？（提示：老师、阿姨、好朋友）

（2）爱的"暗号"：张开双臂，说声"××，我爱你"。（提示：同伴、师生间练习）

（3）送"宝宝心"：在纸上画爱心，进行简单涂色，做成一颗自己的"宝宝心"，送给同伴或者老师，在同伴间交流、分享与表达"谢谢你对我的关心"。

5. 实践点——家人互动,爱的延伸

回家以后与爸爸妈妈,也可以对爷爷奶奶、外公外婆做做游戏,去抱抱他们,亲亲他们。学说"我爱你""谢谢你"等表达情感的话,体会浓浓的温情在家人间传达的温馨氛围。

❿ 辅导反思

《抱抱》的故事,抓住了吸引幼儿的最重要的两个元素,亲情关怀(抱抱)与对动物的好奇。在现场教学中,孩子们一开始不知道如何表达爱。随着故事情节的发展,孩子们在与同伴、老师之间表达我爱你的肢体语言——抱抱的同时,也感受到了同伴的爱、老师的爱和爸爸妈妈的爱。

故事里"爱的抱抱"的含义是引导孩子用自己的肢体动作表达内心的感情,用宽容、理解去接纳不合群的同伴,用温暖的抱抱去表达感恩、关怀的情谊。活动中用到的心理技术是具体可操作的,它提示大家关注身边有心理需求的孩子,用直接、外显、亲密的方式表达情感,并体会和感恩家人的关爱。

这是给孩子们的心理辅导活动,同时也给予教师、家长深深的感悟。经常抱抱喜爱自己的人,抱抱爸爸妈妈、爷爷奶奶、外公外婆,不正是每个人都需要学习的吗?

作者单位:宁波市江北区庄桥幼儿园

❤ 编者点评

本课切口很小,目标明确,教师用温暖的绘本、自身的示范,直白地告诉幼儿——用抱抱传递爱,是最直接最温暖的方式。这样简单而直接的活动设计,对于小班幼儿来说是非常有效的。通过绘本中Bobo与妈妈的抱抱,到最后Bobo与小动物们的抱抱,教师很好地引导幼儿从与亲人抱抱到与朋友抱抱,体会"张开双手为别人送去爱的同时,也能从别人那里收获温暖"的幸福。

为了确保幼儿回家后与家人互动的有效性,建议教师可事先告知家长,当幼儿对家人展开"爱的抱抱"之时,家长也要同样回以"爱的抱抱",并把抱抱作为家庭成员表达关爱的常用方法之一。

19 妈妈心,妈妈树

胡 嫣

A 辅导缘起

当今的孩子大多数是独生子女,享受着来自长辈的许多关注。对于单亲或留守儿童的家庭里来说,孩子们却渴望着有更多的成人、同伴的关爱。本班以上两类的孩子都有。

经典绘本《妈妈心,妈妈树》用一个优美浅显的故事表达了妈妈的爱、孩子的依恋,以及同伴、师生之间的爱,充满了爱与被爱的温情互动。我们将这个故事引入心理辅导活动课,试图帮助孩子尝试用简单的语言、肢体动作表达对他人的关爱。

团辅活动设计从中班孩子的年龄特点出发,用"妈妈心""手心点"等具体方式,安抚和帮助入园焦虑的孩子克服心理困惑,使其适应集体生活。从孩子们可以理解、接受的方法入手,有换位、有移情、有实践,多方位地帮助孩子体验情感,尝试表达对亲人关爱的情感。

B 辅导节点

1. 热身台——放松心情,体验情感

(1)轻松聆听:幼儿在轻音乐声中进入活动室,找一个舒服的姿势坐下静静聆听。

师:让我们一起舒服地坐下来,听一听优美的音乐。

(2)自我开放:好听的音乐让我感觉很轻松,想到了许多关爱我的人和我关爱的人。优美的音乐让你想到了谁?(提示:爸爸妈妈、好朋友等)

(3)交流分享:在家里,谁是关爱你的人?你怎么感觉到的?(提示:爸爸陪我玩游戏;妈妈给我做饭、买玩具)跟身边的朋友说说你的爸爸、妈妈是怎样关爱你的。

2. 情景场——欣赏绘本,体验情绪

(1)进入角色:今天我们要听一个故事,故事里的女孩名字叫小苹果。请你听一听小苹果的故事。

辅助提问:

①故事里的小苹果上幼儿园要哭,她在想什么?(提示:小苹果想妈妈了,想让妈妈陪着上幼儿园)

②上幼儿园的时候,你哭过吗?还记得当时的心情吗?(提示:原来心情不好的时候,我们会用哭来表达)

(2)肢体表达。

①妈妈想了怎样的办法帮助小苹果？"手心点三下"是什么意思？（提示："手心点三下"是妈妈和小苹果的约定，表示"我爱你"）

②原来我们可以用动作来表达"我爱你"的意思，我们也来试一试。如果让你想一个动作，你会怎样表达"我爱你"？和旁边的同伴试一试。

3. 工作坊——换位体验，理解他人

（1）理解他人。

①同学小志抢走了"妈妈心"，小苹果心里会有怎样的感觉？（提示：小苹果很伤心，她哭了，想找回"妈妈心"）

②妈妈安慰了小苹果，小苹果怎样做了？（提示：小志因为没有妈妈，所以才抢走了"妈妈心"，小苹果知道后非常同情他，所以愿意把"妈妈心"送给小志）

（2）拓展体验。

①妈妈很爱宝宝，会有"妈妈心"，其他还有什么人会有"妈妈心"？故事里说"妈妈心"代表了什么？（提示：爸爸、奶奶、爷爷、外婆、老师都有"妈妈心"）

教师小结："妈妈心"代表关心和爱心，是一直在身边爱我们的那个人，不论他是谁，他的关心和爱心就是"妈妈心"。

②小苹果被小志抢了"妈妈心"，她原谅了小志，如果是你，你会怎样做？（提示：小志得到了小苹果的"妈妈心"。如果我们身边的人有了令TA难过的事，我们也可以关心TA）

③小志是怎样感谢小苹果、感谢爸爸的，你能学一下吗？（提示：抱抱他，并大声说：谢谢你）

4. 感悟园——亲身体验，学习表达

（1）找"妈妈心"：幼儿园里，你能找到多少有"妈妈心"的人？在我们班级里有有"妈妈心"的人吗？（提示：老师、阿姨、好朋友）

（2）爱的"暗号"：手心点三下，说声"××，我爱你"。（提示：同伴、师生间练习）

（3）画"宝宝心"：在爱心模版上进行简单涂色，做成一颗自己的"宝宝心"，在同伴间交流、分享和表达"谢谢你对我的关心"。

5. 实践点——家人互动，爱心延伸

回家以后找找"妈妈心"，和家人一起经常做做"点三下"游戏，将自己涂好色的"宝宝心"赠给爱自己的家人，尝试学说"我爱你""谢谢你"等表达情感的话，体会浓浓的温情在家人间传达的温馨氛围。

C 辅导反思

《妈妈心，妈妈树》的故事，很好地引导了孩子们体验被爱护和关心时的内心温暖。在现场教学中，孩子们一开始是新奇的，觉得手心互点很"好玩"。慢慢地，随着故事情节的深入以及和同伴、师生的互动，孩子们开始"走心"，开始感受到与人交流、表达爱意的喜悦。

故事里的"妈妈心"含义深刻,引导孩子用自己的语言和肢体动作表达内心的体验,用宽容、理解去接纳不合群的同伴,用温暖的语言和行动去表达感恩、关怀的情谊。活动中用到的心理技术是具体可操作的,它提示大家关注身边有心理需求的孩子,用直接、外显、亲密的方法表达情感,并体会和感恩家人的关爱。

这是给孩子们的心理辅导活动,同时也给予教师、家长深深的感悟。经常谈论喜爱自己的人,经常表达对妈妈、对家人、对喜爱自己的人的爱,不正是每个人都需要学习的吗?

作者单位:浙江省杭州市朝晖幼儿园

 编者点评

本次辅导活动较好地遵循和实践了"在活动体验中得到自我提升"的原则,充分发挥团体动力的能量,让幼儿体验爱、理解爱、表达爱,用语言和肢体动作去接纳他人、传递关爱与感恩。整个活动方案设计温情四溢、亮点频现,每一次讨论,都是一次内心的探索;每一次实践,都是一次行为的内化。正是在这样的探索和内化中,幼儿得到了提升与成长。

在活动过程中,老师如何保护那些来自单亲家庭孩子的自尊心,是需要我们非常谨慎地把握的。

漂亮的巨人

谢敏芬

A 辅导缘起

现在经常能够听到家长们这样议论自己的孩子:对长辈没有礼貌,不懂得关心体谅别人。确实如此,在当今孩子的爱心教育方面,无论是家庭、幼儿园,还是社会,都存在着一种先天的不足。有一次放晚学,我们班的天天妈妈来接天天回家,可那天的天天妈妈看起来很憔悴。天天说:"妈妈,我等下要去公园玩碰碰车!"天天妈难受地摇着头说:"孩子,今天就不要去了,妈妈今天身体不舒服。"可是天天根本不理会妈妈的身体,哭哭啼啼,地上打滚。我本想着劝说一番,结果,天天妈妈还没等我说完就带着天天去公园了。在很多家庭,父母错过了很多教育和引导孩子的契机。因此,孩子不懂得关心、体谅、尊重他人。所以,育人是一项长期而伟大的工程,任重道远,我们将持之以恒。

《漂亮的巨人》是一本很有意思的绘本,故事里的巨人乔治形象生动,给孩子们一种新的诠释。大故事中又含有几个小故事,画面感很强,刚好符合中班孩子的阅读特点。本次活动我想利用这样一本有趣的绘本,着重从情感(体验帮助别人的快乐,感知主人公乐观、善良的个性)的角度打开孩子们现实生活中的缺失——学会关爱。

B 辅导节点

1. 热身台——引出人物,邋遢的乔治

(1)细看人物:幼儿在老师的提示中,细看课件中的客人"乔治"。

师:有一个巨人来到了这里,他的名字叫乔治。

(2)评价他人:你觉得他漂亮吗?什么地方不漂亮?

(3)交流分享:你们觉得他对自己邋遢的样子满意吗?你是怎么知道的?

师:"乔治说,唉,我可不想变得××的。"

2. 情景场——欣赏绘本,学会关爱

(1)打扮巨人:他在商店里买了一套合适自己的衣服。

辅助提问:

①看,他买了些什么?

一件( )的衬衫、一条( )的裤子、一双( )的袜子、一双( )的鞋子、一条( )的皮带、一条( )的领带。

②幼儿分组打扮巨人。(提示:事先做好拼图)

③师:穿上这些衣物,乔治变漂亮了吗?(提示:将两组图片进行对比)

师:现在,乔治觉得自己变成城里最漂亮的巨人了。

(2)帮助小动物:可是没过多久,你们看,乔治发生了什么事呢?他身上的漂亮衣物都到哪里去了呢?(乔治在商店买了衣服后到底发生了什么事呢,让我们一起接着往下看)

①帮助长颈鹿:领带一圈一圈地围在长颈鹿的脖子上。

②帮助山羊:把新衬衫脱下系在了小船的桅杆上。

③帮助老鼠:乔治脱下了新皮鞋给它们当新房子。

④帮助狐狸:脱下了一只袜子送给了狐狸做睡袋。

⑤帮助小狗:解下了漂亮的新皮带放在烂泥地里铺成了一条干燥的小路。

3. 工作坊——换位体验,理解他人

(1)理解他人。

①现在的乔治开心吗?为什么开心呀?(提示:他帮助了需要帮助的人,所以他很开心)

②看小动物们也跑来感谢乔治,它们给乔治送来了一个大礼盒,里面有一顶漂亮的皇冠和一张卡片,乔治把皇冠戴在头上,打开卡片:

领带给长颈鹿作围巾

衬衫给山羊做船帆

皮鞋给老鼠作房子

袜子给狐狸作睡袋

皮带帮小狗过沼泽地

送你一顶美丽的金冠,因为你是城里最漂亮的巨人!

(提示:边播放轻音乐,边念儿歌)

(2)拓展体验。

你喜欢乔治吗?为什么?(提示:突出乔治的热心助人)

教师小结:其实帮助别人,能让自己变得很快乐。

4. **感悟园——亲身体验,学习表达**

(1)找"需要帮助的人":幼儿园里,你能找到需要帮忙的人吗?在我们班级里有需要帮助的人吗?(提示:小朋友遇到的麻烦)

(2)播放视频:生活中有很多人和事值得我们学习,让我们一起来看看热心助人的事情吧!

5. **实践点——热心助人,爱心延伸**

你有没有受到过别人的帮助呀?让我们也向小动物一样,把想说的都画在贺卡上,送给曾经帮助过我们的人。

C 辅导反思

《最漂亮的巨人》的故事情节突出,其中又含有多个小故事来解释和说明所发生的事情,很好地引导了孩子们学会关爱,让孩子们体验到帮助别人的快乐。在现场教学中,孩子们觉得特别有意思,一直在思考:"为什么会出现一个这么奇怪的巨人呢?长得和我们这么不一样。"慢慢地,随着故事情节的深入以及师生的互动,孩子们开始"走心",感受与人交流、表达帮助别人的快乐。关爱是一种美德,给予他人幸福,给自己带来快乐。

整个活动方案灵活地采用了集中阅读,每一次讨论,都是一次内心的探索;每一次实践,都是一次行为的内化。正是在这样的探索和内化中,幼儿得到了提升与成长。但在活动过程中,如何让孩子单纯地知道帮助别人是快乐的,而付出自己的全部去帮助别人是不现实的这个问题,更是需要我们非常谨慎地把握的。在活动的后续,我们可以加入一个真正的实践活动"关爱大行动",如作为孩子的我们不能把摔倒后的弟弟送回家时,可以找警察叔叔。关爱别人的同时也要学会使用适当的方式,才能让孩子真正明白如何学会关爱!

作者单位:宁波市象山县春晖幼儿园

♥ **编者点评**

《漂亮的巨人》是一本生动有趣的绘本,画面感染力强,以"助人"为主线贯穿始终,主旨鲜明。整堂课在引导幼儿跟随巨人体验助人的快乐的同时,也帮助幼儿了解助人需要从对方的实际需求出发。"实践点——爱心延伸"是本课的一个亮点,懂得感恩,才能将爱和快乐传递得更远。

如果教师能通过对比,在"漂亮"的内涵上进行适度挖掘,则更臻完美。

21 我的爸爸叫焦尼

冯 燕

A 辅导缘起

现今单亲和留守儿童家庭普遍存在,它们的相似之处就是孩子过很长时间才能见到父母。妈妈对孩子的爱从生活细节、语言中就能表现出来,而爸爸的爱更多是用行动来表达。孩子与爸爸接触时间少、交流少,有时候对爸爸的行为无法理解,造成了孩子对爸爸有埋怨的心理。经典绘本《我的爸爸叫焦尼》却把一个消极的生活事件呈现得那样细腻、美好和充满希望,触动了每个人内心深处最柔软的地方。在这个故事中,没有埋怨也没有责备。什么是亲情?亲情是敏感、理解、关爱与支持。

中班幼儿正处于成长敏感期,我班上大部分孩子的爸爸常年在外工作,家里多数是由妈妈负责照顾。班上单亲家庭的孩子,几乎从不提起爸爸(妈妈),有时被不小心触碰到也是低头不语,这让我不知怎样安慰。家庭虽然破碎,但每个人都需要维护自尊、自信,把持着对未来的信念。因此将这个故事引入心理辅导活动课,通过绘本辅导帮助孩子去感受父爱、理解父爱、唤起他们的亲情,从而表达亲子之情;让单亲的孩子和留守家庭的孩子用稚嫩的心灵去接受这个不完美却真实的世界。

B 辅导节点

1. **热身台——回忆亲情,体会亲子之爱**

(1)唱歌入场:幼儿在《爸爸去哪儿》主题曲的音乐声中进入活动室入座。

师:前几天,老师让你们回家准备一个有关你和爸爸(妈妈)的小故事。现在请你用最响亮的声音来讲讲你和爸爸(妈妈)的事。(回忆与亲人间的情感)

(2)聊一聊:妈妈给你们做饭,帮助你们穿衣服。那爸爸呢?和爸爸在一起你会

做什么事情呢?(提示:爸爸的爱)

教师小结:爸爸和妈妈对你们爱的表达方式不一样,不管是哪种方式,他们都很爱你们。

2. 情景场——欣赏绘本,感受父子之爱

(1)进入角色:今天我们一起来欣赏一本书,书名叫《我的爸爸叫焦尼》。结合课件讲述故事,辅助提问:

①故事里的爸爸要来看狄姆,狄姆的心情怎样?爸爸的心情怎么样?(爸爸焦尼和狄姆不经常在一起)

②狄姆和爸爸焦尼度过了快乐的一天,你觉得他们会干些什么呢?(根据自己的生活经验大胆猜想)

(2)感受父子之爱。

①狄姆和爸爸这一天玩得开心吗?你是从哪里看出来的?(父子俩在每张画面中的表情)

②这一天中,狄姆说得最多的一句话是什么?为什么狄姆要说这么多遍的"这是我爸爸,他叫焦尼"?说这句话时,狄姆会是一种怎么样的心情?(狄姆对爸爸表达爱的方式是提起胸膛满脸自豪地用大拇指、食指指着爸爸)

3. 工作坊——情感迁移,理解父子之爱

(1)感受父爱。

你们小时候有过骑在爸爸背上的经历吗?你的玩具坏了,是谁帮你修好的?你的自行车轮胎没气了,谁帮你打好气的?(爸爸用行动来表达对你的爱)

(2)再次说一说自己的爸爸:

爸爸和你在一起,你们是怎么度过的?你的心情怎么样?你感觉到什么?

4. 感悟园——观看视频,唤醒父子之爱

(1)播放视频:这位叔叔是我们班××的爸爸。××爸爸由于在很远的地方工作,已经有好几个月没回家了。××心情是怎么样的?(想念爸爸)

(2)了解爸爸。

观看视频中爸爸的生活、工作环境,让幼儿从心里感受到爸爸为了家而辛苦工作不能回家陪自己。(理解爸爸)

教师小结:有些小朋友的爸爸虽然在家,为了给家更多的保障,爸爸很辛苦,工作很晚才回家。还有些小朋友的爸爸不在身边,在很远的外地上班,不能经常见面,但爸爸依然是爱他的,爸爸的爱更多的是藏在心里。

5. 实践点——电话互动,表达亲子之爱

(1)现场拨通视频中××爸爸的电话,让××大声说出对爸爸的爱,支持爸爸的工作,让爸爸安心上班。

(2)教师让幼儿放学后给远在外地工作的爸爸(妈妈)打电话,尝试对爸爸(妈妈)说"我想你""要照顾好自己的身体""冷了要多穿衣服""别忘了准时吃饭"等。让孩子学会关爱,心疼在外工作的父母,对父母存有感激之心。

◉ 辅导反思

本次团辅活动中,我选择一种温暖的方式告诉孩子这个世界的爱有很多种,父母不管在哪里,爱我们的心是不变的。但是,怎样让孩子稚嫩的心灵去接受这不完美却真实的生活?怎样在孩子成长过程中对爸爸沉默的爱减少埋怨与责备呢?怎样填补孩子渴望得到的更直白的表达爱的方式?对于那些活动中羞于表达的孩子,他们成长中"缺失的关爱"还需要爸爸勇敢地迈出第一步,不吝啬地对孩子说声"我想你,我爱你"。

我想我能做的还有很多,愿当家长与孩子之间的邮递员,来传达他们之间的情感信息:让家长及时了解孩子的心理变化,不要因为一些特殊的原因而疏忽了孩子的心理需要;让孩子知道父母虽不能陪伴在身边,也能够关心他、爱他。老师作为家园互动的桥梁,需有效促进家长与孩子之间的积极交流互动,拉近亲子关系。哪怕是电话中一声简单的问候、见面时一句互相关心的话语,也能温暖、融化彼此的心。爱的表达不限形式,爱的关怀不限言语。

作者单位:宁波市象山县新桥镇中心幼儿园

♥ 编者点评

本课话题能够引起幼儿的共鸣,符合一部分幼儿的真实生活经验。预设环节条理清晰,在欣赏绘本和回忆美好亲情的过程中,逐步加深幼儿对父爱的理解和感受。而随后拍摄的真实视频具有超强的带入感,能激起幼儿内心深处对父亲的依恋,并真实地感受到父亲为家庭所做的付出和努力。现场亲子通话则将整个活动推至高潮,使幼儿在实践中学会理解和表达爱,并具有很强的感染力。

建议教师可以将各班的留守儿童组成辅导小组,专门开设这堂课。在对离异家庭的幼儿辅导小组开展辅导时,第四部分可以换成一个更合适的案例。

22 点亮爱心

张 玲

A 辅导缘起

一次离园时,家长们陆续来接孩子,小宇的妈妈和哥哥(盲人)也来接他了。这时听到个别孩子在议论着:"那是一个瞎子""哈哈,你们看,他走路的时候拿着一根棍子敲来敲去"……孩子们的话语和表情让人觉得心寒。现在的孩子大部分都是独生子女,得到家庭、社会给予的关爱、照顾太多,而关心、照顾他人的意识却很淡薄,甚至会嘲笑和歧视残疾人。目前,在我国拥有九千万残疾人,因此,引导孩子从小学会关心、爱护他人,让爱的种子在孩子的心田中萌芽、开花是非常有必要的。

有效的模仿学习更有利于幼儿的行为改变,本次团体心理辅导活动以"看不见的世界"为载体,通过"了解、体验、感受、传递"的策略把"认识、意识、品质、行为"等融为一体,帮助大班幼儿懂得如何去关爱和尊重残疾人,体验帮助他人的快乐,开启幼儿内心深处那扇真、善、美的窗户。

B 辅导节点

1. 热身台——情境入场,换位了解

(1)"盲人"游戏:在老师语言的引领下,幼儿戴上眼罩,按老师的指令入场并完成一些工作。

(2)了解交流:"当盲人眼睛看不见时,做事情会遇到哪些困难?""刚才你们蒙着眼睛的时候,有什么感觉?和平时做这些事情有什么不一样的地方?"请幼儿说出自己的体验与感受,了解盲人在生活上的不便。

2. 情景场——视觉冲击,学会接纳

(1)走进盲人生活:请幼儿观看一段有关盲人生活的视频,了解盲人的世界,并思考:在盲人的世界里,他们是怎样生活的?

(2)心灵碰撞。

①盲人行走时需要导盲杖和导盲犬,了解盲人生活上的各种不方便。

②师:看完视频后,你们心里有些什么想法?(提示:很难过,会很想去帮助盲人)

(3)教师小结:是的,盲人生活只能通过声音来辨别方向,通过手指触摸来分辨物体。所以,盲人的生活需要很多人的关爱和帮助。

3. 工作坊——互动体验,切身感受

(1)头脑风暴:假如再次遇到盲人时,你的心情和想法会怎样?

辅助提问:

如果你再次遇到盲人,会嘲笑他们吗?你愿意帮助他们吗?会怎样帮助?(提示:不会嘲笑他们,会扶他们过马路,帮他们拿东西,给他们带路)

(2)实景演练:我是"爱心小天使"。

师:我们都懂得了怎样帮助盲人,现在请两个小朋友结成一组,当爱心小天使。

①领任务:盲人要去拿桌子上的水杯,怎么来帮助他?(途中设置障碍,提升小天使的"助盲"经验)

②想办法:利用语言指令提示和动作辅助,帮助盲人拿到杯子。

③演一演:幼儿两两结对,选择角色,亲身体验。

(3)分享交流:采访不同角色,表达内心的感受。

①师问爱心小天使:你刚才是怎样帮助"盲人"的?帮助盲人后,心里有怎样的想法?

②师问盲人:你对"爱心小天使"的帮助感到满意吗?

4. 感悟园——多维思考,触碰心灵

(1)播放"助盲"视频:在日常生活中有很多热心的人,会用自己无私的爱帮助盲人,我们来看看他们是怎么帮助盲人的,心情怎样?在大家的帮助下,盲人的行动有了怎样的变化?

小结:原来我们给盲人的帮助不仅能给他们带来很多方便,还可以避免很多危险的事情发生。

(2)加冕鼓励:给"爱心小天使"授予荣誉称号,加以鼓励。

5. 实践点——爱心行动,体会快乐

(1)经验拓展:在生活中,还有一些人和盲人一样,生活上需要我们的帮助,大家是怎样帮助他们的?给他们的生活带来哪些便利?

小结:原来在生活中不仅仅是盲人需要关心、爱护和帮助,还有很多特殊的人群也需要我们去关爱。在大家的热心关爱下,他们不自卑,不自弃,生活得很快乐。

(2)亲子互动:和家人一起到福利院去看望和帮助身体特殊的人,接纳并尊重他们,体验关心、帮助他人的快乐,将爱的种子播撒在他人心间。

C 辅导反思

在"点亮爱心"团体心理辅导中,我注重对幼儿的主体意识、情感激发和实践能力的培养,以体验式学习的方式,把学习主题与幼儿的活动情境结合起来,让孩子们知道了帮助残疾人要从我做起,从身边的小事做起。在关爱残疾人的同时,幼儿也体验到了帮助盲人给自己带来的快乐,这不正是我们教育的最终目标吗。

这是一个以"模仿学习疗法"为主的团体心理辅导活动。首先,在建构"关爱"之路中,幼儿的内心情感交流在思维的碰撞中得到了升华,幼儿切身体验了盲人行动的不便,初步了解和认识盲人生活的不容易。其次,我通过心理短剧和富有感染力的音乐为载体,将盲人的生活再现于眼前,引发幼儿的认知、情感、思维价值观的交锋,在碰撞中愉快地领悟其中的道理。再次,通过交流碰撞和演练,幼儿体会到了帮助别人后的开心和自豪,同时感受到在"看不见的世界"里有了互相"帮扶",世界便充满了爱。最后,通过与家人互动,在家长的配合支持下,幼儿继续去关爱特殊群体,让爱继续延伸。

作者单位:宁波经济技术开发区幼儿园蔚斗分园

♥ 编者点评

本课一开始的导入游戏就直击主题,给了幼儿很好的感性体验。案例的选择来自幼儿的生活,改编真实案例、创设情境让话题变得生动有意义,利于形成开放的言论环境和安全的心理氛围。整堂课模拟"盲人"与"助盲者",互动良好,气氛活跃,现场生成可以很出彩。课中采用各式活动,如心理游戏、实景演练、现场采访、加冕鼓励等,将比较多的心理元素引入课堂中,有助于幼儿形成关爱他人的良好心理品质。最后,通过开展实践活动,帮助幼儿掌握用合适的方式关爱他人的基本技能。

建议可以将小宇哥哥的真实案例引入课堂,做实例分析。

 爷爷奶奶我爱您

刘 晓

A 辅导缘起

重阳节是老人的节日,也是所有爷爷奶奶的节日。尊老爱老是中华民族的传统美德,也是我们要让孩子们懂得和传承的。现代生活节奏快,不少家庭的孩子因为父母忙于工作,都是由爷爷奶奶等照顾。这些老人日复一日,年复一年,无私地付出关爱,呵护着幼儿。但孩子们理所当然地享受着关爱,从未想过这份爱的珍贵与无私。

幼儿园的教育是为幼儿一生的发展打好基础,形成对人对事正确的态度,它是可持续发展的。一个教育目标的达成不是一朝一夕的,需要潜移默化,需要点点滴滴的积累、层层铺垫的递进,才能春风化雨,润物无声。

因此,我希望通过开展团辅活动,能让大班的孩子们感受到爷爷奶奶对自己的

爱,在他们心中播下感恩和关爱的种子,形成对人对事的正确态度,获得有益于一生发展的经验;培养他们成为社会人应有的珍贵品质——关爱老人,懂得感恩。

B 辅导节点

1. 热身台——歌曲导入,点燃真情

(1)导入活动:唱歌曲《好娃娃》,回顾歌曲中的爷爷奶奶是怎样的?好娃娃又是怎样照顾爷爷奶奶的?

(2)引导感受:知道爷爷奶奶年纪大了是老年人,了解老年人的特征和不便之处。

(3)梳理关系:了解爷爷奶奶、外公外婆和爸爸妈妈的关系,爸爸妈妈是谁的孩子,是谁辛辛苦苦抚养大的,感受爷爷奶奶对家庭的无私付出。

(4)对比感受:通过对比爷爷奶奶年老与年轻时的样子,知道人会变老。(播放PPT:这是谁呀?长得怎么样?他们是不是一直都那么老?原来他们也有年轻的时候,一起看他们年轻时候的样子)

(5)教师小结:原来爷爷年轻的时候和爸爸一样帅,奶奶年轻的时候也和妈妈一样漂亮。他们辛苦操劳,把爸爸养育大,养大了爸爸,现在还要照顾我们,时间一天天过去了,人就慢慢变老了……)

2. 情景场——绘本欣赏,真情感受

(1)欣赏绘本《豆豆和爷爷奶奶的故事》,感受爷爷奶奶对豆豆的照顾与疼爱。

(2)自由讨论:豆豆的爷爷奶奶对她真好呀!我们也有爷爷奶奶,请你和身边的小伙伴讨论一下,在生活中,你的爷爷奶奶是怎么照顾你的?他们为你做了哪些事情?

(3)分享体验:启发幼儿讲述爷爷奶奶特别疼爱自己的事情。了解爷爷奶奶对家庭的贡献,回忆爷爷奶奶照顾自己的过程,知道他们为自己的成长付出了很多心血。

3. 工作坊——情境讨论,情感迁移

(1)情境讨论一:你爱你的爷爷奶奶吗?你愿意为你的爷爷奶奶做些什么事吗?

(2)情境讨论二:当爷爷奶奶越来越老,老得有一天他们不能照顾小朋友了,也不能为爸爸妈妈分担家务了,这时候我们应该怎么办?(要更加关爱、尊敬、照顾他们,让他们的心里感到温暖)

(3)情境讨论三:如果不和爷爷奶奶住在一起,你应该怎样关心、照顾他们?(打电话告诉他们很想念他们,给他们寄礼物和卡片,唱歌给他们听让他们高兴,有空去看看爷爷奶奶……)

4. 感悟园——视频触情,真切感悟

(1)播放课件:生活中有很多好娃娃值得我们学习,他们尊敬热爱老人,很有礼

貌。(利用榜样的作用,激发孩子对老人的关爱情感)

(2)反思走心:结合自己现有的表现说说自己生活中对爷爷奶奶的态度怎么样?以后要怎么做?

(3)小结提升:关爱老人,懂得感恩是一种社会美德,农历的九月初九是重阳节,又叫老人节,是爷爷奶奶这些老年人的节日。

5. **实践点——回归生活,真情延伸**

(1)别看我们人小,原来我们可以为爷爷奶奶做很多事情,给他们带来很多快乐。(开展我爱爷爷奶奶大行动,说说可以怎么做)

(2)完成我爱爷爷奶奶小任务。(提示:亲一亲,抱一抱,陪一陪,祝他们节日快乐)

C 辅导反思

本次辅导活动我以"我爱爷爷奶奶"为切入点,从"感受爷爷奶奶是老年人""了解爷爷奶奶对家庭的贡献和对自己的爱""我们能为爷爷奶奶做什么?"等几个层面逐层深入,引导幼儿在感受老人对自己的爱的同时,懂得为他人着想。

整个活动围绕着浓浓的亲情展开,通过歌曲表演、感知理解、谈话讨论、情境迁移、行为练习、感情激发等多种方式,视、听、唱、讲、演等多感官、多通道参与,牢牢抓住了幼儿的情感。绘本的欣赏激发了孩子们的共鸣,点燃了他们的情感。在情境讨论中,孩子们在进一步感受爷爷奶奶给予珍贵无私的亲情同时,也激发了他们关爱老人的情感。我欣喜地看到孩子们开始走出"自我中心"的第一步。

"不知礼,无以立",关爱老人,懂得感恩,是中华民族的传统美德。学会做人,是一个永恒的教育主题。那么就让我们在孩子们幼小的心里播下一颗关爱和感恩的种子,让爱在他们心中生长,让生活变得更加温暖美好。

作者单位:宁波市东方幼儿园

♥ 编者点评

整堂课教师始终从正面引导幼儿进行积极的情感体验,再过渡到生活体验,无一不是和祖孙的日常生活息息相关,即使是在绘本中,幼儿也能看到自己和爷爷奶奶的身影。这种贴近生活实际的情景创设,才能获得真实的心理体验,有利于激起幼儿的情感共鸣。

教师在施教过程中,要注意使用"倾听、关注、理解、同感"等基本心理咨询技术,使幼儿能大胆说出自己的心里话,为进一步的沟通和引导打好基础。同时,教师课前可以要求每一个孩子搜集爷爷奶奶年轻时的照片,这也是增进祖孙情谊的过程。

 有一种关爱叫"严厉"

朱继红

A 辅导缘起

什么是爱?在孩子眼中,关心是爱,照顾是爱,满足也是爱。但是,有很多爱无形却无处不在。其中有一种爱叫"严厉",就像如山的父爱。而我们如今的孩子,过多接受着爷爷奶奶亲人们的照顾、呵护,物质上得到充分满足,巴不得世上一切的东西都是自己的,孩子被爱紧紧包围,习惯于被照顾。这种现象,往往被我们所忽略,认为孩子得到是理所应当的。生活中严厉的爱却往往被孩子排斥,当爸爸严格要求他做某件事情时,孩子总认为这是个很凶的爸爸,心里只愿和妈妈亲近。如果我们的孩子只能接受呵护,只能听好话,这样下去,孩子会慢慢承受不起挫折、经历不起挑战,长大后,又怎么能和世人竞争,担负起屹立世界之巅的期望呢?

出于这种担忧,我设计了这次心理辅导活动,辅导对象为大班幼儿,以"鹰爸爸严格训练小鹰"录像作为载体,让孩子感受理解严厉也是一种关爱,萌发孩子坦然接受来自父母、老师的严格要求的爱。

B 辅导节点

1. 热身台——朋友间的关爱

(1)轻松游戏:幼儿在轻音乐声中进入活动室,摸摸头,拉拉耳,跺跺脚,紧紧地抱自己,好好爱自己。

(2)讨论朋友间的关爱。

师:好朋友抱着你的时候,有什么感觉?

师:抱着好朋友的时候,有什么感受?

师:除了你自己爱自己、好朋友爱你、生活中还有谁爱你呢?他们做了什么,让你感受到了爱呢?

小结:引导孩子感知朋友间的关爱和来自亲人照顾的爱。

2. 情景场——鹰爸爸的"严厉"

(1)通过观看"小鹰学飞"第一段视频,引导幼儿观察、讨论:严厉是不是爱?

观看视频一(鹰爸爸教小鹰在悬崖上学飞):

师:小鹰和爸爸在做一件什么事?小鹰愿意学吗?鹰爸爸是怎么做的?

小结:虽然小鹰很害怕,但爸爸还是要小鹰从悬崖上跳下去学飞。这是一个什么样的鹰爸爸?你喜欢它吗?

(2)我们在生活中有没有遇到过这样的爸爸?老师将谈话引导到生活中,并不回应和解释鹰爸爸是不是爱小鹰。

①自我开放:老师小时候,爸爸要求我学会跳绳,可我怎么也学不会。我就偷偷躲到小房间去玩玩具,爸爸发现后,狠狠地批评了我。我觉得爸爸太凶了,马上眼泪就吧嗒吧嗒掉下来了。

②爸爸批评过你吗?让孩子们说说,他们对爸爸的感受。

3. 工作坊——"严厉"是关爱吗?

(1)分享讨论:鹰爸爸爱它的孩子吗?它这样对待孩子,是不是不爱它的孩子?

(2)观看视频二(小鹰掉下了悬崖,紧要关头,鹰爸爸救起了小鹰):

师:现在你觉得它是个什么样的爸爸?

观看视频三(一次又一次地训练,小鹰学会飞翔):

师:在爸爸严格的训练下,小鹰怎样了?

小结:小鹰终于学会飞了,让我们一起给小鹰鼓鼓掌吧。

(3)理解鹰爸爸对孩子的严厉就是一种爱,再通过自己生活中的经验,说说自己生活中有没有遇到过被严厉要求的事情。

师:当你遇到困难时,爸爸有没有帮助过你?爸爸是怎么做的?

老师自我开放:你们知道吗,老师小时候学跳绳,虽然爸爸严厉地批评了我,但我按照爸爸的要求跳了两个星期后,我居然学会了,在学校的比赛中,我还得了第一名呢!

师:我们在生活中,有没有遇到这种严厉的爱?

4. 感悟园——"严厉"也是关爱

(1)交流讨论。

师:有个问题在老师的脑海里转呀转,鹰爸爸这样对待小鹰,这是不是爱?

小结:鹰爸爸是为了它的孩子好,它想让小鹰早日学会本领,做最好的自己。

原来我们生活中也有许多不想做,但必须要去做的事情,这都是爸爸在爱着我们,这种爱就叫作"严厉的爱",爸爸对我们的严格要求其实都是暖暖的爱呀!

(2)画画活动——我的好爸爸,在柔美的背景音乐下,通过画自己的爸爸,渗透对爸爸严厉关爱的理解。

(3)分享交流:小朋友拿爸爸的画像和小伙伴分享,互相诉说爸爸对自己严格要求的小事情。

5. 实践点——我爱"严厉"的老爸

(1)回家以后,把画送给爸爸,对爸爸说"爸爸,谢谢你给我的关爱"。

(2)为爸爸做一件小事,尝试学说"我爱你"等表达情感的话。

C 辅导反思

本次活动我在视频《鹰爸爸的智慧》中有目的地截取了三段作为载体,引导孩子们感受鹰爸爸支持、帮助与小鹰成功的过程。活动环节按"抵触鹰爸爸—回忆生活,爸爸也这样对待过我—自我开放—感悟园讨论—理解严格的爱—画爸爸的像—孩子分享对爸爸严厉爱的理解—谢谢爸爸,送画像给爸爸"进行,紧紧围绕"严厉"这个主题,让孩子自己得出结论——爸爸妈妈对我们的照顾是一种爱,严厉也是一种爱。

爸爸都是希望我们快乐、健康地长大,做一个能够自我保护,独立生活的人。

爱不是一个阶段性教育,它贯穿孩子的一生,需要社会、家庭、老师不断地去支持、去引导。这样,我们的孩子长大才能成为人格健全、有责任心的人。

作者单位:江西省九江市中心幼儿园

♥ 编者点评

本课的视角独特,引导幼儿关注"严厉也是一种爱"。教师使用视频《鹰爸爸的智慧》作为导线,分三段进行赏析讨论,呈现出干净而清晰的课堂与教学风格,紧扣主题,层次分明,意想不到的结尾能深深震撼幼儿的心灵。在小鹰身上,幼儿能很自然把自身形象带入,进而了解父母对自己"严格教育"的良苦用心,了解到严厉是一种爱、一种财富,能让人终身受益。而教师适度的自我开放则起了推波助澜的作用。

建议教师不要把"严厉"的刻板印象加在父亲身上,因为目前很多家庭里,严厉的那方是母亲而不是父亲。

心理辅导 之 学会诚信

25 守门,守信

徐丰丰

A 辅导缘起

小时候的我们,总是被爸爸妈妈用《狼来了》的故事吓唬。懵懂的我们只知道,要诚实,不能撒谎。长大后,走上幼儿园教师岗位的我,看着孩子们对《喜羊羊和灰太狼》中角色的入神与思考,让我不由地想到了,从单一地教导孩子诚实到让孩子体验守信,这才是《狼来了》这一传统故事的内涵解读。

孩子学习最好的形式就是游戏。遵循这一原则,活动中通过三组情境贯穿的模式,我让孩子在情景矛盾中不断地表达自己对守信这一词语的理解。在好几次的辅导过程中,孩子对懒羊羊没有守住门,让羊儿们担惊受怕的行为感到憎恶,纷纷在活动中表达了自己对懒羊羊的责怪与教育的话。这些不恰巧真实地表达了孩子的内在心理感受吗?

中班的孩子逐渐从自我中心到开始关注身边的人和事,知道生活中的粗浅规则要求,同时也是良好习惯养成的关键时期。活动通过矛盾的再现,让孩子去辨别对错,教师根据幼儿的现场表现随机引导,缓慢牵引,以此达到润物细无声的辅导效果。

B 辅导节点

1. **热身台——进行热身活动**

(1)在喜羊羊的音乐声中,羊儿们随着村长一起做韵律操进活动室。

(2)情境迁移:昨晚的台风把我们的围墙都刮倒了。狼堡里住着灰太狼,它会闯入羊圈欺负我们,怎么办?

2. **情景场——展示团辅主题**

(1)问题设疑:众羊们决定一起搭建围墙,还要请一只羊来守门。怎么守门呢?守门的时候要做些什么?

(2)提出守门三要素:眼睛看着大门、看到灰太狼出来要大声喊"狼来了,狼来了"、帮助羊儿们一起逃回家。(图示说明)

(3)谁来守门:说说推荐自己的理由。

(4)情境表演。(懒羊羊说:"我来守门,你们看,我个子高,力气大,我一定会保护好大家的。")

3. 工作坊——转向辅导对象

(1)懒羊羊第一次守门失职。

羊儿们开始运砖、搭围墙。(情境表演)懒羊羊:还是我最舒服,它东看看,西瞧瞧;一会儿摸摸砖头,一会儿逗逗小朋友玩,但谁也不理它。它觉得没有意思,就对着羊儿们喊:狼来了,狼来了。羊儿们随即躲到羊圈里。

提问:羊儿们怎么躲到羊圈里来了?灰太狼来了吗?如果守门员骗人,会有什么事情发生?

(2)懒羊羊第二次守门失职。

羊儿们又开始搭围墙。(情境表演)懒羊羊躺在躺椅上,肚子饿了就跑到旁边吃香蕉去了。这时灰太狼真的来了,幸亏羊儿们发现及时,迅速地躲到了羊圈里。

提问:狼来的时候,守门员在哪里?它在干什么?如果守门的人肚子饿了或有其他紧急的事情,它应该怎么做?

(3)懒羊羊第三次守门失职。

羊儿们又开始工作了。(情境表演)这时的懒羊羊比刚才有些进步,眼睛一直盯着狼堡。可是,看着看着,居然呼呼地睡着了。正当羊儿们在认真工作的时候,灰太狼蹑手蹑脚地来到羊圈,抓走了一只羊。羊儿们看到小羊被抓走了,都逃到了羊圈里。而这时,懒羊羊还在呼呼地睡大觉。

提问:再次回顾守门员的工作,今天懒羊羊的守门任务完成了吗?如果说过的话没有做到,你们说应该给懒羊羊什么惩罚?你有什么话想对懒羊羊说?

4. 感悟园——获得活动感受

(1)情景表演一:

灰灰:爸爸,你就放了喜羊羊吧。

灰太狼:不行,我可要美美地饱餐一顿了。

灰灰:我和喜羊羊是好朋友。我对喜羊羊说过,要保护好它们,你可不能伤害它们。

灰太狼:小灰灰,你真是个小傻瓜。等我睡醒了,我要煮着吃。哈哈哈哈!(呼噜声)。

(提问:如果你是小灰灰,你会怎么做?)

(2)情景表演二:

只见小灰灰轻轻地推开了门,叫喜羊羊出来,并关上门,把它安全带到了羊圈里。

(提问:看到小灰灰这么做,你想对它说什么?灰太狼醒来后,小灰灰可以和爸爸说些什么?)

5. 实践点——认知转变行为

天快黑了,我们赶紧搭围墙。

(提问:这次请谁来守门?请守门员说好,你要做到哪几条?)

羊儿们轮流守门进行体验,村长与羊儿们评价守门员的工作。

辅导反思

整个活动以游戏情境模式贯穿始终,同时紧紧围绕两条教育线索:1. 显性线索——活动通过改变"懒羊羊"这一角色,其实是帮助幼儿树立守门员的形象,知道一些必要的规则,在活动中如何学会自我管理、自我约束,为别人服务。2. 隐性目标——幼儿在助懒羊羊的过程中,学会了帮助自己。明确答应别人的事情,一定要想办法做到,做一个诚信的小公民。

在辅导活动中,因为情景游戏的逼真,好几次发生个别孩子因担心被灰太狼抓住,而出现情绪失控的样子。面对这样的孩子,教师只能将其带离现场做好后续的心理辅导工作。因此,在教育方式上,教师往往会产生游戏情景设置是否合理的担忧,但为了辅导活动又不得不增加这一角色,两者很矛盾。如何把握两者之间的平衡,希望在日后的实践辅导中再思考与跟进。

作者单位:宁波市鄞州区华泰剑桥幼儿园

编者点评

本课设计精巧,充满童趣,教师别出心裁地将《狼来了》这一童话与幼儿们熟悉的《喜羊羊与灰太狼》故事相结合,呈现了一出引人入胜的心理剧。三次失职的场景引出对"守信"的大讨论,这是一个澄清幼儿价值观的过程。而教师又巧妙地设置了羊被狼抓走这一伏笔,为后面的剧情大反转做了准备。在幼儿为羊的命运担忧的时候,出现了"守信"的小灰灰解救喜羊羊这激动人心的一刻,使幼儿感悟诚信的力量,同时也意识到诚信有时是需要担负起责任的。最后的实践点也紧紧围绕"守门,守信"这一象征主题,具有点题点睛的作用。

如果在"懒羊羊第三次守门失职"的故事中,能将小羊替换为"喜羊羊",则前后故事更连贯。

26 花盆里的种子

张晓燕

A 辅导缘起

活动时,听到大班幼儿起了争执,走过去询问个究竟,L幼儿说:"张老师,今天应该轮到H小朋友讲新闻博览的,可他说轮过了,是骗人的。"H幼儿连忙解释:"张老师,我确实已经讲过了。"在边上凑热闹的Z幼儿也帮着解释。我接着问H幼儿:"你讲的是什么内容?""我讲的是……"H幼儿顺口就回答了。我点了点头:"确实是讲过,老师还有印象。"可L幼儿仍旧不罢休,坚持自己的看法,认为H幼儿在撒谎。

这次的"新闻事件"引起了我的关注,为什么L幼儿会揪住同伴的一件小事不放,甚至于对旁人的解释也不予理睬,一直坚持自己的判断,从而和H幼儿形成对立,同伴关系也显得有些紧张不和谐,这必然是幼儿对诚信缺失这一现象的反应。

因此,我对大班的幼儿开展了团体心理辅导活动,让他们在社会化、人性化和科学化的环境中潜移默化地受到诚信教育,希望他们能够养成讲诚信的良好美德,树立良好的诚信意识,将诚信融入日常活动中。

B 辅导节点

1. 热身台——体验情感,自信拥抱

(1)快乐上场:听着《握手抱抱》的音乐,幼儿两两从左右两个方向走到搭建的"朋友台"上,随着节奏做握手、抱抱的动作,再回到座位上入座。

师:请你和班里的小朋友一起走到"朋友台"上握握手、抱一抱。

(2)倾诉友好:请幼儿说说自己的朋友。

师:你和谁握手、拥抱的? 和朋友握手、抱抱的感觉是怎样的? 你相信你的朋友吗?

2. 情景场——交换真言,诚信开花

(1)欣赏故事:请幼儿欣赏完整故事《手捧空花盆的孩子》。

师:你能理解这个故事吗? 你听懂了什么? 说给大家听听。

(2)心灵感悟:欣赏故事视频。

师:故事中的国王为什么会选空花盆的孩子? 孩子身上的优点是什么?

(3)心的体验:老师出示一个真实的花盆,请幼儿想一想以前有没有做过不诚实的事情,如果做过了,就说出来和大家分享(鼓励幼儿说出来也会得到同伴和老师的谅解),愿意分享的幼儿就在花盆里种上诚实的种子,等待种子发芽、开出诚实的花朵。

师：你愿意把自己做过的不诚实的事情和大家说一说吗？相信我们每个人都愿意做一个诚实守信的孩子，一次小小的不诚实也会得到大家的原谅的。

3. 工作坊——以心换心，同理怡情

(1)学会原谅：自己的爸妈是"骗子"吗？请幼儿说说自己的爸爸妈妈。

师：小朋友，我们的爸爸妈妈有"撒谎骗人不诚实"的时候吗？他们为什么要说"撒谎骗人"的话？你真的以为爸爸妈妈会"骗"你吗？

(2)学会同理：原来有时候"不诚实"也不是一件坏事，是想解决问题，帮助幼儿认同。

师：爸爸妈妈遇到有些问题，他们就用善意的谎言来解决，其实也是为了要处理好问题才这么说。

(3)学会正义：要学会分辨诚实和不诚实。

举例帮助幼儿学会分辨哪些情况是爸爸妈妈"善意的谎言"解释的，哪些情况是爸爸妈妈对孩子的不诚实。

(4)学会真诚：遇到爸爸妈妈不诚实，我们应该怎么做？

4. 感悟园——诚信升温，同感共存

(1)自制诚信卡：请幼儿用手工材料设计美丽的诚信卡，制作名字标签，布置到"种子墙"上。

(2)自暴真心话：请幼儿相互维护诚信，通过"真言真语真心话"表达自己对同伴诚信的赞赏和对自己诚信不够的想法，在诚信卡上积累"诚信花朵"。

5. 实践点——传播美好，体验真情

请幼儿回家以后对爸爸妈妈说说自己的心里话，希望爸爸妈妈平时也要做一个诚实守信的人，对孩子说的每一句话都要认真思考。这样，一家人相互真诚，才会和谐相处。

C 辅导反思

本次活动我以故事《手捧空花盆的孩子》为切入点，帮助幼儿理解"诚实"的品质对个人的成长有着积极的影响。活动中为了避免对幼儿的说教，我采用了"诚信播种开花"的游戏形式，帮助幼儿理解诚信的含义，培养幼儿的是非观念，使其能尝试去做。在活动中，幼儿动手自制诚信卡，布置在"种子墙"上，通过幼儿的日常生活记录和教师日常的观察记录提高幼儿的诚信度，让幼儿在自由活动中也能够养成诚信的品质。我们和幼儿共创一个勇于说真话的环境，从而使他们对诚信的认识变为一种行动指南。

多数家长认为，孩子年龄还小，很容易就会忘记刚刚发生的事情，因此为了让孩子在第一时间不哭不闹，安静下来，家长张口就可以做出承诺，随后毫不理会这些承诺。家长的虚假许诺同样会给孩子构成伤害，让孩子认为"大人也是说话不算数的"

或"爸爸妈妈会骗人"。面对这些问题,我觉得创设家庭教育的环境很有必要,因此在活动中也引导幼儿对爸爸妈妈学会原谅、理解,学会正义,减少诚信教育的负效应。

作者单位:浙江省杭州市东园婴幼儿园

♥ 编者点评

本课设计不流于形式,富有童趣,符合幼儿心理,充分调动了幼儿的课堂积极性。特别是巧妙地从故事《手捧空花盆的孩子》——播种诚信的种子——布置"诚信墙"——开出诚信花朵,以植物种子比拟心中的"诚信"种子,用充满童真的象征手法贯穿整个活动。幼儿等待种子发芽的过程,是充满期待的过程,也是培养其诚信品质的过程,因为他们会常常想起——"在那花盆中,还种着属于我的诚信的种子。"种子虽然种在盆中,实际留在了幼儿心中,这样的迁移妙不可言。同时,教师还注重为幼儿创设诚信的环境,将课堂延伸至家庭,将诚信的约定拓展至亲子之间,思虑周全。

为了支持鼓励孩子播种诚信的种子,给予孩子美好的心灵体验,建议使用容易发芽的种子,如绿豆、美人蕉、苜蓿等植物种子。

27 说实话,不骗人

尤思思

A 辅导缘起

诚信是做人的根本,人与人之间的相处也是建立在坦诚的基础之上的。孩子们长大后进入社会,想要受人欢迎,不仅要凭借自己的能力,更主要的是自己的为人处世的能力,只有诚实守信、坦诚待人的人才会更受别人喜爱。

如今的孩子大多数都娇生惯养,不仅在家中过着"小皇帝"的生活,而且还常受到家长的溺爱。另外,孩子在家长的心目中永远是最棒的,因而孩子们在家中受到的表扬也比较多。渐渐地,孩子们怕批评,怕自己好孩子的形象被"打折扣"。所以,有些孩子犯了错误都不敢告诉家长,有时候还隐瞒事实真相。这样的情况如果继续蔓延的话,孩子们会变得不诚实。倘若不诚实的人格在孩子身上生根发芽,那么后果不堪设想,它会滋生许多不良品质,如逃避责任、诈骗、贪婪,等等。

为此我以"诚信"为主题,设计了一个大班的心理团辅活动,旨在让孩子意识到人不可以贪婪,更不可以靠欺骗来骗取他人的劳动成果,同时让孩子从小就形成诚实、勤劳的好品质。

辅导对象:大班幼儿。

B 辅导节点

1. 热身台——回忆往事,导入主题

(1)课前欣赏:欣赏音乐《我在马路边捡到一分钱》,说说歌曲中的"我"身上有什么好品质。

(2)分享秘密:自由结伴,两人一起玩"石头剪刀布"的游戏,游戏中连续输三次就得告诉对方一件关于自己曾经不诚实的事情,同时对方要为同伴保密。

(3)教师小结:有些小朋友很诚实,至今没有撒过谎;有些小朋友可能有过,不过老师相信他说谎也是有不得已的原因:①害怕爸妈批评;②怕老师因此不喜欢自己。

2. 情景场——欣赏绘本,情感触碰

(1)欣赏绘本:欣赏《狐狸和大熊》绘本的第一部分,并思考:狐狸不劳作为何有享不尽的美食,大熊如此辛苦为什么只能饿肚子?

(2)情景扮演:老师扮演狡诈的狐狸,幼儿扮演憨厚的大熊。大熊的心情怎么样?大熊会对狐狸说什么?

(3)欣赏绘本:欣赏《狐狸和大熊》绘本的第二部分,并思考:狐狸后来怎么了?为什么狐狸后来可能会饿死?

(4)分享体验:你扮演了一回被欺骗的大熊之后,有何感受?狐狸后来为什么会有如此下场?我们可以对狐狸说什么奉劝的话?

3. 工作坊——实景回演,感悟惭愧

(1)现场交流:你喜欢故事中的哪个角色,为什么?为什么大家都讨厌狐狸?它怎样改正,我们才会喜欢它?

(2)实例分析:你对于自己曾经欺骗过别人的行为有何想法?你今后应该怎样对待类似的问题?

(3)情景再现:找一个好朋友,先与好朋友一起商量如何来正视自己。商量好之后,两人再来演一遍曾经的场景,好朋友扮演曾经的被欺骗者,尤其是自己要在扮演中学会诚实对待问题和事物。

4. 感悟园——视频展示,学会诚实

(1)案例分析:某孩子因为喜欢朋友的玩具而私自将朋友的玩具带回家,他还坚决否认自己拿过。讨论他骗人之后给别人造成的麻烦(为了找玩具翻遍整个屋子、找不到玩具大哭一场等)。

(2)播放视频:诈骗犯通过诈骗获取利益,然后落网被抓,最后省悟。

(3)随机提问:他们为什么会坐牢?如果当初怎样做就不会坐牢?

(4)教师小结:如果说谎养成习惯,成人以后的后果也许就和视频中那个犯人一样严重,只有诚实的人才会快乐地过每一天。

5. **实践点——知错能改,善莫大焉**

(1)找个机会将自己曾经对他人撒过的谎告诉对方,同时告诉对方自己撒谎后的感受(后悔、惭愧)。

(2)跟父母说说今天这个心理活动后自己的想法,并愿意做一个诚实的孩子。

C 辅导反思

本次活动以绘本《狐狸和大熊》为载体,通过欣赏故事,让孩子们知道了贪婪、不诚实的狐狸最终是没有朋友的,它不可能靠谎话一直骗到食物。同时,孩子们通过角色扮演体验了大熊当时的心情,旨在将被骗者的失落情绪迁移到孩子身上,让孩子体验到被骗之人的自怜,并能够诚实做人。

整个活动氛围看似轻松、有趣,其实在欣赏的过程中孩子们不仅学会了诚实,还潜移默化地学到了踏实、勤劳、善良等优秀的品质。孩子们也能对自己撒的谎感到惭愧,并愿意重新去告诉曾经的被骗者。

其实,有时候家长善意的谎言会潜移默化地影响孩子。为此,家长的榜样作用很重要。为了让家长能够以身作则,在日常生活中能够注意自己的言行举止,后续我们还会通过各种途径来引导家长。如家长会的时候以此为话题,与家长进行交流;又如在家长开放日的时候开展类似的亲子心理健康活动,旨在让家长对自己的言谈举止引起重视,从而促进孩子良好品质的发展。

作者单位:浙江省湖州市蓝天实验幼儿园

编者点评

将绘本《狐狸和大熊》分成两部分来讨论,较有戏剧性,带入强有力的冲突,引发幼儿的思考和讨论。整个活动中,教师能充分尊重幼儿的意见,并提供多次角色扮演、实例分析的机会,实属难得。

当然,还有不少值得商榷的地方:如引入的歌曲可以更贴近现今孩子的生活;教师的提问和语言可以更精简些;感悟园的"视频展示和讨论"建议放在工作坊的"情景再现"之前。

28 友谊的魔法石

林千淇

A 辅导缘起

信任是什么？信任就是相信并敢于托付，信任是一种有生命的感觉，是一种高尚的情感，更是一种连接人与人之间关系的纽带。孩子们在父母的无私照顾中，逐渐明白人与人之间的交往、友谊的建立是以信任为基础的。但随着孩子们的逐渐成长，父母往往出于对他们的保护，讲得最多的是人与人之间的尔虞我诈，人与人之间的不信任。这造成现在的孩子在与他人交往、为人处世中出现了种种障碍。

情景一：A和B是好朋友，每天都在一起玩游戏，有一次C在两人玩游戏时加入了进来，A和C玩了起来，B不高兴地对A说："你是不是不喜欢和我玩了？"

情景二：在一次户外活动时，一个小朋友摔倒了，其他孩子只是看着笑，却不去扶他。事后我问孩子们为什么，孩子们说："不能随便扶""他要说是我推的怎么办？"

针对在交往过程中出现的这些问题，如何帮助大班幼儿学会信任、建立良好的交往能力、形成健全的人格就显得至关重要。所以我选择绘本《美宝的魔法花园》，通过有趣的故事内容，帮助孩子们理解信任的重要性。

B 辅导节点

1. 热身台——赏读封面，初步感知

（1）图片导入：在优美的音乐中进入活动室，共同欣赏绘本封面。

师：看这美丽的图画，你的心情怎样？

（2）引发兴趣：看到这幅图你们想到的是谁？（小伙伴、好朋友等）

（3）畅所欲言：请幼儿说说自己的朋友，并简单地描述一下他（她）的样子、性格。教师可提示幼儿讲讲与朋友之间的关系。（幼儿分组讨论）

（4）教师小结：朋友在一起是快乐的、美好的，但是朋友之间相处也会存在担忧：

①他（她）是不是有了别的朋友就不理我了？

②他（她）会在背后说我的坏话吗？

③他（她）会拿走我喜欢的玩具吗？

2. 情景场——分段感受，体验情感

（1）欣赏绘本：幼儿观看课件，欣赏绘本《美宝的魔法花园》的第一段"友谊"，并思考友谊是如何建立起来的。

（2）体验情感：美宝种出了美丽的花朵，乔治和尼克很开心，他们经常一起玩得乐此不疲。如果你是她的好朋友你会是什么样的心情？请你和你的朋友一起想象一下。

（3）展示情感：幼儿分组自由交流。教师鼓励幼儿积极参与，与同伴交流、分享自己的情感体会。

（4）分享快乐：幼儿分组交流与朋友之间的快乐、开心的事情。

3. 工作坊——讲述故事，拓展经验

（1）循序渐进：讲述欣赏绘本《美宝的魔法花园》的第二段"怀疑（信任）"，并展开讨论。

（2）表现表达：幼儿大胆想象，教师引导。

提问："如果你是美宝，你会怎么做？"教师给幼儿选项：

①美宝的花被偷了；

②乔治和尼克不想与美宝做朋友；

③其他。

请个别幼儿在其他幼儿面前完整讲述自己的想法。

（3）假设情景：

1. 如果你心爱的玩具不见了，却发现你的朋友有一件和你一模一样的，你会怎么做？教师给幼儿选项：

①很生气，不再理他（她）；

②把他（她）的玩具拿走；

③问清楚原因，一起想办法解决。

请个别幼儿在其他幼儿面前讲述自己选项的原因和感受。

2. 美宝是怎样做的？她做得对吗？

（4）拓展经验。

①幼儿讨论，师帮助幼儿拓展思维，增加经验。

②指导幼儿分组模拟场景进行表演，体会"怀疑"的感觉。

4. 感悟园——情感迁移，萌发情绪

（1）播放PPT：演示绘本故事《美宝的魔法花园》的第三段"重建友谊"。教师讲述故事第三段：风把种子送到了他们的花园，三个好朋友和好如初。

（2）理解"信任"并总结。

情感迁移："怀疑""被怀疑"的感觉如何？当碰到这种情况时你知道该如何做吗？总结：怀疑是友谊的蛀虫，信任是友谊的魔法石。只有建立信任，才会有朋友和牢固的友谊。

5. 实践点——幼儿互动，活动延伸

活动一：背萝卜。2人一组，背靠背站立，幼儿用臂力和背力背起对方。

活动二：盲人过桥。2人一组，一幼儿蒙上眼睛，另一幼儿牵着他（她）走过独木桥。

幼儿通过这些两两合作的游戏活动，逐渐体会到信任在人际交往中的重要性。

◎ 辅导反思

帮助孩子们学会信任、建立良好的交往能力、形成健全的人格,既不是一朝一夕能完成,也不是光凭说教就能达到目的的。信任的含义已经远远超过幼儿园孩子的理解范围,怎样让孩子们切身感受到"信任"及其重要性,就成了本次活动的重难点。围绕活动的重难点,我选择了幼儿喜欢的绘本这个载体,"信任"并没有在故事里直接被讲述,而是含蓄地隐藏在故事当中。在整个教学活动中,教师通过体验情感、假设情景、表现表达、特感迁移、活动延伸等方式,让幼儿直观地理解"信任"的重要性,很好地解决了本次活动的重难点。

当前,很多幼儿表现出各种各样的交往障碍,尽管我们也想了许多办法,但效果往往并不理想,一个主要原因就是我们忽视对孩子的心理研究,缺乏对他们的全面认识。作为一名幼儿教师,在幼儿日常活动中我们需要做一个有心人,除了关注幼儿的身体是否健康,更要关注幼儿的心理是否健康。只有细心观察才能发现问题,用心地引导与指导才能解决问题。

作者单位:江西省九江市中心幼儿园

♥ 编者点评

本课设计思路清晰,活动有序,层次分明。教师以绘本《美宝的魔法花园》的故事情境作为整堂课的底色,以戏剧冲突的展开为核心主线,每一问都紧扣"信任"这一主题,逐层递进,辅以多重选择,使幼儿时刻保持高涨的参与热情。

孩子的天性是信任,课程中不少问题设置是否以大人的心思揣度了孩子,还有待实践来检验。结尾的集体游戏,幼儿更多在于体验好玩,如何让幼儿真正体验到"信任他人"和"被信任"的快乐,是需要深入挖掘和再设计的。

守信的好孩子

杨益武

A 辅导缘起

"诚"和"信"是中国的传统美德,子曰:"人而无信,不知其可也。"《幼儿园工作规程》中也指出,要将诚实作为培养幼儿良好的品德行为和习惯的任务之一。我们要做到的是,要使孩子了解什么是诚信。诚信就是说到做到、不说谎、不随便拿别人东西等。而在幼儿园里我们经常遇到这样的事情:美食区的工作人员限定每人只能领取10元的食物,有些孩子会不自觉地多拿几元的;美工区用来装饰的五彩纽扣不到一周就会少一大半;户外活动时我们指定的场地在东边操场,总会有几个孩子来告诉老师××小朋友跑滑滑梯(南边操场)那边玩了;观察的植物记录里浇水一栏都打了勾,植物却已经干枯;布置的小任务答应好第二天交,总有几个孩子没完成……

经典童话故事《狼来了》是一个浅显易懂的小故事,讲的是一个放羊的小孩多次说谎,结果没了羊还差点丢了性命。我们将这个故事引入大班心理辅导活动课,试图帮助孩子了解说谎是不诚信的表现,也是一种十分不尊重别人的行为,并且在不尊重别人的同时还失去了别人对自己的信任。

B 辅导节点

1. 热身台——放松心情,情感体验

(1)轻松入场:幼儿在《好孩子要诚实》的音乐声中进入活动室,找一个舒服的姿势坐下静静聆听。

师:让我们一起舒服地坐下来,听一听好听的音乐。

(2)自我开放:这是一首大家很熟悉的歌曲《好孩子要诚实》,听了这首歌我有很多话想说。我为刚开始歌曲里的孩子说谎感到很生气,小朋友你们呢?(幼儿自由回答)对的,这就是说谎,说谎的孩子不会有小朋友喜欢,也没人愿意和他做朋友。后来他勇敢地承认了错误,我感到很开心,知错能改就是好孩子。你们觉得最后他的表现棒不棒?

(3)交流分享:怎样做个诚实的好孩子?

2. 情景场——欣赏故事,了解诚信

(1)欣赏故事:请幼儿欣赏故事《狼来了》。提问:

①你们喜欢故事里的小孩吗? 为什么? (不喜欢,因为放羊的小孩爱说谎)

②放羊的小孩说谎后导致什么样的后果? (大人们不相信他的话)

③这个故事告诉我们应该做个什么样的孩子?(由于说谎,导致羊全被狼咬死,小孩自己也差点被狼吃掉。我们都不能说谎,要做个诚实的好孩子)

(2)分享体验:你有不诚实的经历吗?有没有说到但没做到的时候?或者好朋友借了你的东西不还? 心里感觉怎么样?

小结:是的!诚实对于每个人来说都很重要。如果没有诚实,我们的生活会有什么后果呢?(联系自身和周围等有关经历进行讨论)比如:撒谎后别人会讨厌他、朋友会越来越少、鼻子会变长、心里会很难受等。

3. 工作坊——实景演练,妙招分享

(1)诚信对对碰:你和好朋友在玩游戏,正玩得高兴,妈妈叫你回去吃饭,你对好朋友说:"我们明天再接着玩。"第二天,妈妈说外婆突然病了,妈妈想马上带你去外婆家,但你想到昨天的约定,这该怎么办?

(2)现场采访:如果是你和好朋友约好明天玩,但明天有事去不了,你会怎么做?

(3)实景演练:如果你和好朋友约好但没办法赴约怎么办?

①找朋友:找一个好朋友结成一组,一个做邀约人或一个做答应约但没办法赴约的人。

②想办法:一起商量,有什么好办法能解决这个问题。

③演一演:把解决问题的过程表演出来。

幼儿分组表演,教师巡回指导。

(4)分享交流:请幼儿把解决问题的好方法在全班小朋友面前进行表演。

4. **感悟园**——视频展示,真情绽放

(1)播放视频:生活中有很多诚信的故事值得我们学习,让我们一起来看看大家的诚信故事吧。

(2)随机提问:他们在干什么?他们这么做对吗?看了后有什么感受?

5. **实践点**——回归生活

在班级区域活动创设"我是诚实的好孩子"专栏,并提供各种关于诚信的真实小故事进行阅读,鼓励幼儿大胆地在集体面前承认错误,为幼儿创设一个敢说真话的环境,体会诚信带来的重要性及愉悦情绪。

C 辅导反思

《狼来了》这个故事,给孩子们留下的印象还是比较深刻的。在故事中,当我问他们:"第二次喊'狼来了'的时候,大人们一下子就跑上了山坡了吗?"孩子们异口同声地说:"没有马上去。"我问为什么,孩子们争先恐后地说是因为那个小孩前面说谎了。当我再问当狼真的来了的时候,大人们为什么都不来了呢。孩子们都能比较完整地回答说因为大家再也不信小孩的话了。我很认真、严肃地告诉孩子们:"是的,当一个人连续说谎,别人就不会再相信他了,你们可不能学故事里的小孩,说了谎后,即便你以后说的是真话,别人也不会、不敢再信任你了,说谎的后果真的很严重。"孩子们听完都重重地点了点头。

诚信是立身之本,也是一个人最宝贵的财富,教育孩子诚实守信更应该从小开始,从一点一滴的行为中做起,光明磊落做人。这不单单是一次孩子们的团辅活动,作为教师、家长都更应该时刻以身作则,做个有心的诚信之人。愿我们不久的将来,诚信之花处处开放!

作者单位:宁波国家高新区东方幼儿园

编者点评

教师使用了《狼来了》以及相约游戏这两个素材,分别与幼儿探讨诚实和守信的可贵品质,虽然故事和案例不算新颖,但却胜在真实有效,条理十分清晰。问题的设置不仅紧扣主题,直击要害,更留给幼儿讨论和思考的空间。这样的处理和设计简洁明快,干净利落。

最后的实践点,建议教师可以正向引导幼儿,让幼儿找出同伴或自己曾经做过的诚信的事,并面对面开展表扬和自我表扬,鼓励和强化幼儿诚实守信的行为。

 诚实花开

张 璐

A 辅导缘起

诚实守信是我们中华民族的传统美德,自古以来,诚信受到人们的高度重视,视之为立身之本,做人之道。但是,一些不良的社会现象发生,给幼儿的成长及发展带来了严重的影响。很多时候,孩子的撒谎行为是在其成长过程中慢慢发生的。孩子的说谎行为,有时候只是为了夸大讲述,吸引别人的注意力;有时候只是为了达到自己未获得的满足感;更多时候,是一种自我保护性说谎,就是为了避免受到惩罚。最近家长群里有家长反映孩子说他们在园被同学打等不符合实情的留言,让我对幼儿诚实这个问题引起了关注和思考。

大班幼儿,很看重他人对自己的评价,希望自己在别人眼中是最棒的,这个时期的撒谎行为尤为频繁。作为一名幼儿园老师,首先就应该要让孩子们懂得诚实可信的重要性。《手捧空花盆的孩子》这个故事,这个通过手捧空花盆的孩子的诚实,让孩子知道诚实是一种美德,愿意做诚实的孩子。

B 辅导节点

1. 热身台——情景导入,讨论交流

(1)欢乐入场:在《去郊游》的音乐声中进入××王国

师:今天天气真好,我们一起去××王国做客吧!前面那么热闹,发生什么事了?

(2)大胆猜测:幼儿观看视频故事《手捧空花盆的孩子》前半部分。

师:小朋友们,请你们猜猜国王会选怎样的孩子当新国王呢?

(3)分享交流:国王不准备在大臣等大人中选新国王,他想在全国各地的孩子中选一个将来的国王,全国各地的孩子那么多,可是新国王只有一个,怎么办呢?于是国王请孩子们做了同一件事情,考考他们谁做得最好,那么国王会让他们做了一件什么事情,他会挑一个怎样的孩子呢?请你们来说说看吧。

2. **情景场——绘本欣赏,体验情绪**

(1)欣赏绘本:请幼儿欣赏绘本《手捧空花盆的孩子》的后半部分,看之前教师提出问题"国王请孩子们做了一件什么事,比赛的规则是什么?"

(2)体验情绪:看完后请幼儿思考:国王给了全国的孩子每人一粒花籽,看谁能种出最美丽的花来,就让谁来当国王。可是最后他挑了种不出花的孩子来当国王,这是为什么呢?这些捧着盛开鲜花的孩子心情是怎样的?可能会想些什么,说些什么呢?(请幼儿表演)

(3)分享交流:你们说雄日是个诚实的孩子,国王也认为他诚实,你从哪里看出来的呀?

(4)教师小结:原来国王发给孩子们的花籽是在锅里煮过的,煮过的种子是不会发芽、抽枝、开花的。那些捧着鲜花的孩子都是拿了另外的种子才种出了美丽的花,而雄日拿的是国王发的花籽,所以他是一个国王喜欢的诚实的孩子。

3. **工作坊——实景演练,真情迁移**

(1)情景表演:遇到下列情况,怎样做才是诚实的表现呢?请幼儿演一演。
(课件出示:①东东把同学的文具盒弄坏了;②小红上街时,看见前面的叔叔掉了100元钱)

(2)真情迁移:幼儿分组表演,观看了刚才的表演,你能说一说自己的感受吗?

(3)分享交流:诚实就是要不说谎话,实事求是,知错能改,拾金不昧……诚实就像一朵美丽的花朵,只有诚实的人才能拥有它。老师特意准备了许多小花,准备送给我们班上诚实的孩子。

4. **感悟园——学习表达,真情绽放**

(1)现场采访:我们班上哪些同学是诚实的孩子,说一说他们诚实的事例。教师指名学生当小记者进行现场采访。

(2)自我肯定:你们是不是诚实的孩子呀?请小朋友来介绍一下。(请幼儿谈谈自己日常生活中"诚实"的事例,让大家评一评)

5. **实践点——体验时间,赠送小花**

听了大家的讲述,老师真为我们班有这么多诚实的孩子而骄傲。现在我把这些诚实的小花奖给你们,希望你们继续做诚实的好孩子。在我们的身边,其实也存在着许多具有诚信品质的人,用我们的小眼睛一起去找找吧。

C 辅导反思

本次活动，让孩子们亲身到活动场景中去体验，感受老国王为考验继承人而想出的办法，使孩子了解到诚实的重要性。让孩子说说同伴身上诚实的事例，是对诚实含义的巩固；说说自己做的诚实的事，是对本次活动内容的一个提升。整体上，我通过"读—想—说—演"的过程，引导孩子去体会，去感悟。

活动重点放在了两个方面：一个是那些盛开鲜花的花盆，让孩子感悟到不诚实的后果；一个是手捧着的空花盆，让孩子感悟到诚实的可贵。活动是给孩子们的一次心理辅导，同时也是给予教师和家长的一个提醒，幼儿说谎虽然不能说是道德品质问题，因为有时他们并不想有意欺骗人。但是如果对幼儿说谎行为放任不管，不及时教育，久而久之他们就会养成说谎的坏习惯。这样对他们以后的发展非常不利。教师必须了解孩子的心理特点，以孩子的视角去观察分析事物，让孩子沐浴在"诚实"的和煦阳光下。只有这样才能培养孩子诚实的品格，从而养成良好的心理品质。

作者单位：宁波市华光幼儿园

❤ 编者点评

同样是使用《手捧空花盆的孩子》这一绘本，教师能较为深入地挖掘绘本素材，分解故事，并适时开展实景演练，充分彰显了心理健康辅导活动课的"活动"属性。特别是"小记者采访""我的诚信故事"以及"诚实的小花"，使幼儿在"肯定"和"自我肯定"的环节中，感受到来自群体的支持和认同。同时，教师运用同辈辅导的能量，强化了幼儿的诚信行为，进而达成集体的诚信共识。

最后的实践点可以开展更具有拓展性的延伸活动。

不做"匹诺曹"

陈 茜

A 辅导缘起

伴随以独生子女为主的学生群体，同时伴随祖辈为主的教养现状，很多孩子在溺爱、专宠的环境中成长，自我中心的优越心理尤为突出。出现问题，有的孩子首先想到的是推卸责任。在建构游戏中，合作搭建作品，孩子们总会说是别人推到的、别人撞到的。任务不能很好完成时,有的孩子就采用抵赖、撒谎等行为掩盖自己的失职。餐点后,地上有饭粒、果皮,即使是自己丢下的,部分孩子也会踢到其他孩子的桌子底下,说是别人的问题。

子曰:"人而无言,不知其可也。"人无信而不立。诚信是中华民族的传统美德,更是孩子成长过程中非常重要的品质,是立足社会的人格根基。孩子说谎的原因多种多样。从心理学角度,年龄小的孩子会因为不能区分假象与真实而形成"无意说谎"。随着年龄的增加,逻辑思维能力的不断增强,很多孩子也会因为取悦家长、逃避责罚、满足某种愿望等原因而"有意说谎"。经常性的说谎行为会形成一定的思维定势,长此以往,很有可能影响健康人格的形成,有碍其长久发展。

为了让大班孩子们对说谎、失信的行为有正确的认识,我萌生了开展团体心理辅导活动的想法。大班的孩子伴随逻辑思维能力较快的发展,具有初步的是非判断能力、理解能力、换位思考能力,能对说谎、失信带来的危害有更深刻的认识和体验。他们能在积极尝试多种方式解决问题的过程中,萌生与人诚信相处的积极态度。

B 辅导节点

1. 热身台——师幼互动,心里放松

(1)轻松入场:孩子们找到空位置,随意坐下。

(2)音乐游戏:伴随歌曲《我来帮助你》的响起,引导孩子和好朋友拥抱、握手,表示友好。

(3)心的选择:你愿意和怎样的人做朋友?

(4)小结:每个人喜欢朋友的原因都不一样,今天老师讲一个故事,请你听一听,故事中的小主人公,你是否愿意和他做朋友,为什么?

2. 情景场——绘本赏析,感知诚信

(1)欣赏绘本:欣赏绘本《匹诺曹》的第一部分。思考,匹诺曹第一次和第二次说谎的原因分别是什么?他为什么会说谎?(小结:第一次是因为想要将得不到的东西占为己有,第二次是因为想要避免老爷爷的责罚,不想承担责任)

(2)情景表演:学学匹诺曹骗小朋友玩具的场景,猜测人物对话。表演匹诺曹欺骗老爷爷的场景,说说被欺骗的小朋友的心情如何?老爷爷的心情又如何?

(3)换位思考:被匹诺曹欺骗的小朋友和老爷爷,以后会如何对待匹诺曹?欺骗有没有让匹诺曹获得他期望得到的东西?他最后因为欺骗得到了怎样的惩罚?

(4)分享感受:听了匹诺曹的经历,你有什么感受和想法?

3. 工作坊——学习方法,尊重诚信

(1)大胆想象:欣赏绘本第二部分,展开想象:知道自己犯错的匹诺曹能做些什么来弥补自己的错误?怎样做才能让小朋友和老爷爷原谅自己,再次相信自己?

(2)方法统计:以小组为单位,在操作桌上选择认为合适的改正错误的方法的卡片,并将其粘贴在统计表中。

(3)检验梳理:组长汇报小组讨论结果:道歉卡、将骗取来的材料送回去、主动认错⋯⋯

4. 感悟园——视频展示,情感深化

(1)最美浙江人:观看视频——代替死去哥哥付清工人工资的最美浙江人。

(2)坚守承诺:观看视频——在风雨中坚守职业承诺的交通警察、在履行职业承诺镇守边疆的战士,和在火灾一线抢救生命的消防员、半夜依旧奋战在抢救室的医护人员。

(3)教师小结:生活中,有很多克服种种困难,履行着自己职业承诺的人们;是他们的坚守,换来我们美好的生活。诚信不仅是和人相处的基石,更是一种美好的品德。

5. 实践点——从我做起,延续诚信

瞧,火车站检票口,那个120cm的身高尺,就是请我们进行自我监督的标记。你过了120cm吗?过了120cm的你会诚实地买儿童票?生活中,处处都有需要我们诚信对待的事情。孩子们,请用你们闪亮的眼睛去发现,并用你诚实的行为去实践吧。

C 辅导反思

诚实守信对孩子而言并非遥不可及、不可理解。其实它就在我们生活的点点滴滴中。可以是在没有人看到的地方,找到一个美丽的发夹还给同伴;可以是诚实地面对自己不小心犯下的错误,去和老师说一句对不起;也可以是和妈妈约定看电视的时间,及时关掉电视,完成和妈妈的小小约定。点滴的克制和自我监管累积成良好的诚信品质。为了给孩子今后的学习生活、社会生活形成良好的心理暗示,本次活动中,教师给予孩子充分认识、回忆、反思自己言行的同时,也在有意识的教育行为中逐步加深孩子对诚信问题的理解,并让孩子真正自发地认识到自己的问题所在。从而提升孩子对自我的认识,纠正自己的错误行为。

同时,我也在思考:孩子的问题常常反复发生,当问题又重现的时候,我们需要更加耐心地去引导孩子改进,而此时的家园合作就变得尤为重要。如何引导家长,特别是让溺爱孩子的祖辈来正确对待孩子的说谎行为,形成有效的家园合作,是需要继续思考的部分。

作者单位:宁波市新城第一幼儿园

编者点评

本节课的设计着眼点落在诚信的选择上,用绘本赏析、小组讨论、视频感悟、实践延续等方式,帮助幼儿明白诚信与我们每一个人都有关系。每个人都会遇到诚信的考量,因为选择诚信可能会跟个人的利益相冲突,这时候需要我们听从内心的召唤,进行诚信的选择。特别是最后的实践点,是否买票是牵涉到幼儿直接利益的,这样的设计很接地气。此外,在分析讨论中,教师也能很好地引导幼儿认识到,诚信是一种交往方式,是人人欢迎的举动与行为。

在讨论过程中,可以适当加入"诚信的选项",如在实践点中,设计为"如果不买票的话,省下来的钱可以买一个冰激凌",让幼儿在冲突中更深刻地体验如何进行诚信的选择。

32 "过小门"

徐佩盛

A 辅导缘起

诚实、守信,是我们对于孩子良好道德品质的要求。"诚实"一词的基本解释是,内心与言行一致,不虚假。对于孩子来说,诚实就是不说谎话。但在班级的日常管理中,孩子们常常会做不诚实的事情。午睡室里,不知道是谁偷偷吃了果冻不承认;阅读区里,不知道是谁撕破了书本不承认;美工区里,画笔、颜料一团糟没人承认还各自推卸责任等。不承认、说谎是孩子们成长过程中的正常现象。随着年龄的增长和社会交往的增多,孩子们也关注到他人对自己的评价,他们也知道自己做得不对,但是在事情发生后却失去了承担的勇气,为了避免可能出现的责罚,会希望自己没做错事,是"好孩子",大班阶段尤为明显。

我们认为可以针对大班孩子的这一心理特点,有意识地进行一些对这方面有帮助的团体教育活动。《诚实》是英国的儿童情商培养图画书,用可爱的图画和优美的文字讲述了什么是诚实。本活动拟借助该书,让幼儿了解生活中需要勇敢面对的事情,懂得做诚实的孩子。

B 辅导节点

1. 热身台——诚实小精灵,活跃氛围

出示粉红色的诚实小精灵形象:大家好,我是诚实小精灵。你们知道我最喜欢什么吗?那什么是诚实呢?(不说谎话、说真话、不做坏事等)

2. 情景场——情景大讨论,接触事例

(诚实小精灵:快来看看,遇到这样的事情时,你会怎么做呢?)

(1)图片1:生日蛋糕少了一块

讨论:蛋糕哪儿去了?(小女孩吃掉了)爸爸在询问的时候,她会怎么说呢?(引导幼儿帮小女孩说真话)

提示:做一个诚实的人,就是要说真话。

(2)图片2:小男孩看到走在前面的叔叔钱包掉了

讨论:请你猜猜,小男孩会怎么做?(他捡起钱包还给了叔叔)

提示:当你把不属于自己的东西还给别人时,你就是一个诚实的人。

(3)图片3:小女孩把饮料洒到了地上

讨论:如果是你遇到了这样的事情,你会怎么做呢?为什么会这么做,你是怎么想的?

提示:当你解决自己造成的麻烦时,你就是一个诚实的人。

3. 工作坊——小组齐分享,了解做法

(1)诚实小精灵:你觉得还有什么事情也是需要诚实的?(根据幼儿回答用简笔画简单记录)

(2)每组提供一张"诚实"小图片:选择图片和同伴说说发生什么事情,应该怎么做。

①弄坏别人的玩具……

②朋友分发物品时……

③玩游戏时,还没有轮到自己玩……

④想要玩别人的玩具……

⑤踩坏别人的花园……

(3)出示上述图片,请个别幼儿说说应该怎么做,引导用"当你……你就是一个诚实的人"的句式小结,例如:当你解决自己造成的麻烦时,你就是一个诚实的人;当你向别人承认错误时,你就是一个诚实的人……

(4)教师小结:你是诚实的人吗?做一个诚实的人,就是要说真话,大家都会信任你。

4. 感悟园——亲身来验证,学习行为

(1)游戏"过小门":两位教师面对面手拉手搭成小门的形状,让全体幼儿快速通过小门,坐到自己的位置上,注意小门的大小,只能容纳一个人通过,可多试几次。

(2)交流游戏时的感受:刚才我们玩过小门的游戏,大家玩得真高兴!可是老师的脚被踩到了,身体被挤到了,是哪个小朋友做的啊?(可能有人承认,也可能没有人承认,鼓励幼儿要诚实)

(3)小结:游戏时可能会发生意外的事情,就看小朋友是不是敢于承认,做个诚实的孩子!(奖励诚实小精灵图案)

5. 实践点——阅读图画书，生活延伸

自主阅读图画书《诚实》，回家后实施书上的内容，请爸爸妈妈帮助监督，对照书本内容做个诚实的孩子!

C 辅导反思

本次活动以图画书《诚实》为载体，结合多媒体课件、集体游戏等形式，让幼儿了解生活中需要勇敢面对的事情，懂得要做一个诚实的人。

首先是带入式体验，在集体阅读3幅图画时，采用了不同的观察角度理解问题，直到图4小女孩把饮料洒到地上，教师用"如果是你遇到了这样的事情，你会怎么做呢"的问题，让幼儿从自身角度思考，引起心理和情感上的共鸣。其次是游戏式体验，通过游戏"过小门"创造真实的体验情景，让幼儿观测到自己在自然状态下的行为表现，发现在游戏中暴露的问题，引发认知与行为的冲突。整个活动通过对比、反思自身行为，进一步鼓励幼儿做诚实的人。

幼儿的成长会受到外界多种因素的影响，一次集体活动是远远不够的，更需要潜移默化的养成。因此，要在以后的学习生活中不断地强化，借助活动环节后家庭参与、行为延伸的方式，多方共同努力，促进幼儿不断自省，做诚实的人。

作者单位：宁波奉化市第一实验幼儿园

♥ 编者点评

本课的游戏"过小门"是一个亮点，操作性强，强化了课程的前半部分讨论内容，使幼儿在亲身参与的活动中对是否诚信做出选择，体验深刻。至此，活动不仅仅停留于"听别人的故事"，更着重于"做自己的选择"。利用《诚实》这一绘本做课后的拓展，也不失为较好的尝试。

但本课前半部分涉及的案例过多过杂，对每一个都没有深入剖析和感悟，在实践操作中可以适当进行提炼。

诚信你我他

冯蒙蒙

A 辅导缘起

在流行网络虚拟世界与社会上，"骗局""失信"现象越来越普遍的今天，"诚信"

显得尤为重要。一个人如果抛弃了诚信,那么他就会被社会所抛弃,就会被置于孤立无援的境地,从此他无论做什么事都将一事无成。

"诚信"作为一个最基本的元素,渐渐受到幼儿家长和教育工作者的关注。在日常教学活动中,经常能看到孩子们一些不诚信的行为:为了得到心爱的玩具、得到夸奖、得到内心的满足,甚至是为了逃避受批评、受惩罚,他们会向老师、家长、同伴撒谎或者是做一些失信于他人的行为,这都助长了孩子不讲诚信的恶习。如:在图书区,几个孩子正在激烈地争抢书本,一不小心撕破了书本,当教师向孩子们询问情况时,所有的孩子都会极力否认自己的错误,或者将错误指向别人。这些诚信意识的缺失现象,在孩子们生活中随处可见。因此,对幼儿进行诚信教育是非常必要的。

大班幼儿是非观念已初步定型,此阶段,是将诚信意识从无引向有的关键阶段。本次团体辅导活动,旨在引导孩子形成初步的诚信意识,了解人与人之间诚信待人的重要性。

B 辅导节点

1. **热身台——轻松游戏,体验诚信**

(1)游戏激趣:小朋友们喜欢做游戏吗?让我们来做一个吧!

(2)游戏体验:结合课件介绍游戏规则——闭上眼睛,用彩色笔将图中的圆圈涂满,看谁画得又快又好。

(3)交流分享:取画得一好一差的两生作品,对画画的小朋友现场采访:刚才你闭上眼睛了吗?有没有按照答应老师的去做呢?

(4)游戏揭秘:这是心理学家用来测验人是否诚信的心理测验。诚信就是诚实守信,在游戏中,如果你按照老师的要求去做,没有因为想要获得成功偷偷睁开你的眼睛,那么你就是一个诚信的人。

2. **情景场——故事欣赏,感悟诚信**

(1)进入角色:有个叫宋金的小朋友今天来给我们讲诚信的小故事,让我们一起来听听《手捧空花盆的孩子》。

(2)聚焦问题:宋金的种子种不出花来,你知道这是为什么吗?

(3)换位思考:如果你是故事里的小朋友,你会怎么做呢?

(4)故事结点:我们要做个讲诚信的好孩子,不要为了迎合别人,奉承别人而撒谎,只有诚实守信才能赢得大家的喜爱。

3. **工作坊——释放内心,走进诚信**

(1)表露自我:你们有没有不讲诚信的时候?师幼共同使用一张纸,将自己曾经有过的不诚信的行为画下来。

(2)热点提问。

①谁愿意来说说自己曾经做过的不诚信的事情?

②当你不讲诚信的时候,感觉怎么样?

③你想做个诚信的好孩子吗? 我们应该怎样做到诚信呢?

(3)小结:我们要成为诚信的孩子就不能说谎,要知错能改,勇敢地承认自己的错误,借别人的东西要还,不要把自己的责任推给别人。

(4)宣泄情感:那就让我们将这些曾经有过的不诚信行为扔在这废纸篓里。从现在开始,让我们一起来做个诚信的好孩子吧!

4. **感悟园——辨析行为,内化诚信**

其实在我们的生活周围,经常会发生不讲诚信的事情,请你们帮助他们做一个讲诚信的孩子——观看视频短片并提问:

①军军很喜欢松松的玩具汽车,刚好松松不小心把玩具汽车掉在草地上了,军军就悄悄地带回家。

②平平不小心撕坏了班上的图书,没人看见,就把书放回图书架。

③小虎很喜欢爸爸给自己新买的电动手枪,他对电动手枪为什么会发出声音来感到十分好奇,所以就把它拆开看个究竟。

5. **实践点——借诗表意,诚信实践**

(1)知识迁移:小朋友想一想,生活中还有哪些事情要求我们应该讲诚信呢?

(2)诗情画意:今天我还带来一个关于诚信的宝典,让我们一起来看看——儿歌《诚实守信人人夸》。

(3)辅导结点:如果我们每个人都能够做到诚实守信,周围就会少许多坑蒙拐骗,我们的世界将会变得更加美好,人与人之间的关系也会更加和谐。那就让我们从自己做起,从小事做起,为当一名诚实守信的人而努力吧!

C 辅导反思

本次辅导活动,以"诚信"作为切入点,通过游戏体验、故事欣赏、自我表露、情感宣泄、视频辨析、诗歌巩固等方式,引导幼儿体验诚信、感悟诚信、内化诚信;让原本处在以自我为中心的孩子们认识到了诚信的重要性,让原本为了达到自我的要求或目的随意撒谎、不负责任的孩子们知道了不讲诚信带来的后果,使孩子们在自我的意识中形成了一个共识——要学会做一个讲诚信的人,知道只有讲诚信、不随意撒谎、能知错就改、有责任心才会受到更多人的喜欢。

对于学龄前儿童来说,行为习惯的形成和巩固不是单靠一节团体辅导活动就能有效达成的。如何使孩子们能一直做一个讲诚信的好孩子,是一个值得深思的问题,不仅需要老师和家长不断地督促,还需要在后续开展一些螺旋式的团体辅导或者个别辅导活动,如可以借助绘本故事、身边的诚信故事、古往今来的典故、诚信待人的益处等进一步深化诚信与不诚信之间的区别,从而才能真正地将诚信内化于行。

作者单位:宁波市宁海县中心幼儿园

 编者点评

  教师充分利用音乐、游戏、视频、续写故事等形式,充分彰显了心理健康辅导活动课的"活动"属性。课中重体验、重分享,使用扔废纸的形式帮助孩子与不诚信的过往说"再见"是一亮点,有载体、有仪式感,能在幼儿心中留下深刻的印象。

  在扔纸团的基础上,如果能放大幼儿身上"诚信"的成分,则更有张力。

心理辅导 之
学会交往

34 大胆说出来

陶学军

A 辅导缘起

情景一:小班美术活动中,小朋友正在画画,只有贝贝呆呆地坐着,什么也没有画,老师发现了,提醒他:"贝贝,你可以开始画了。"贝贝看看老师,仍旧不动手。老师走过去一看,贝贝的桌上没有画笔。

情景二:起床时,很多小朋友都穿好衣服去吃点心了,豆豆还躺在被子里,热心的悠悠拍拍他的被子,俯下身叫他起床,老师也问他:"豆豆,你醒了吗?"豆豆不吭声,老师走到豆豆床边,打开被子发现豆豆尿床了。

以上两个情景都发生在开学初的小班,贝贝和豆豆不敢说的现象都是胆怯心理造成的。究其原因,关键在于缺乏说的经验。入园前,家庭生活以孩子为中心,有需求时,即使没有表达,成人也能从他们的举手投足间捕捉到信息,给予满足或顺从。而在集体生活中,孩子很多时候不表达,不说出来,就无法达成自己的愿望,会形成一定的心理落差。消极情绪体验的积累,就有可能会导致畏惧与退缩倾向,不利于健康、开朗性格的形成。

大胆说出来是与人交往的重要一环,也是孩子从一个家庭人到一名社会人的关键。所以帮助小年龄孩子克服此阶段不敢表达的胆怯心理,是非常有必要的。

B 辅导节点

1. 热身台——自然引出,切入主题

(1)惊喜发现:兔奶奶的花园草儿青翠,花儿满园开放。幼儿远远地观望,发出阵阵赞叹。

(2)解开疑问:这是谁家的花园?这么美的花园,你想去参观吗?

(3)交流讨论:怎么做才能得到兔奶奶的同意进去呢?

2. 情景场——情境设置,真切感受

(1)情景表演:小兔子们发现了兔奶奶的花园,很想进去参观,可是兔小妹不敢敲门,兔小弟不敢叫兔奶奶,兔姐姐大胆地上前和兔奶奶打招呼,并说:"兔奶奶,请问我们可以进去参观吗?"得到同意后,小兔子们到兔奶奶家做客。桌上放着糖果,兔小弟和兔小妹很想吃,但又不敢说,兔姐姐大大方方地问兔奶奶:"兔奶奶,请问我们可以吃糖吗?"兔奶奶用糖果招待小兔子们,兔姐姐剥开糖纸吃到了糖果,兔小妹不会剥糖纸又不敢说只好拿着糖果发呆,兔小弟也不会剥糖纸,急得哭了。

(2) 感知理解：为什么兔小弟和兔小妹不敢说？如果不说，兔奶奶会知道他们心里想的是什么吗？后来他们怎么解决了问题？

(3) 小结暗示：心里想的话要说出来，不说出来没人会知道。不敢说的时候，可以在心里对自己说："不要怕，说出来。"（配合动作进行积极暗示）

3. **工作坊——出谋划策，直面胆怯**

(1) 妙招频出：兔小弟和兔小妹怎样做才能吃到糖果呢？请别人帮忙的话要怎么说？

(2) 拓展训练：兔小弟和兔小妹很喜欢兔奶奶的花，他们该怎么办呢？可以怎么对兔奶奶说？兔小弟不敢说，你愿意帮助他吗？

(3) 体验成功：兔小弟和兔小妹得到花非常开心，当遇到问题的时候，如果自己解决不了，可以说出来，别人知道了，就会帮助你。

4. **感悟园——情感流露，巩固提升**

(1) 回顾思考：你有遇到过困难吗？心情怎么样？你会不会请别人的帮助？当你不敢说的时候，会怎么鼓励自己？

(2) 交流体会：需要的时候可以说出来，也许可以实现愿望；如果不说出来，就很难实现。

5. **实践点——深入拓展，体验成功**

(1) 尝试体验：兔奶奶的花需要浇水，我们向客人老师借水壶给花儿浇水吧。

(2) 交流体会：借到水壶了吗？说的时候怕不怕？开心吗？

可以尝试对不认识的人说出心里的话，做个大胆的小朋友，要记住"说出来，我真棒"。

C 辅导反思

对刚入园的小班孩子而言，不敢说话是一种常见的现象。设计并实施本活动，旨在给低龄孩子创设大胆说出来的情境，用积极的心理暗示和多次的练习来突破孩子不敢大胆表达的心理障碍。

本次辅导活动以兔小弟和兔小妹不敢说的烦恼为线索，为幼儿提供了一个尝试说出来的平台。幼儿在帮助他人的愿望驱使下，有了表达的勇气，并在榜样式的学习模仿及互助式的能量传递中直面"胆怯"；在兴趣和情趣的引领下，放下胆怯，大胆表达，用说出来的方法解决了问题，通过积累成功经验，形成"精神愉悦、自我激励、增强自信"的良性循环。

同时因幼儿个体差异的存在，在实际活动中，可能会出现幼儿总是不敢说的情况，这时教师应允许幼儿保留自己的意愿，把更多的关注渗透在日常生活中去。胆怯的心理，也可能会伴随着孩子成长的每一个阶段，而每一阶段面临的问题不尽相同,所以光靠一个团体辅导是不够的,仅以此为起点,让孩子能直面胆怯。

作者单位:宁波市市级机关第二幼儿园

编者点评

　　教师采用情景剧的方式,紧贴幼儿生活中不善表达的现状,在呈现问题的过程中,结合交流、思考和训练等方式,促使幼儿直面问题,实现人际交往能力的提升。

　　建议问题的设置可以精简。此外,可采用心理剧的模式,让幼儿两两结对进行演练。练习不仅能帮助幼儿了解对方的想法,找出最适合自己的人际交往模式,同时也是很好的行为训练和强化的过程。

35 小不点交朋友

卢建浓

A 辅导缘起

　　人际交往的敏感期,是儿童成长和发展过程中一个很重要的时期。我们生活在关系中,遇到的各种问题都是关系导致的,所以这个敏感期的发展,将为儿童成人以后奠定非常重要的基础。

　　孩子们从中班开始,就处于交往敏感期,渴望与同伴玩耍的心情会比较迫切。但是,他们从出生起就生活在一个独立王国似的单元内,是这个"王国"里的"小皇帝""小公主"。他们什么都不缺,恰恰缺乏与人交往的机会,身上或多或少有着不良的习性——不合群。如果这时交往教育方面欠缺了,就可能产生交不到朋友的情况。

　　《小不点交朋友》是一本令小孩和大人都感兴趣的探讨儿童之间人际交往的经典绘本。它文字不多,主要以图画为主,而故事的主人公就是一个真真正正的"小不点"。我尝试用这本情节简单、构思巧妙的绘本,对中班幼儿开展团体心理辅导,拟通过情境性的角色游戏、儿童经验迁移等,让他们了解自己的长处,积极表现,赢得自信,学习与同伴交往的方法!

B 辅导节点

1. 热身台——愉悦体验:音乐游戏"找朋友"

(1)幼儿在儿童歌曲《找朋友》的音乐声中,自由进入活动室,伙伴之间边游戏边找朋友。(配班老师在旁边录像,不引起大家的注意)

当发现没有找到朋友的幼儿时,老师应主动与其交朋友并一起游戏。

(2)体验、分享与朋友之间游戏的愉悦

找到了谁做好朋友?好朋友之间做了哪些好玩的事情?——握握手、抱一抱、转个圈儿……

(3)老师也找到了好朋友,刚才跟××一起抱一抱、亲一亲,觉得好开心啊!

2. 情景场——情境迁移:绘本《小不点找朋友》

(1)出示绘本,边一页一页打开边提问进行互动。

①我这里有一本很有趣的书,想跟大家分享!

②出示封面:封面上有什么呢?——题目"小不点交朋友",每个字分别是由黑色、红色、绿色、黄色、蓝色、粉色组成的。还有什么呢?——封面右下角有一小块黑。

③出示护帖页:这一页发现了什么?——同样的位置上也有一小块黑。形状都一模一样,到底发生了什么事?(激发幼儿对故事发展的兴趣)

④出示扉页:哇,这块黑依然有!

(2)故事开始:哦,现在我们明白了,原来这块黑就是这本书的主人公——小不点!"小不点一个人,觉得很无聊,很孤单,于是妈妈叫他去找朋友玩。可是……"

(3)可是发生了什么事?——大家都不喜欢和小不点玩,小不点只好哭哭啼啼地跑回家。

3. 工作坊——情感迁移:"我是小不点"

(1)这时,找不到朋友的小不点,心情会怎样?

(2)你也有过像小不点这样的遭遇吗?当时你的心情怎样?

(3)是否曾有小伙伴来找你做朋友?你当时是怎么做的?现在会怎么做?

4. 感悟园——解决问题:小不点变魔术

(1)小不点小心翼翼地重新出发了,这次,它不但交到了朋友,而且其他形状的宝宝们纷纷找他做朋友,这是怎么回事呢?

(2)你们觉得小不点会想什么办法?

(3)回放活动开始时《找朋友》游戏录像片段。

你看到了什么?想说什么?(特别要请一开始找不到朋友的幼儿和拒绝过小伙伴的邀请的幼儿说一说)

(4)继续欣赏绘本,了解小不点找朋友的方法。

①小不点为什么一开始没有办法跟大家玩呢?
②后来大家为什么都纷纷找小不点做朋友?
③教师小结:要赢得朋友,首先是要自我肯定,试着去了解、相信自己的长处,积极去表现。

5. 实践点——赞美时刻:做受欢迎的人

(1)自我肯定:这里的小不点们,你们有哪些本领呢?(先互相讨论,和小朋友说一说)

(2)我为朋友点赞:你发现你的小伙伴有哪些本领?

(3)音乐游戏《找朋友》,两两结对,边游戏边愉悦地出活动室。

C 辅导反思

"找朋友"是每位幼儿经历过的生活体验,绘本《小不点找朋友》向我们演示了两个好朋友之间相处的小插曲,故事里发生的事,能够引起小朋友的共鸣,只不过有时是充当"小不点"的角色,有时是充当"小形状"的角色。

本次辅导活动以"小不点"找朋友的情境发展为主线,以情感迁移为主要体验,点出孩子在交往的过程中可能会遇到的问题,一步步引导和鼓励孩子要有自信,这样不但能让自己更开心,也能赢得更多的朋友。在辅导过程中,我也关注到了个别交往能力稍弱的和同伴间关系比较强势的幼儿,更多地运用同理的体验方式进行交流。

同时,我们也看到了故事中出场不多的小不点爸爸妈妈给我们成人做的好榜样:当孩子人际交往受挫时,爸爸妈妈们应当怎么做。想到这里,我觉得这个活动可以在"亲子团队辅导"中进行尝试,不仅向孩子也可以向家长诠释朋友的相处之道。就像儿歌中唱的那样:"找呀找呀找朋友,找到一个好朋友;敬个礼呀,握握手,我们都是好朋友!"

作者单位:浙江省杭州市星辰幼儿园

❤ 编者点评

绘本《小不点找朋友》的使用很出彩,一开始就设置了小小的悬念,激发幼儿的兴趣,提高活动和讨论的参与度;问题的设置层层深入,环环相扣,巧妙地结合封闭式和开放式两种提问,引发幼儿思考和探索;首尾的"找朋友"游戏互相呼应,成为很好的实践、检验、反思点。

除了交友的技巧,教师应引导幼儿了解一颗真诚的心才是友情的基石。同时,教师还可以适当地进行自我开放。

36 没有人喜欢我

吴 春

A 辅导缘起

如今的孩子都是娇生惯养,一家人带一个孩子,孩子的任何要求父母都会尽量满足,只要孩子开心就好。就因为这样的家庭教育现状,很多孩子缺失了与人交往的机会和能力,更加不知道怎么与人相处。我们班就有这样的孩子,左左小朋友最近早上来园总是哭哭啼啼,问其原因是因为没人跟他玩,没朋友。一位美国儿童学专家曾指出:"一个人与同事、家人及熟悉的人们如何相处,往往取决于他童年是如何与其他小朋友相处的。"在幼儿时期能否培养起初步的交往意识,对每个人今后参与社会、参与生活有着直接的影响。因此,幼儿的交往问题越来越引起人们的重视。

为此,我从孩子消极情绪产生的原因入手,采取相应的教育策略,设计了本次绘本教学活动"没人喜欢我",让大班孩子们通过故事明白,与人交往时自己可以先主动地表示善意,才能化解陌生与羞怯;即使遭到拒绝,也可以问问原因,不要因此丧失自信,或是误会别人。

B 辅导节点

1. 热身台——进行热身运动

(1)你觉得大家都喜欢你吗?喜欢你什么?(自我反思,对自己剖析了解)

(2)可是有一个小动物,它很伤心,因为没有人喜欢它。(引起幼儿的好奇心,迫切想知道为什么会没人喜欢它)

(3)我们一起去看看为什么?(激发了幼儿的兴趣点)

2. 情景场——展示团辅主题

(1)出示绘本,观察其封面。

你看到了谁?它在想什么?

(2)打开绘本,观察其扉页。

这是哪里?你看到了什么?你再仔细观察,还发现了谁?

(3)引导幼儿观察主人公每遇到一些动物时巴迪所站的位子,并大胆想象猜测它的心理变化。故事中的主人公遇见了谁?巴迪有没有问小老鼠为什么不行?这时巴迪遇见了谁?三只猫在哪?

师:嗯,他们坐在窗口瞪着巴迪,可是巴迪在哪儿?巴迪自言自语地说:"我想它们不喜欢我。"于是巴迪离开它们继续往前走。巴迪看见了谁?

师：三只兔子正在捉迷藏，看见巴迪，耸耸鼻子就跑开了！为什么？巴迪会说什么？

师：巴迪不敢靠近兔子，也不敢追上去问，叹了口气说："我想它们也不喜欢我。"它们是谁？找一找巴迪在哪儿呢？

师：为什么巴迪离绵羊那么远？

师：那它这样能不能交到朋友呢？

巴迪慢慢晃到树林边，突然一只大狗向他冲了过来，大声叫着："汪汪！汪汪汪！"……

教师小结：巴迪是因为畏缩、胆小才交不到朋友。那后来巴迪会不会和同伴们一起玩呢？巴迪又会遇到了谁？为什么大家都不喜欢巴迪？

3. 工作坊——转向辅导对象

师生共同参与，按照故事线索将故事中出现的问题一一解决。教师让孩子充分地观察、比较巴迪后来一个个询问答案时，巴迪与动物们的距离及心理变化，引导幼儿在后面寻找答案时替巴迪说出答案："我想和你们做朋友。"

总结：原来因为巴迪没有说，大家都误会了，我们自己要先主动地表达善意，才能化解陌生与羞怯；若即使遭到拒绝，也可以问问原因，不要丧失自信，或是误会别人。

4. 感悟园——获得活动感受

（1）找好朋友：幼儿园里，你能找到喜欢你的人吗？在我们班级里你有喜欢的人吗？（提示：同伴、老师）

（2）爱的"暗号"：握握手，说声"××，我喜欢你"。（提示：同伴、师生间练习）

（3）画"爱心"：在爱心模版上进行简单涂色，做一颗自己的"爱心"，在同伴间交流和分享，表达——"谢谢你喜欢我"。

5. 实践点——认知转变行为

回家以后可以找找爸爸妈妈、爷爷奶奶，将自己涂色做好的"爱心"给爱自己的人，尝试学说"我喜欢你""谢谢你喜欢我"等表达情感的话，体会浓浓的温情在家人间传递的温馨氛围。

C 辅导反思

绘本《没有人喜欢我》故事里的小巴迪很喜欢朋友，可是它不会交朋友，只是因为巴迪没有说出它的真正想法，大家看巴迪的态度也有点不友善，才误以为它有恶意。最后，解除了误会的动物们变成了好朋友，大家快快乐乐地在一起做游戏。在这个活动中我通过形象的课件、提问、游戏、画"爱心"等多种教学手段，让孩子们知道如果遇见新朋友，自己要主动地打招呼，告诉对方"我想和你做朋友"，表示友好，才能化解陌生和紧张；如果遭到对方的拒绝，也可以问问原因，不要因此丧失自信，或是误会别人。就拿左左小朋友来说，课后他主动跟我说找到了很多好朋友，玩得很开心。之后，每天早上我都能看到左左高高兴兴地入园，跟同伴友好玩耍。当然这只是一个小案例,幼儿们平时还会遇到各种困惑,需要老师用心去推敲孩子们内心的想法,用更合理的方法去解决,这值得我进一步去发现、研究、思考,让孩子们开心、快乐地度过每一天。

作者单位:宁波市大榭开发区中心幼儿园

 编者点评

活动设计从幼儿的实际需求出发,运用绘本和开放式的提问讨论,在激趣的同时,使幼儿逐渐认识到:在人际交往中要主动表示善意,才能化解陌生与羞怯;如果遭到拒绝,不妨问清楚原因,而不是对自己丧失自信。感悟园和实践点的设计能有效唤起幼儿的体验,有利于他们掌握主动表达的交往技能。

如果教师在实践活动的设计中,能加入对以往有误会的人的主动表达,是否会更有实操意义。同时,教师可以引导幼儿思考,自己是否也曾误会过别人,该如何改善彼此之间的关系。

 # 鸭子说:不可以

蒋洁雁

A 辅导缘起

班级中孩子以独生子女居多,小部分幼儿有一个兄弟姐妹,这样的原生背景造就了他们从小享受着来自祖辈以及父母的关怀与爱护,在家里都是小公主或小王子,从而养成了唯我独尊的性格。然而在集体生活中,这样的性格往往会让其失去许多快乐。例如在晨间活动中,数名幼儿在一起搭积木,忽然传来争吵声,了解后,发现原来是两名幼儿同时拿到了同一块积木,两人谁也不肯让给谁,都说那是自己的,最后争吵起来。在争吵的过程中,桌上的积木都被打翻在地,场面一片狼藉。

绘本《鸭子说:不可以》巧妙地利用鸭子的形象,以水池为背景,通过鸭子与小动物之间的交往,展现了在交往中获得快乐的秘诀——宽容与分享。我们将这个故事引入心理辅导活动课,试图引导孩子在集体生活中学会正确交往。

中班时期是幼儿良好性格形成的关键时期,他们在集体活动中的有意行为增加,逐渐萌发分享意识,并在活动中学习交往。通过你听我说、角色扮演的游戏教师可以引导幼儿体会交往中分享的乐趣!

直面课堂的灵动——幼儿园团体心理辅导101例

B 辅导节点

1. 热身台——你听我说，畅所欲言

（1）愉快入场：幼儿在愉悦的音乐声中入场，找一个好朋友跟着老师一起做律动操《对不起，没关系》，律动操过后，找到自己喜欢的位置坐下来。

师：你旁边坐的是谁？你们可以握握手，抱一抱。

（2）你听我说：每个小朋友都有许许多多好玩的玩具，你最喜欢的玩具是什么？你愿意给其他小朋友玩吗？（在交流中放松心情，拉近师生距离）

（3）教室小结：好多小朋友都不愿意把心爱的玩具分享出去，担心：①其他小朋友把玩具弄坏了；②玩具变脏了；③玩具是我的，只有我一个人可以玩。而愿意分享心爱的玩具的小朋友则认为，分享玩具可以交到更多好朋友。

2. 情景场——绘本欣赏，转换体验

（1）欣赏绘本：请幼儿欣赏绘本《鸭子：不可以》第一部分，大白鹅要离开几天，便让鸭子来代做池塘的管理员。辅助提问：

①鸭子当了管理员，你觉得他会怎么做？他愿意把池塘分享给其他小动物吗？（提示：愿意，可以和小动物一起玩耍）

②如果你变成了池塘的管理员，你会怎么做呢？（提示：和小动物们愉快相处）

（2）角色扮演：欣赏绘本《鸭子：不可以》第二部分，鸭子到处指挥池塘的居民们，并在池塘里竖起了许多告示牌。大家纷纷离开。辅助提问：

①你觉得鸭子做得对吗？为什么？（提示：不对，池塘是大家一起玩的）

②小动物离开时的心情是怎么样的？（提示：难过，不开心）

找一个朋友，一个小朋友扮演鸭子，另一个小朋友扮演一个你喜欢的小动物，学学鸭子说的话，体会小动物的心情。然后再交换角色。

（3）分享体验：听了鸭子说的话之后，你的感觉怎么样？（提示：很难过）

教师小结：鸭子的行为给小动物们造成了伤害，小动物们走后，池塘就只剩下他了，孤孤单单。

3. 工作坊——大胆设想，真情迁移

（1）大胆设想：鸭子孤孤单单，很不快乐，你觉得他会怎么做？

欣赏绘本《鸭子：不可以》第三部分，鸭子意识到自己的错误，于是他又竖起了一块新的告示牌，欢迎大家再回到池塘来居住。辅助提问：

你和朋友在一起快乐吗？每个小朋友都有好玩的玩具，你愿意与小朋友分享你的玩具吗？（提示：快乐。愿意和小朋友分享）

（2）真情迁移：小动物回来后，鸭子每一天都很开心。鸭子愿意让小动物一起在池塘里玩耍。辅助提问：

①小朋友陪你一起玩玩具，一起做游戏，你的心情会怎么样？（提示：开心）

②当你拿到小朋友让你玩的玩具时,你的心情会怎么样呢?(提示:开心)

4. **感悟园——动手做做,情感领悟**

(1)动手做做:将少量的玩具投放入活动室,请幼儿与同伴一起分享,一起玩。

(2)感受分享:和小朋友一起玩玩具开心吗?表扬动手做做环节分享、不争抢的小朋友。

5. **实践点——你我一起,快乐无比**

不仅仅是玩具,还有书以及更多有趣的东西,我们都可以和小朋友一起分享,一起玩。和朋友们一起玩,不仅可以使一种玩具玩出许多不同的玩法,而且通过彼此交换,一个人可以玩多样玩具。在玩中分享,在交往中体会快乐。

C 辅导反思

绘本《鸭子说:不可以》中的故事,浅显易懂,通过认识故事中鸭子前后两种不同的态度,孩子懂得在交往中分享是获得快乐的源泉。鸭子是幼儿在日常生活中熟悉的一种小动物,幼儿对其有亲切感,从欣赏绘本第一部分的好奇到第二部分的气愤到第三部分的微笑,与鸭子一起感受到了分享的喜悦。

分享是交往中的精髓。幼儿在活动中通过故事以情感代入的方式,体会—实践—感悟,层层递进,通过角色扮演,感悟故事中人物的情感,体会到分享在交往中的重要性。在活动中,也有个别幼儿在拿到其他小朋友的玩具后占为己有,不肯再送还回去,对于这类幼儿,教师需要更深的引导。

通过此次活动,幼儿也许在交往的观念上有些许改变,但是教师还需后续跟进。每个孩子因着原生背景以及性格上的差异,教师对其在日常生活中引导需要因人而异,孩子的需要和心理的变化是教师观察的重点,找到切入点,对症下药,让我们的孩子在日复一日中逐步体会到交往中分享的乐趣!

作者单位:宁波慈溪市博爱幼儿园

♥ 编者点评

分享是一种美德。对于幼儿来说,分享可以帮助他们建立社群的概念,懂得互帮互助的道理。本课的设计自然流畅、环节连贯、深入浅出、富有梯度,值得学习和借鉴。整个活动花费了大量笔墨用于欣赏和分析绘本,其间的"大胆设想"和"真情迁移"推动了团队的能量场进一步开发。而随后的感悟园现场模拟了分享玩具的情景,采用简单的行为训练,达成最终的活动效果,颇有心理健康课的味道。

当然,同样的材料可以做出不同滋味的菜肴。教师是否可以唤起幼儿的分享情绪,能否给予幼儿积极的关注和自由的话语权,对最终的活动效果起着至关重要的作用。

小老鼠和大老虎

朱瑾妍

A 辅导缘起

大班幼儿情感的稳定性逐步增强,大多数幼儿在班上有了相对稳定的好朋友。一方面,他们有较强的想交往的意识,喜欢同伴互动类的游戏;另一方面,由于多数幼儿是独子,在游戏过程中经常出现争抢玩具、争抢角色的现象。同时,由于部分家长对孩子溺爱,往往担心自己的孩子会吃亏或受委屈,就限制或减少孩子们之间的交往。

以上原因导致学龄前幼儿的合作交往能力在不同程度上受限。针对此现象,我萌发了开展团体心理辅导活动的想法,辅导对象为大班幼儿。活动中我借助了绘本《小老鼠和大老虎》中的一个片段,通过小老鼠和大老虎这一对好朋友之间发生的矛盾、冲突,让幼儿了解什么是真正的朋友?真正的朋友该怎样相处?朋友之间发生矛盾时该如何解决?帮助孩子意识到友谊的可贵及失去朋友的滋味,并能运用生活经验来找到解决朋友之间矛盾冲突的方法。通过游戏体验、分享交流等活动,了解朋友之间和睦相处的方法,体验朋友间互相帮助、互相信任、友好相处的快乐。

B 辅导节点

1. 热身台——引题激趣,初探矛盾

(1)欢乐入场:听音乐《找朋友》进入活动室,进行找朋友的游戏。(幼儿人数为单数)

(2)矛盾引出:我们刚才玩了好玩的游戏,你们在刚才的游戏中有什么问题吗?(请个别幼儿讲述自己遇到的问题)

(3)交流分享:你觉得可以怎么解决?请幼儿根据自己的已有经验来初步解决问题。

2. 情景场——绘本欣赏,感悟朋友

(1)播放课件封面

师:小老鼠和大老虎之间是什么关系?你是从什么地方看出来的?(幼儿自由讲述)

(2)分段讲述,感知朋友间的友情

①欣赏第一段内容:你觉得小老鼠和大老虎之间会有什么问题呢?

②欣赏第二段内容:大老虎让小老鼠当坏人、吃小甜甜圈、去采花时,小老鼠心里有什么感觉?他会怎么想?(追问:小老鼠为什么会伤心?为什么会觉得受委屈了?)

③教师小结:对呀,小老鼠很伤心、很委屈,朋友之间应该友好、平等地相处。

(3)心声流露:通过图片观察、教师的开放式提问,幼儿能发现小老鼠与大老虎这两个朋友之间存在的问题。

(4)情景小结:用道歉、安慰、说好话等方式,告诉大老虎以后不能这么做、这么霸道,不然会没有朋友的。

3. 工作坊——游戏体验,体悟朋友

(1)介绍闯关游戏:请幼儿各自找个好朋友相互合作,来完成一个闯关游戏。

(2)讲述游戏规则:两人一组,一个小朋友先蒙住眼睛来钻圈、绕桩走、跨竹竿,另一个小朋友拉住好朋友的手,用语言提示,共同完成闯关游戏。最先完成游戏的一组将被评为今天的"最有默契组合"。

(3)讨论预想感受:当眼睛被蒙住的时候你感觉怎么样?你觉得你在朋友的帮助下能完成这个闯关游戏吗?

(4)协商决定角色:两个朋友自己讨论决定谁蒙眼,谁来帮助?(教师引导幼儿将刚学到的与朋友相处的方法运用过来,当发生两个人都想来蒙眼或都不想蒙眼的矛盾时,要互相谦让、互相尊重)

(5)游戏体验成功:幼儿游戏,游戏后用一种动作或语言来表示一下你们成功的喜悦。

(6)交流感悟友情

①对蒙眼幼儿:为什么你选择蒙眼?当你的眼睛被蒙住时你害怕吗?为什么还敢走?是因为你相信你的朋友一定会照顾好你的对吗?

②对带领幼儿:你是怎么照顾你的朋友的?哦,原来你是非常小心翼翼地、每到一个地方都用语言在提示他,帮助他完成这个闯关游戏的。

③颁发游戏奖章并小结:朋友就是当你遇到困难帮助你的人;朋友就是当你失败时给你鼓励的人;朋友就是当你难受时给你安慰的人。总之,真正的朋友就是能够彼此欣赏、彼此真诚、彼此信任、彼此理解,以及彼此宽容!

4. 感悟园——心声流露,解决矛盾

(1)交流分享:在生活中,你和同伴交往的过程中遇到过哪些问题?

(2)观看图片:朋友间友好相处的若干方式

如:一起分享玩具,懂得谦让、协商,关心帮助同伴,待人有礼貌,不能随便打人等。

(3)小结:在日常生活中,只要真诚相待、遇事相互协商、互相帮助,不仅能交到好朋友,还能解决和同伴交往过程中的一些麻烦和矛盾。

5. 实践点——体验时间,真情延伸

其实在我们的生活中,也有许多和好朋友友好相处的故事,请你们在我们区域活动时以图画或图示等方法记录下来,以后遇到矛盾就可以用这些好方法来解决!

C 辅导反思

本次活动我以绘本《小老鼠和大老虎》作为载体,以游戏"找朋友"引出矛盾,引导幼儿感知小老鼠和大老虎之间的友情,经历"小老鼠忍让—矛盾激化—大老虎改正—重新和好"等一系列的情感体验。

同时通过游戏活动,幼儿在体验中感知怎样和朋友玩游戏,知道玩游戏时怎样做是公平的。活动中由于"最佳默契组合"奖项的增加,让幼儿之间能够为了同一个目标而共同努力,从而体验同伴间交往的喜悦。

游戏中我也看到有两对孩子未完成游戏,需要在后续活动中进一步引导他们,再次尝试共同合作游戏,体验交往带来的快乐,感悟朋友间互帮互助的优势和乐趣。

作者单位:宁波市江北区阳光艺术幼儿园

编者点评

本课的浓墨重彩之笔在于"盲人"游戏,通过游戏可以让幼儿明白,在人际交往过程中"自助"和"他助"同等重要,"信任"和"被信任"同样可以带来很强烈的幸福感。此处的个别分享、小组交流显得尤为重要,还可以角色互换,开展进一步体验和探讨。

在这个主色调的铺呈中,《小老鼠和大老虎》的故事以及后面的"感悟园",就显得"点"多而偏,有些脱节之感。实际教学过程中可以考虑适当取舍及替换。

我有友情要出租

陈春维

A 辅导缘起

交往是儿童的一种成长需要,是儿童实现社会化的途径。然而如今的独生子女往往缺乏与人交往、合作的能力和机会,交往能力明显较弱。幼儿园大班孩子在与同伴的交往过程中,出现的交往问题也越来越多。孩子以自我为中心,都希望别人能让着自己,能主动来和自己交朋友,然而现实中他们经常遇到交往的挫折。

大班的角色游戏开始了。孩子们各自进行着喜欢的游戏,突然毛毛跑来告诉老师:"老师,能能不仅抢我的玩具,而且还打我。"一旁的朵朵也附和着:"对,能能总打人,我们都不跟他玩了。"的确,最近能能"状况不断",在游戏中总为一点琐事与小伙伴发生矛盾,大家都不愿意与他游戏,而且班上不管发生什么事,大家都会将矛头指向能能。能能在被同伴"孤立"后,表现得很伤心,很渴望与同伴一起玩,却不知道该怎么做?

《我有友情要出租》是一本适合大班幼儿理解交往意义的绘本图书,书中的大猩猩就像天真的孩子,他们寂寞却又不敢主动迈出交往的第一步。幼儿阶段交往能力的引导比获取知识、训练技能更为重要。

B 辅导节点

1. 热身台——理解"出租"词义

引题激趣:活动导入并帮助幼儿理解"什么是出租"。

小结:把自己的东西借给别人使用后收取一定的钱,这就是出租。

2. 情景场——欣赏、阅读绘本

(1)出示绘本《我有友情要出租》,初步理解"友情",提问:什么是友情?这是谁和谁之间的友情?

小结:友情就是朋友和朋友之间的感情。

(2)欣赏绘本,提问:咪咪在哪里?她在做什么?她看见远处有谁?会发生什么故事呢?

(3)自主阅读与完整阅读后提问:咪咪和大猩猩之间发生了什么故事?(小结:原来大猩猩正在出租友情,咪咪和猩猩通过游戏逐渐成了朋友)你们有朋友吗?他们是谁?(引导幼儿说说自己的朋友)

(4)玩玩朋友间的游戏:请找你的好朋友,两人一组,玩一玩"剪刀石头布"的游戏。

心理辅导:①对于主动性和交往能力强的幼儿,教师观察他们是怎么迈出交往的第一步的;②对于主动性和交往能力弱的幼儿,教师应以朋友的身份与幼儿游戏。

3. 工作坊——寻找、结识朋友

(1)由"故事"联系自身,说出内心

①看着大猩猩在夕阳下等待的背影,你想说些什么吗?

②你有和好朋友分开的经历吗?想对你的朋友说些什么吗?

小结:友情就在我们的身边,只要善于发现,善于寻找,就不会寂寞。朋友需要主动寻找,当你寂寞的时候,就看看周围,会发现,其实朋友就在你的身边。

③寻找新朋友,共同游戏

游戏一:谁先向前迈一步

游戏规则:两人分别站在离中心线4米远的两侧,玩"人枪虎"的游戏,赢的人向前迈一步,到最后两人重叠在一起,互相拥抱后,做一个表达友情的动作。

分享交流:

师:请你们谈谈游戏时的想法及感受。

幼儿A:我很开心,尽管我一直输,但是和我的朋友玩我很快乐。

幼儿B:我一直想着要输给我的朋友,因为我觉得如果我输了,朋友会开心。

幼儿C:起先我总是输,我很不开心,后来我和朋友抱一抱,我很快乐。

游戏二:打豆腐

游戏规则:两名幼儿相对站立,双手互相拉开后一高一低。两人一边换手的高低位置,一边说:"哪边高,哪边低,打豆腐,快来买,一斤黄豆打几块,要几块就几块。"说完两人同时从拉开的双手中间穿插,翻身360度。

心理辅导:教师指导游戏失败的幼儿,帮助其掌握游戏技巧,鼓励其进行二次尝试。游戏后分享交流:在游戏中遇到了什么困难、获得了怎样的成功,谈谈自己的感受。

幼儿D:刚开始时,我们没有商量过,往中间穿时方向不一样,然后两只手就绕在一起了,但是我们还是挺开心的。

4. 感悟园——回顾、留住情谊

心理辅导:你们是怎样交到新朋友的?玩时心情怎么样?有了新朋友你们彼此高兴吗?

交流、讨论:如何保存朋友间的这份友情?引导幼儿用手工、绘画等方式各自完成一件作品,然后互赠礼物。

5. 实践点——在今后的日常生活与游戏活动中尝试结交新朋友

C 辅导反思

本次辅导活动以绘本《我有友情要出租》为载体,以结交朋友为主题,让幼儿在欣赏、阅读绘本故事后理解了咪咪与大猩猩为什么会成为朋友。通过交流、游戏等多种方式,幼儿运用集体的智慧充实自己,学习如何与人相处,充分调动了学习与人交往的积极性。在辅导活动中也存在一些困惑:有部分幼儿总处于观望、被动状态中,经过老师的多次引导后,还是很慢热,但也有些愿意去尝试结识新朋友,知道了主动找朋友比被动找朋友会容易得到朋友。辅导中的两个游戏只能短时间让幼儿结识到朋友,对友情的理解还停留在表层。怎样的游戏才能使幼儿内心深处的情感得到升华,这是我辅导中难以解决的困惑,同时也是我对此活动后续的一个思考重点。

作者单位:宁波市鄞州区首南学府幼儿园

编者点评

教师选用了一本不错的绘本《我有友情要出租》,也很好地运用了游戏策略,引导幼儿在实践和讨论中领悟绘本的核心理念——朋友需要我们主动去找寻,勇敢地跨出友谊的第一步,才可能交到朋友。

如果能进一步启发幼儿关注绘本中的小老鼠,以及森林里的狮子、豹、斑马、长颈鹿、鸵鸟等动物(默默地等待友情萌芽),将他们与咪咪做对比,则更能凸显主旨。同时，教师在最后应指明友情是不能用金钱买卖的，与一开始的"出租"相呼应，进一步升华主题。

40 我的快乐，带给你

龚小丹

A 辅导缘起

进入大班后，孩子们间的交流更多了，他们在游戏中时刻发生着交往行为，而这些交往行为中的消极表现，也为他们的交往带来了阻碍。

"龚老师，我书里面的拼图少了两块，找不到了，呜呜……"小曼带来的可以拼图书籍中，缺了两块拼图。她没有任何询问和思考，就在班级里放声大哭。其他孩子听到后感到莫名其妙，也有孩子嘲笑她。这让小曼更伤心，也因此使她会攻击他人。小曼在表达情绪时消极化的现象，使她在同伴间无法获得更多的认同和交往。

孩子们的表达和交往都是非常直接的，让他们学会与同伴间友好地交往尤其重要。为了培养幼儿积极健康的情绪，建立积极和谐的人际关系，树立完美的人格，促进幼儿身心健康和谐发展，我设计了本次团体辅导活动。

人的表情中，笑是最美的，它可以调节人的心情，也能够感染他人，使人感受到快乐。我的团体辅导活动对象是大班的孩子，在活动中让他们通过讲述快乐、寻找快乐、感受快乐、分享快乐，学会做一个快乐的孩子，体验交往乐趣。

B 辅导节点

1. **热身台——聆听感受，情感体验**

（1）放松心情：跳着"兔了舞"进场。

师：刚刚我们一起跳舞的时候，你们的心情怎么样？

（2）感受心情：行走过"快乐（照片）走廊"。

师：看这些照片时，你的心情是怎么样的？

（3）交流心情：出示一张抓拍到的幼儿笑的照片，提问并引导幼儿讲述生活中感到快乐的事情。

提问：照片中的人笑得多快乐呀，他为什么这么快乐呢？

（4）心情小结：老师听了这么多快乐的事情，老师也觉得很快乐。快乐能让你的心情舒畅,也能让一些不高兴的事情悄悄地从身边走开,使你健康地长大。

2. 情景场——回忆生活,情绪体验

(1)讲述快乐:在小朋友们的活动中,你还有哪些和小伙伴一起玩的开心事?说一说,让其他人和你一起分享好不好?

(2)倾诉不快乐

师:小朋友们真幸福,你们有过这么多和小伙伴一起玩的高兴事。但是,我们不可能事事都顺心,你们和小伙伴一起玩时遇到过哪些不顺心、不开心的事?

3. 工作坊——寻找快乐,感受快乐

(1)快乐魔法:说一说自己和同伴交往不开心时,变快乐的方法。

师:和小伙伴一起游戏时,谁都有不愉快的时候。当你和小伙伴遇到不愉快的事时,你会怎么让自己和小伙伴变得快乐?

(2)情景体验:播放视频《丢失的拼图》(让孩子们想办法,帮助小曼变快乐)

寻找同伴:可以让一个孩子当小曼,一个孩子去安慰她,让她变得快乐。

快乐之源:两个小伙伴一起商量变快乐的方法。

感受快乐:一起演绎让同伴变快乐的情景。

(设置场景:幼儿表演,周围设置快乐城堡,供幼儿选择使用)

师:瞧!那里有一个快乐城堡,我们一起进去寻找快乐吧!请你们把找到的快乐带回来,等下表演给其他人哦。

(3)分享体验:你们找到快乐了吗?怎么找到的?

小结:游戏中,我们会和小伙伴发生矛盾,会变得不开心,但是只要我们把自己的快乐带给他人,他们也会立即变得快乐起来。

4. 感悟园——分享快乐,产生共鸣

(1)集合快乐:请幼儿边想快乐的事情,边画一个快乐时的笑脸。

(2)分享快乐:将自己与小伙伴交往中的快乐事情告诉他人,如果他(她)听了也觉得快乐,那就请他(她)给你贴一个笑脸。

(3)感悟快乐:今天和小伙伴一起表演,你快乐吗?

5. 实践点——体验时间,真情延伸

你如果还想将你和小伙伴的快乐分享给更多的人,那就把你们的快乐带出教室,带回家,告诉身边的人吧!请他们说一说自己是否也变得快乐了,如果他们听了也觉得快乐,就请他们画一张笑脸送给你。

C 辅导反思

团体辅导活动是让孩子们用自己的方式,将快乐传递给他人,让他人也能够感受到这种快乐,而不要被消极情绪困扰。孩子们讲述自己与同伴交往中的开心的事情,非常集中地将孩子们生活中的交往问题展现出来,让他们对此有了自己的思考。

我在辅导活动中,通过设置照片走廊的方式,让孩子们在行走"快乐(照片)走廊"的过程中,被照片感染,感受到快乐。在无形中孩子们体验了一次分享快乐的过程。在情景体验中,他们帮助小曼解决和小伙伴交往中不快乐的问题,是一个非常好的传递快乐的途径。在帮助小曼的同时,他们也找到了自己和小伙伴交往的快乐方式。

对于孩子来说,他们在交往中的情绪变化是很快的,因此,快乐的情绪传递让孩子们能够感受到交往中的快乐;在分享快乐中,体会交往的乐趣。

仅仅靠一次单独的活动是无法完成辅导任务的,我觉得团体辅导应该是一个循序渐进的过程,在今后的日常生活中,还需要时刻注意对孩子情绪方面的引导。

作者单位:宁波市鄞州区小城春秋幼儿园

❤ 编者点评

活动设计围绕"传递快乐"有序进行,通过形体语言引出课题,激发了幼儿探究参与的兴趣。随后教师再运用"分享照片""回忆生活""播放视频""设置场景"进一步激发他们的兴趣,让幼儿感受到快乐是可以传递的。形成初步认知后,教师采用"集合—分享—感悟"三部曲,让幼儿亲身践行,提升传递分享快乐的技能。最后布置了课外拓展延伸的实践内容,强化教学效果。依照"活动—体验—认知—内化",每一个环节都体现了心理健康教育课的活动性原则。

如果本课设计能从单纯的传递快乐,引导幼儿转向用乐观的心态面对交往中不愉快的事,学会与小伙伴一同转变看法,快乐面对,则更有意义。

41 兔子先生的"麻烦"

冯妙苗

A 辅导缘起

随着社会的进步,人们生活水平的提高,人与人之间,尤其是独生子女之间的交往越来越淡漠,同伴之间少了几分真诚、谦让与宽容。在幼儿园生活中,小朋友之间可能会因为各种各样的原因产生摩擦。即使是好朋友之间,也往往会因为某句话、某件小事、某些不一样的习惯而不能愉快地相处与交往。幼儿期是社会性萌芽时期,但由于心理发展又处于"以自我为中心"的阶段,幼儿缺乏经验而不知如何与别人正确地交往。

前不久我观察到,班级里的一对好朋友因为不能接受同伴的缺点而发生争执,结果两个人都不开心。这件事情触发了我开展这堂心理辅导活动。这个心理团体辅导活动的目标是让孩子们发现别人的优点、接纳他人、宽容别人,与朋友愉快地交往。5—6岁这个年龄段的幼儿有自己的想法,敢于表达自我,此时与同伴建立友好的交往关系,有利于促进幼儿社会化与心智的发展,为一生良好品格培养奠定基础。

B 辅导节点

1. 热身台——音乐热身,放松心情

(1)放松听一听:请幼儿闭上眼睛,安静聆听轻音乐,让自己放松。

(2)微笑面对面:2人一组,面对面站着,给你对面的朋友一个微笑。

(3)愉快说一说:收到别人的微笑后,你有什么感受?

小结:我们每天都会面对他人,微笑对人不但是有礼貌的表现,让人更加喜欢你,并且当我给别人一个甜甜的微笑后就会给人愉快的感觉与快乐的心情。每一个人都喜欢开心与快乐,每个人都喜欢与开心的人交往。

2. 情景场——绘本欣赏,真切感受

(1)阅读绘本(围绕绘本故事《兔子先生的麻烦》A段)

①兔子先生发现一个人住房子太大了,于是决定把二楼租给熊小姐。

②兔子先生向熊小姐提了哪些要求?

(2)发掘问题

①熊小姐是怎么做的?

②兔子先生是怎么想的?

3. 工作坊——情景表演,情感迁移

(1)引发提问(围绕绘本故事《兔子先生的麻烦》A段):生活方式完全不同的人能愉快地交往吗?如果是你,你觉得他们能不能愉快地交往?

(2)讨论创编:请你们分组讨论,把觉得兔子先生和熊小姐之间有可能发生的故事编出来。

(3)情境表演:请幼儿分组进行情景表演。

(4)讨论交流:你觉得兔子先生和熊小姐之间的故事给你什么感受,是什么原因让他们又能够快乐地交往呢?如果是你,与朋友交往你觉得应该怎么做?

(5)小结:其实不管是什么性格和什么习惯,只要你肯包容,会发现别人的优点,就能成为朋友,就能很愉快地交往。

4. 感悟园——真情回顾,情感表达

情感表达:和不同的朋友交往,会带给我们不一样的快乐,你愿意说一说,你与朋友交往时快乐的事情吗？根据幼儿所说的事情,用简单图示进行呈现。

5. **实践点——适时点拨,有效延伸**

(1)其实,可以认识更多的人,交到更多的朋友是件很快乐的事呀!

(2)小朋友们,请你抱一抱你的伙伴,相互说一说欣赏对方的话,发现彼此的优点,接纳别人。

(3)让我们再去交更多朋友,和伙伴愉快地交往,你愿意吗?

C 辅导反思

活动一开始通过互动小游戏"微笑面对面",让幼儿初步感受交往中应该与人微笑,为活动做了一个铺垫。辅导活动中我以绘本《兔子先生的麻烦》作为载体,引导孩子们跟着兔子先生与熊小姐的故事,经历一系列心路历程。在欣赏绘本故事中,真切感受到性格与生活习惯截然不同的两个朋友的生活场景,再通过创编故事、情景表演让幼儿猜测可能发生的结果,让孩子自己发现包容朋友、接纳朋友,能帮助我们快乐地与朋友交往。

在辅导孩子与同伴交往的活动时,要善于捕捉问题点、找出契合点、找准切入点,针对孩子的行为问题,紧扣辅导主题。孩子与伙伴交往的心理行为问题通常是稍纵即逝的,老师只有在及时抓住契机、智慧引导的情况下,才能解决孩子在交往中存在的心理问题。

这个辅导活动通过形象、生动的故事增生了幼儿宽容、接纳他人的意识,通过情景模拟使幼儿学会交往的技巧,如学会接纳别人、宽容别人等。

作者单位:宁波市宁海县长街镇中心幼儿园

编者点评

本课选题来源于幼儿人际交往中的常见问题,现实而接地气。教师以绘本《兔子先生的麻烦》作为载体贯穿活动始终,始终围绕幼儿的体验、情感来步步递进,结合行为训练的方法,充分调动了幼儿参与的积极性,这样的设计具有很强的引导意识。通过有趣的故事创编和情境表演,逐步帮助幼儿意识到:自私、偷懒、不满……这些负面情绪每个小朋友都会有,而包容和接纳可以使一切重归美好。

其实,这次活动还可以引导幼儿意识到,不同性格的人在一起,也会是一种优势,生活中相处的麻烦和快乐也可以很有趣。包容、理解、接纳是我们每一个人一生的课程。

42 结交新朋友

童清清

A 辅导缘起

"有朋自远方来,不亦乐乎。"从古至今,朋友都是每个人生命中不可或缺的成员。但是随着独生子女的越来越多,当前在儿童同伴交往中普遍存在的一个突出问题就是以自我为中心。以自我为中心的幼儿为人处世总是以自己的兴趣和需要为出发点,很少关心他人,与他人不能和睦相处;只注重自己利益的得失,从不考虑他人的利益。在与自己的兴趣和需要发生冲突时,他们往往表现得情绪变化过快或过于激烈。而在孩子们成长的过程中从家庭走向幼儿园以及迈向社会,都需要跟不同的人进行各种交往,而这些自我的心理特征严重影响着幼儿身心的健康发展。

因此,我萌发了开展团体心理辅导活动的想法。五六岁的幼儿,他们即将升入小学,将在新的环境中迎来新的小伙伴,此时引导孩子们如何跟陌生的孩子进行交流,成为朋友,是一个十分迫切需要解决的问题。通过活动幼儿能学会适应人际交往中的变化,乐意接纳和认识"新朋友",体验认识新朋友的快乐和成功感。

B 辅导节点

1. 热身台——进行热身活动

（1）欢乐入场:幼儿在《我们都是好朋友》的音乐声中进入活动室,根据自己的感觉找到位置坐下。（选择来自不同班级的大班孩子,让幼儿自由选择座位坐下）

（2）心声流露:今天来到了这里,你的感觉怎样?（让幼儿自由表述来到一个陌生的地方,看见陌生小朋友的感觉）

（3）心的选择:你觉得你能和这些陌生的小朋友成为好朋友吗?为什么?（请幼儿自由表达后,进行选择:A.能成为好朋友,B.不能成为好朋友）

（4）教师小结:对于一些小朋友来说,来到陌生的地方看到陌生的小朋友,有点胆小,也会担忧:这些陌生的朋友是不是能和自己友好相处,会不会欺负自己?

2. 情景场——展示团辅主题

（1）设疑猜测

师:今天老师也带了两个长相、高矮各不同的动物——长颈鹿与鳄鱼,你们觉得它们能成为好朋友吗?（幼儿自由猜测表达）

（2）欣赏绘本

画面一:抛硬币

师:它们会成为好朋友吗?它们在玩什么?是怎么合作玩的?谁来抛,谁来接比较合适?它们配合得怎么样?

画面二:糖果店

师:它们又来到了糖果店,现在你觉得它们是一对好朋友的样子吗?

画面三、四:吃冰淇淋、在试衣店

师:温馨的场面还有呢! 找一找哪些场面很温馨、配合得很默契。

(3)分享体验:看来很多时候我们不能以外貌来判断谁和谁交朋友,长颈鹿和鳄鱼的身高相差那么多都能成为好朋友,做事情配合默契、温馨。

3. **工作坊——转向辅导对象**

(1)现场采访:两个长相、个性不同的动物都能成为好朋友,你觉得你能和今天的新小朋友成为好朋友吗?

(2)献计献策:你有什么好的办法来认识这些新朋友?

(3)主动交往:大胆地介绍自己。

(3)交流讨论:请幼儿以组为单位进行交流讨论,选出一种好办法。

(4)分享交流:做名片卡,把自己的名字、爱好、家里的电话写清楚,新朋友知道了就能了解我们,就会找到自己兴趣爱好相同的小朋友。

4. **感悟园——获得活动感受**

幼儿选择自己喜欢的方式制作名片或交友卡。教师提示幼儿要写或画清楚自己的名字、爱好、家里的电话号码。(做得又快又多又清楚,可以交到更多的朋友)

5. **实践点——认知转变行为**

(1)互动交流:请你把你做好的名片,找个好朋友自己去交换,看谁能找到更多的朋友。

(2)介绍朋友:你找到了几个好朋友?你的好朋友叫什么名字?为什么选择他(她)做你的好朋友?共同喜欢的是什么?

(3)经验分享:今天认识了好朋友,感觉怎么样?在幼儿园里还有许多交好朋友的机会,如户外自主活动的时候,午段开展区域活动的时候,放学回家和早上来园的时候,今后你要好好把握机会认识更多的好朋友。学会了认识好朋友的方法,无论你去上小学了还是去外面玩,都不会感到寂寞和孤单了。

C 辅导反思

本次活动我以绘本《搬来搬去》中的部分图片作为载体,引导孩子们感知两个不同身高、不同爱好、不同品种的动物都能成为一对默契、友好的朋友,从而推动孩子们去主动结交不认识的小朋友做朋友,帮助幼儿积极面对生活带来的变化,体验到每一个阶段都可以结交许多新的朋友,为孩子们进入小学去认识更多的朋友做铺垫。

整个心理健康辅导活动围绕一个"情"字展开,让幼儿亲身感知朋友的重要性。通过亲临感知、绘本迁情、激发心愿、展示自己、真诚交友,把感、情、心、诚融合在一起,很好地调动了孩子们对本次活动的兴趣,较好地完成了辅导目标。但是孩子跟孩子的交往,肯定要有环境促成或者一方主动的,在本活动中有个别孩子还是有点内向,需要教师的积极引导,推动他们去主动与自己喜欢的孩子进行交流,这还需要在今后的日常心理健康辅导活动中加以调整和修改,从而促进孩子们的社会交往能力的不断提升与发展。

作者单位:宁波余姚市浙东实验幼儿园

 编者点评

　　帮助孩子快速熟悉自己身边的人,对于幼小衔接阶段的孩子,有着不可忽视的重要意义。教师在整个活动中扮演着指导者、支持者、参与者的角色,通过心声流露、绘本欣赏、现场采访、交换名片让幼儿尽情地展示交流,给予他们自主空间,互动充分,落实内化。

　　在制作和交换名片的环节,如果能让部分幼儿先进行全班分享,再进行小组分享,最后交换名片,会让幼儿们有机会了解更多伙伴的信息,也让更多的伙伴了解自己,更有机会锻炼自己的口头表达能力,消除与人交往时的陌生感和羞怯感。

心理辅导 之
学会合作

合作的暖阳

曹薇芬

A 辅导缘起

现今幼儿多数是独生子女,而父母也多为"80后"的独生子女,俗称"双独"。在这样的家庭背景下,同为独生子女的父母缺乏与孩子交流沟通的能力,加之孩子身边缺少与同龄小伙伴的共同交往,所以不会与他人合作、人际交往能力较差的情况普遍存在。进入幼儿园后,很多孩子在与他人的交往过程中出现很多问题,例如,在游戏中,抢夺玩具,不懂谦让,不愿意与其他幼儿一起合作游戏等。搬桌子时,许多幼儿不会请其他人帮忙,情愿一人独自完成。在科学课上,不少幼儿不愿与组内其他幼儿合作完成小实验,不会分工,经常出现争吵,导致活动进程不顺畅。在户外游戏小组活动中,幼儿往往不知道如何与他人合作以更好地游戏。

综上所述,针对这一情况开展集体心理辅导是很有必要的。本次辅导对象为大班幼儿,这个年龄的孩子有了一定的合作能力,且合作欲望不断提升,也能试着学会换位思考,去理解、体验别人的需要。拟通过辅导,引导幼儿学会合作,与他人共同完成任务,提高幼儿的合作能力和人际交往能力,为他们今后进入小学奠定良好的基础。

B 辅导节点

1. 热身台——舞蹈热身

(1)欢乐入场:随着音乐小朋友手拉手快乐进入活动室后,跳集体舞《邀请舞》,根据音乐的变化交换舞伴,体验与同伴一起舞蹈的乐趣。

(2)心的选择:"如果只有你一个人跳《邀请舞》,你会有什么感觉?"

(3)心声流露:请幼儿来谈谈自己的想法。

(4)教师小结:和好朋友一起合作跳《邀请舞》是件很快乐的事情,所以合作完成一件事情也是很快乐的。

2. 情景场——绘本揭题

(1)欣赏故事:请幼儿欣赏绘本故事《猴子和鹿》的前半部分,猜一猜谁会获胜?为什么?它们之后会怎么做呢?

(2)情景扮演:看看猴子和梅花鹿,猴子过不了河,梅花鹿够不到桃子,它们俩都是干着急,你有办法帮它们吗?

(3)分享体验:小朋友想的办法真好,它们俩可以合作起来完成比赛,那他们是怎样合作的呢？从这个活动中你学到了什么？

3. **工作坊——脑洞大开**

(1)脑洞大开：出示赛艇图片。提问：这是在干什么？大家在电视里见过赛艇比赛吗？赛艇运动员是怎样做的？我们一起学一学。

(2)现场采访：你觉得还有什么运动是要合作完成的？

(3)实景演练：你觉得你能与同伴一起合作玩游戏吗？你们能很默契地完成任务吗？

领任务：与同伴一起玩跷跷板和推小车的游戏，和同伴一起搬运桌子。(幼儿分组尝试，教师巡回指导)

(4)分享交流：请幼儿把合作的好方法在全班小朋友面前进行演示。

向没完成任务的幼儿提问：你们觉得没有成功的原因是什么？

邀请完成任务的幼儿分享合作时的心情，他们是怎么合作的？出现困难怎么解决？

(5)颁奖鼓励：对参与展示的小组颁发小奖品予以鼓励。

4. **感悟园——完美合作**

(1)回忆生活：生活中还有哪些活动需要合作？他们是怎么合作的？这些合作重要吗？没有合作，这件事情还能完成吗？

(2)播放课件。

第一段课件：离开了合作之后的事情状况；第二段课件：该怎么合作？

5. **实践点——行为转变**

游戏"好玩的大鞋子"，进一步感受合作。

(1)让幼儿自由组合三人一组，每组一双大鞋子，自由探索练习。

(2)讨论：请成功和没成功的幼儿都讲一讲自己的感受。

师：孩子们一定要记住，将来我们遇到困难的时候，一定要想到合作的力量是最大的！好，为我们今天的合作欢呼——"合作力量大"！

C 辅导反思

整个环节的设计遵循了先明理、后导行的原则。通过故事讲述、图片展示等环节，幼儿明白了道理，初步了解了合作的含义，了解合作的意义。再通过游戏活动，幼儿亲身体验合作，真正意义上了解合作的力量。

本次辅导的亮点在于目标和重难点的定位，突出了实践性的教育和行为的养成。活动过程中最后一个游戏"快乐的大鞋子"既典型又有趣，能充分将合作要求体现得淋漓尽致，让幼儿在合作游戏的体验过程中切实地体会到合作的意义。

学会与他人合作完成任务是孩子们必须掌握的一项社会交往技能，也是他日走上社会必须面对的一个人生课题。这不是一次教学活动中就能完成的，需要通过长期的实践体验及积累。本次活动,旨在对幼儿起到一个良好的引导作用,结合平时的生活、学习、游戏活动,进行进一步的加强巩固及提升,以期更好地促进幼儿与他人合作,提高幼儿的合作能力和人际交往能力。

作者单位:宁波市江东实验幼儿园

编者点评

如教师所言,游戏"快乐的大鞋子"既典型又有趣,能充分将合作要求体现得淋漓尽致。因此,建议本课围绕"快乐的大鞋子"这一游戏导入,让幼儿在成功或失败的经历中体验合作,再围绕刚才的体验展开讨论,适当拓展,最后以游戏"快乐的大鞋子"收尾。这样的首尾呼应,具有强烈的对比效果,可以让幼儿在两次游戏中切实体会到合作的意义,以及使用合适的合作方法。

一起来吧!

章 瑛

A 辅导缘起

"×××小朋友把我搭好的积木推倒了""这个玩具是我先拿到的,×××抢走了"……诸如此类的争执,常常会在孩子游戏的时候发生。

随着当今社会中独生子女家庭的增多,孩子越来越成为家庭的核心,从小就当小皇帝、小公主,独生子女的优越性让他们缺失了与同伴交流的机会,养成了万事唯我独有、好东西我一个人先吃、好玩具我一个人先玩的习惯。入学的时候,孩子往往会把家里的习惯带到幼儿园,样样事情都要由自己说了算,很少能听取别人的意见和建议,合作的能力和技巧薄弱,以致在与其他小朋友共同游戏时一语不合就会发生争执。

未来社会,是一个竞争与合作并存的社会,一方面强调社会分工的日益精细化,但另一方面又更加注重个体间的通力合作。因此,我们应该在大班时期注重增强幼儿的合作意识,培养他们初步的合作能力。

B 辅导节点

1. 热身台——找个朋友拉拉手

(1)快乐分组动起来:在《找个朋友》的音乐声中,幼儿自由进入活动场地,并进行找朋友的游戏。

(2)朋友一起笑嘻嘻:音乐结束后,幼儿与好朋友一起两两入座。

2. 情景场——我和朋友一起玩

(1)这些游戏我会玩。

情景一:出示幼儿两人三足游戏的照片。请小朋友看看图片,回忆下自己当时游戏时的情景,并说一说为什么很成功或失败?

情景二:出示幼儿风火轮游戏的照片。小朋友再次回忆,并与大家分享自己在游戏中的成功或者失败的经验。(风火轮游戏是拿报纸拼接成一个大圆环,多个孩子在报纸圆环中集体前进)

说一说在这个游戏中最重要的是什么?

(2)学会合作乐开怀。

教师准备一些小小任务卡,请幼儿与自己的好朋友一起现场做互动,并与同伴分享是怎样合作来共同完成一项任务的。(任务卡可以用图片的形式呈现,如搬移一张桌子需要两个人抬、独木桥上对向行走到中间的地带时需要两个人抱着转个圈然后同时到达彼岸等)

师幼共同小结:为取得成功,需要小朋友一起商量,然后按照商量好的相互合作,这样才能取得成功。

3. 工作坊——迷宫寻宝互相帮

每一个小朋友得到一块迷宫的拼图(拼图的背面可标注上数字,方便幼儿拼搭),只有合作拼搭好迷宫图谱,才能从中寻到宝物。

(1)迷宫图谱看一看:请每一个幼儿看看,从自己单个的拼图中能发现什么线索?(正面有图案、背面有数字)单凭自己手上的一块拼图能否找到宝藏?怎样才能快速收集到更多的线索,完成寻找宝藏的任务?

(2)迷宫图谱拼一拼:幼儿寻找朋友,相互合作,共同完成迷宫的拼图。

(3)迷宫寻宝互相帮:两组分别完成拼图后,并不能打开通往寻宝之路的大门,只有两组共同合作,把两块拼图连接成一块大的完整的拼图,才能找到宝物。

4. 感悟园——团结合作你我他

游戏设置过程中,教师故意创设一个场景:每组都有一块多余的拼图是对方组所需要的。

(1)大家一起想办法:请幼儿说一说,在完成拼图的过程中,有没有遇到什么困难?最后是怎么解决的?当所有拼图拼完,还是不能找到宝藏,这时候心里是怎么想的？最后又想了什么办法？

(2)竞争也需互相帮：请拿到自己组多余拼图的小朋友说一说把自己手上的拼图拼搭到了哪幅图中？为什么这么做？引导幼儿体验通过合作取得双赢的快乐情绪。

5. **实践点——收获满满喜洋洋**

(1)笑脸徽章我喜欢：每个孩子都得到一个笑脸徽章的小礼物，尝试自己或者同伴帮助戴在衣服上，体验与同伴合作获得成功的快乐。

(2)合作成功信心满：在我们生活、游戏和学习的时候，有没有需要两个人或者是更多的人一起合作，共同努力来完成的事情？遇到这样的事情我们应该怎么做？

C 辅导反思

本次活动我从音乐游戏《找个朋友》导入，引导孩子从回忆已有经验开始，从两人合作的尝试，到团队的集体合作来完成一项目标，在一次次的体验中感知合作的重要性，体验合作给自己与同伴带来的便利与快乐。

热身台中音乐游戏《找个朋友》，给孩子营造一个宽松、温馨的活动氛围，为合作游戏做好铺垫。

情景场中设置的两个游戏情景，是小朋友熟悉的游戏，幼儿都有自身的成功与挫败的经验，调动起孩子已有的经验进行分享与交流，并通过小小任务卡共同完成任务，体验合作的重要性。

迷宫寻宝则是在此基础上的提升，让孩子体验只竞争不合作——谁都无法完成任务；竞争中也要合作——双方都能获得成功，这是更高层次的合作。

教师和家长可以创设更多的需要孩子合作完成任务的机会，帮助幼儿在学会合作的过程中体验关心他人、友好合作的快乐，逐渐克服以自我为中心的习惯，养成一种协商合作和利他的亲社会行为。

作者单位：浙江省杭州市星辰幼儿园

编者点评

本课的着眼点在"竞争与合作"，对于大班幼儿来说，初步形成正确的竞争与合作心理显得尤为重要。教师设计了多种游戏，使幼儿通过游戏明白竞争和合作的重要性，从而产生合作的动机，学习掌握正确的合作技巧。尤为出彩的是，教师不仅关注到个体之间的竞争与合作，更进一步延伸至群体之间的竞争与合作，这样的设计考虑充分，富有针对性和实效性。

建议前半部分的游戏可以精减，主线突出"个体合作"与"群体合作"，给予讨论更充裕的时间。

45 《大石头》

张 芸

A 辅导缘起

当前的孩子大多数是独生子女,家长过分保护和溺爱已成普遍现象。大部分幼儿在与同伴交往中存在一个突出的问题——以自我为中心。在幼儿园的各种游戏活动中,总是可以听见孩子这样的声音:"老师,他们不让我玩儿!"我观察后发现,这些孩子的独占欲非常强,不愿与他人合作,缺乏合作意识,经常会因争抢玩具而发生矛盾,如果不能满足他们的需要,便会通过攻击行为或者哭闹、耍赖来解决。还有一些孩子遇到困难时,往往只会求助于老师而从不知道可以从同伴那里寻求帮助;同伴遇到困难时,也没有去协助解决的意识,缺乏合作能力。

绘本《大石头》用生动幽默的语言描述了田鼠村里的田鼠们想办法搬走大石头的过程,让孩子明白"大家团结合作的力量会比任何个体的力量都强大"的道理。我将这个故事引入大班心理辅导活动课,对幼儿在生活中懂得团结协作的力量大于个人力量的理解起到一个很好的启发、引导作用;通过合作体验活动,激发幼儿合作的愿望,让他们感受合作的成功和快乐。

B 辅导节点

1. 热身台——游戏激发兴趣,故事引起悬念

(1)音乐游戏导入,激发兴趣。

师:今天有好多石头来到我们班,他们都是什么样的?

幼儿跟随童谣《石头》音乐,分组围成小圈,模仿各种石头的样子。

(2)播放课件,引起悬念(播放石头滚落的声音)。

师:这是什么声音?(欣赏绘本第一部分)

师:在一个静悄悄的夜晚,忽然有一块大石头朝田鼠村庄滚了过来,田鼠们都被吓了一跳。原来是大石头掉进了准备用来建造游泳池的大洞里,这可怎么办?

师:你们觉得该请谁来搬走那块大石头呢?为什么?

2. 情景场——欣赏绘本故事,发现合作力量

(1)出示田鼠大力士、科学家、矿工、魔术师以及田鼠宝宝的图片。

师:你们觉得在这些田鼠中,谁最有可能、最有办法能把大石头搬走呢?

(2)请幼儿讲述对各种职业的田鼠的观点,猜测他们使用的方法。(欣赏绘本第二部分)

师:一起来看看他们分别是怎么做的吧。

幼儿讨论回答:大力士的办法——用手推石头;科学家的办法——用木棍撬石头;矿工的办法——用铲子挖石头;魔术师的办法——变魔术。

师:这么多种职业的田鼠想的办法都不能将大石头搬走,那只剩下小小的田鼠宝宝了,他的办法能行吗? 田鼠宝宝的办法是什么?(小田鼠们一起努力搬石头)

请孩子分享:最后,是谁的办法最有用呢?

教师启示:一个人的力量很有限,只有大家团结合作一起干,事情才能干得好。

3. **工作坊——创设游戏情境,了解合作力量**

(1)分享:在我们的生活中,有哪些事情是需要大家合作才能完成的呢?

(2)情境体验:彩虹伞

师:现在,我要请小朋友来玩一个让彩虹伞飘起来的游戏。

师:谁能让彩虹伞飘起来?(个别幼儿尝试)

师:有什么办法让彩虹伞飘起来?(分组玩游戏)

(3)再次分享:为什么一个人不能完成,不能完成时心里是怎么想的?有什么好办法?

(4)再次体验。(在合作的基础上)

(5)再次分享:成功了吗? 为什么会成功? 成功以后的感想如何?

4. **感悟园——情感内化迁移,感受合作力量**

(1)欣赏绘本第三部分

师:田鼠们齐心协力搬走了大石头,他们开心吗?

师:原来这不是个大石头,是个大面包啊。他们快乐地享受着大面包的美味!

感受:大家团结合作,克服困难,是件多么幸福的事啊!

(2)播放幼儿合作视频

师:你们平时游戏时,是怎么合作的呢? 你们团结的力量大吗? 你们开心快乐吗?

5. **实践点——体验活动延伸,激发合作意识**

继续开展各类合作游戏活动,如垒高比赛、拼图比赛、绘画活动等。请小组代表介绍小组分工情况,并向大家介绍合作的成果。幼儿自制图画书"我喜欢合作",将合作的故事记录下来,分享合作的快乐。

C 辅导反思

绘本《大石头》讲述了一个团结起来力量大的故事,是对孩子进行合作教育的非常好的媒介。在现场教学中,我随着故事情节进行有效提问,激发幼儿对合作成果的想象,从而对合作成果得到满足。

幼儿分享日常生活中的合作活动以及进行合作游戏,是本次活动的亮点。他们从生活实际和亲身体验出发,更能感受到故事所蕴含的道理,体会到合作的成功和快乐。

在活动中,我也发现,有些孩子有合作的愿望,但是却不知道如何合作。所以后续我将会循序渐进地培养孩子学会进行合理有效地交流、分工和配合,引导他们学习合作的方法。

另外,培养孩子的合作能力,家庭的力量不容忽视。我将通过家长座谈会、班级网站等方式,让家长了解培养幼儿合作品质的重要性,并将孩子们的合作故事与家长分享,以取得他们的理解和支持。我会布置一些需要亲子合作完成的任务,如"找春天""超市购物"等。这样,既培养了幼儿的合作能力,激发了家长合作的积极性,也促进了亲子关系的健康发展。

作者单位:江西省九江市中心幼儿园

❤ 编者点评

绘本《大石头》对于大班孩子的合作教育是个非常好的媒介,通过对故事情节的理解与推敲,使幼儿从"搬大石头"的曲折情节中,感受到合作的力量。随后,教师将幼儿的目光从绘本拉回到现实,通过让彩虹伞飘起来的游戏,使幼儿体会合作所带来的成功喜悦。最后通过播放合作视频促使幼儿思考合作的办法,提高合作水平。整体设计流畅,一气呵成。

对于大班的孩子,本课可以适当增加"如何合作"的讨论内容,适量精简"为什么要合作"的探讨。

46 手拉手,快乐多

方惠英

A 辅导缘起

在我们大班的孩子当中,大多数是独生子女。在这些孩子身上,或多或少存在着不合群、任性、自私、以自我为中心、不善于与人合作等现象。如在分配玩具时,他们会各自抢一大堆,自管自玩,分享意识淡薄。而我们的家长却比较重视和强调对孩子智力的培养,却忽视了对孩子社会化的发展合作能力的培养。然而,合作能力是幼儿未来发展、适应社会、立足社会不可缺少的重要因素。只有学会与人合作的人,才能获得生存空间;只有善于合作的人,才能赢得发展。

因此,我萌发了对幼儿进行合作能力的培养。我通过营造互动气氛,用讲故事、欣赏儿歌、情景表演、观看图片等方式,引导幼儿敢于、乐于与他人合作,分享成功的喜悦。同时,我创设合作环境,让孩子在作品展示墙上进行创作,培养他们的合作能力。在"六一"大带小活动中,通过主动配合、分工合作、协商解决问题,体现孩子的自主性,培养孩子的交往能力、合作能力,同时体验合作快乐。

B 辅导节点

1. 热身台——进行热身活动

(1)自主交朋友:大班幼儿在温馨的音乐声中进入小班的活动室,然后由大班的孩子自主去找一个小班的弟弟或妹妹做好朋友,告诉对方自己的姓名,并用邀请语言:"请你做我的好朋友好吗?"对方知道你的诚意会接受你做他(她)的好朋友。

(2)自主交流感情:大班孩子和小班孩子做好朋友后在座位上坐下,然后互相交流,了解对方的兴趣爱好,为合作玩"六一"活动奠定感情基础。

(3)自主玩游戏:大班的孩子带小班的孩子一起玩游戏,玩拍手歌游戏、找朋友游戏,通过游戏增进相互之间的感情。

2. 情景场——展示团辅主题

(1)发现一:大班幼儿带小班的孩子参加"六一"节开展的各个活动。在活动中发现钓鱼台旁一个大班的女孩子和一个小班的女孩子正准备参加钓鱼活动,大班的女孩子自己拿着钓鱼竿不顾小班女孩子的感受自己钓了起来,而站在一旁的小班女孩子去抢大班的女孩子手中的钓鱼竿说:"我要钓鱼。"大班的女孩子不肯放手,这时候两个孩子吵了起来……

(2)发现二:在合作运西瓜活动中,大班的孩子好胜心强,自己在箩筐里放上两个皮球就独自拿着箩筐运了起来,而把小班的小弟弟丢在那里。小班的弟弟着急地说:"哥哥,等等我,我还没拉好箩筐呢。"

3. 工作坊——转向辅导对象

当大手牵小手的时候,有时候容易发生一些矛盾,使得双方都不愉快。当合作建构游戏盖楼房时,一方合作要求被拒绝时,就会沮丧、懊恼,甚至捣乱,会做出一些超出常规的事情来。

但是,我们也通常看到这样的情景,大班的孩子陪着小班的弟弟妹妹来到合作阅读室,根据两人的兴趣挑选一本绘本读物进行阅读,作为大班的哥哥姐姐用心地为小班的弟弟妹妹讲解图书画面中的故事,弟弟妹妹很开心。他们毫无顾忌、无拘无束地谈论着画面当中的内容,场面很温馨。

4. 感悟园——获得活动感受

交流感受和分享：在活动中，把幼儿之间合作得相当融洽的组合用照相机或摄像机拍摄下来，然后边播放视频边让视频中的孩子谈谈自己参与游戏的过程、自己的情绪及合作游戏中的感受，从中让其他的孩子也感受到合作所带来的快乐。

5. 实践点——认知转变行为

教师也要要求家长在家里潜移默化地帮助孩子增强合作意识，为孩子营造积极与他人互动、合作的良好环境和氛围。大人无论做什么事，只要孩子能够帮得上忙，就要积极鼓励孩子让其一起合作来完成。家长也要主动配合，分工合作，协商解决问题，让孩子感受合作是那么重要，合作是那么开心，让孩子敢于合作，乐于合作。

C 辅导反思

通过本次的"我的节日我作主——六一大带小"游园活动，孩子能得到一次锻炼和展示自己的机会。在活动过程中，大班的孩子带着小班的弟弟妹妹合作绘画、合作套圈、合作购物、合作阅读、合作钻钻爬爬、合作探险淘宝、合作唱唱跳跳、合作揉揉抱抱、合作喝喝吃吃、合作拼拼搭搭。他们从中互相协商、互相谦让、互相理解、互相配合，并多为对方想想，学会了容纳他人；学会了尊重他人的想法和建议，提高自身的合作意识；学会了一些合作方法，提高自身的合作技能，同时体验合作成功带来的快乐。

通过本次的辅导，我认识到辅导活动的重点不是活动，目的不是追求热烈的场面，它的精髓在于活动后的情感体验和经验分享，把感性认识提升到理性的思考中；去深刻理解活动的心理教育含义，并促使孩子把从活动中得到的感悟迁移到生活中去，使其进一步地感受到好的合作方法的重要性，从而改善自己的认知、人格和行为，最终达到提高孩子心理素质的目的。

作者单位：宁波慈溪市桥头镇中心幼儿园

编者点评

本课的设计不走常规路，教师在课程中更多担任的是观察者和主持人的角色，把大部分的课堂时间留给幼儿，让幼儿在"大手牵小手"的合作游戏之中充分体验，然后再进行分享交流。这种类似工作坊的辅导方式，值得尝试。

使用这种方式教学，教师需注意留出足够的时间用于第四大块"感悟园"的分享活动，如果匆匆走过场就会与最初的构想背道而驰。因为分享交流体悟才是本课的重点和难点。

47 抱团才会赢

宋丽丽

A 辅导缘起

合作是时代的要求,是幼儿日后生存和发展、适应、立足社会所必需的品质。《幼儿教育纲要》也指出:"在生活、学习、游戏中,形成初步的合作意识。"然而今天的独生子女恰恰缺乏与人交往合作的机会,他们身上或多或少有着不合群、自私等影响自身社会化进程的表现。合作对于幼儿来说,就是在游戏、学习、生活中,能自动配合、分工合作、协商解决问题、协调关系,从而确保活动顺利进行。现在很多幼儿既不会协商,又不会分工和交流。游戏过程中发生矛盾时,常用攻击性的行为来解决;遇到困难往往求助老师,而不知从同伴那里寻求帮助;对同伴遇到的困难也没有意识到去协助解决。因此,从小培养幼儿的合作意识和合作能力是十分重要的。

团辅活动设计以大班幼儿与同伴一起闯关的形式为主,帮助幼儿了解交往的方式,鼓励幼儿主动、大胆地与人交往;借助游戏贯穿始终,有互动、有感悟、有实践,多方位地帮助幼儿理解合作的重要性,感受积极交往、合作、互助的乐趣。

B 辅导节点

1. 热身台——视频互动,激发兴趣

(1)师幼互动:孩子们好,美好的一天又来临了,让我们来个拥抱吧!

(2)播放视频:看,天使来了,也跟他打个招呼吧。小天使今天带了一份具有海边特色的礼物给大家,我们一起来看看是什么?(海螺哨子)你们想要吗?但小天使有个要求(播放视频),你们有信心拿到这个礼物吗?

2. 情景场——体验游戏,感受合作

(1)一指抓哨子:如果你能用一根手指将它拿起,这个哨子就属于你了。

(2)个别幼儿尝试。

(3)交流分享:用一根手指能拿得起吗?有什么办法能轻松地拿起海螺哨子?为什么?(提示:几根手指合作才能轻松地将哨子拿起;原来做好一件事情,必须合作、齐心协力才能完成)。

3. 工作坊——游戏闯关,体验合作

(1)第一关:《快乐对对碰》。

教师播放音乐,要求幼儿根据歌词做动作,并找不同的好朋友碰一碰。

①音乐响起,幼儿自主选择同伴交往。

②交流感受:开心吗?你刚才找了几个朋友?你是怎么找的?(提示:主动、大胆、友好)

③看看,我们闯关成功了吗?PPT显示(掌声和鼓励):顺利地闯过了第一关。

(2)第二关:开心抱抱团。

教师出示十块叠加的泡沫垫,幼儿自由组合,3人为一组,边听音乐边绕着泡沫垫学动物走,音乐停后,要求三个好朋友共同站在叠加的泡沫垫上。

①音乐响起,幼儿游戏,关注同伴间的合作性和坚持性。

②交流感受:你们成功了吗?是怎么做到的?(提示:齐心协力、合作、坚持、学习同伴)

③看看,闯关成功了吗?PPT显示(掌声和鼓励):成功地闯过了第二关。

(3)第三关:开心大闯关。

教师出示一组障碍,要求所有小朋友手拉着手一起到达终点才算过关,如果中途断开,就都得不到礼物。

①教师和一幼儿示范过障碍:钻过山洞、走上独木桥、双脚并拢跳圈、走梅花桩。

②音乐响起,幼儿合作接连过障碍,活动过程中关注孩子害怕的心理及行为,重点引导幼儿同伴间的互帮互助。

③采访害怕走梅花桩的孩子:在走梅花桩的时候,你心里感觉怎么样?谁来帮助你闯过这一关?(引导其他幼儿鼓励同伴)这次有了同伴的帮助,你还害怕吗?

④我们到底能不能闯关成功呢?PPT显示(掌声和鼓励):闯关成功。你们开心吗?

4. 感悟园——分享礼物,交流表达

(1)同伴共享礼物:现在这些海螺哨子就属于你们了。(幼儿自取)和朋友的礼物比一比,哪里不一样?拿到礼物,可以跟小天使说什么呢?它可以怎么玩?

(2)将孩子们得到礼物和同伴合作玩的照片拍摄下来,放到PPT上。

(3)交流分享:你是怎么和同伴合作玩的呢?心情怎么样?(提示:原来和好朋友一起玩才能变得开心)

5. 实践点——联系实际,实践操作

回去后想想这份礼物还能和谁一起玩?如果有很多好朋友一起玩,可以怎么玩?

C 辅导反思

《大家一起玩》这个心理辅导活动,较好地引导了孩子们感受与人合作的重要性,体验到只有齐心协力、团结合作才能更好地做好一件事。整个辅导活动我根据幼儿年龄特征,以游戏体验为主,采用了几个幼儿感兴趣的游戏,分为三步走,层层递进,由浅入深,让幼儿在快乐的游戏中体验合作、感受合作的快乐。注重幼儿的互动性、参与性。

在教学过程中,我还充分关注个别幼儿的情绪情感,注重幼儿与幼儿之间的互助和合作,力争让每一小组的合作都能有效地进行,让幼儿在轻松、愉快的氛围中主动学习,感受齐心协力、合作的重要性,提高幼儿的合作意识及能力,使幼儿心智得到进一步发展。当然,在实施的过程中也存在着很多不足,如语言表达可以更精炼,让幼儿清楚地理解教师想说的内容;幼儿内心的想法挖掘可以更深入,把更多表达的机会留给孩子,多倾听孩子的想法。

作者单位:宁波市象山县华翔幼儿园

编者点评

教师将心理游戏、团辅技术等心理元素融入课堂,各种形式的活动贯穿课的始终,重视幼儿的体验。

但心理辅导活动不是游戏的简单堆积,每个活动环节后,如何引导幼儿分享交流,并利用团辅具有的反馈、信息观点碰撞等功能让幼儿进行自我心理探索,值得进一步思考。

合作游戏,妙趣横生

钱盛美

A 辅导缘起

在幼儿园里,孩子们的相处总是会发生这样或者那样的事情,他们缺乏与人充分交往、合作的机会,他们身上或多或少地存在着以自我为中心、自私的表现,而这样就很容易出现分歧,可是他们又不知道如何解决。比如:在户外自主游戏中,康康小朋友一到自己选定的"野战CS"区域里,立马根据自己的想法开始创设场景,挑选自己需要的活动器械。过一会儿,一些孩子来到场地上,明明、天天和桑桑就站在边上,等待着康康的创设;而强强则想根据自己的想法创建,也开始搬东西。这时候,康康看见自己的设计被强强给破坏了,很生气,与强强起了冲突。

在上述案例中,我们可以看出康康和强强都是有主见的孩子,而另外三个孩子则是比较被动的,但是他们都缺乏合作意识。那么如何建立起幼儿的合作意识呢?为此,我设计这样一个有趣的大班心理辅导活动,来帮助幼儿逐步学会合作,主动合作,掌握合作技巧,以真正适应时代发展的要求。

B 辅导节点

1. **热身台——千奇百怪游乐场**

(1)创设场景:教师创设丰富多彩的游乐场场景,提供众多的玩具器械,包括大脚板、推大车、荡秋千等。

(2)自由活动:请每一位幼儿选择一个自己喜欢的器械进行游戏,你能想出几种不同的玩法。

(3)集体分享:你玩了什么? 你是怎么玩的? 玩的心情如何? 为什么?

2. **情景场——情景反馈对对碰**

(1)直击现场。

幼:我刚刚选择的是大脚板,每个大鞋子上有三个位置,我一个人玩的时候就两只脚各占一个位置,刚开始往前走,走得比较慢,感觉像是穿着滑冰撬,不好走路,我不要玩了,一点都没有意思。

(2)评价反馈:你玩的是什么? 好玩吗?(根据幼儿讲述张贴哭、笑脸)

小结:原来有这么多的游戏,我们在一个人玩的时候,其实没有这么好玩的,甚至有些游戏不能一个人玩。

(3)心之向往:那你觉得怎么样的游戏才能使你觉得好玩呢?

3. **工作坊——合作游戏创新意**

(1)游戏介绍:现在我们分成4组进行游戏,在玩这几个游戏的时候请你们尝试合作着去完成,我只给你们5分钟的时间哦,看看哪组能完成。

游戏一:同心鞋。

游戏二:站孤岛。

游戏三:过河拆桥。

游戏四:搭小桥。

(2)第一次尝试:

师:你玩的哪个游戏? 你们成功了吗?(幼儿交流合作的方法)

(3)第二次尝试:

那现在你们还想不想再去尝试一下?刚没成功的可以再去试一试,已经成功的可以去玩玩你感兴趣的游戏。

师提问:这次你们成功了吗? 你们这次是怎么合作的?

小结:原来合作也是有一些小技巧的,只要我们互相谦让,相互协商,相互配合,合理分工,就能又快又好地完成一件事情。

4. **感悟园——感同身受知关键**

(1)再看游戏:现在我们一起来看一看我们一开始玩的一些游戏,你觉得什么游戏是可以一个人进行的? 什么游戏需要合作才可以玩的? 我们一起来分一分,说一说。

(2)合作创新:除了我们刚才说的一些需要合作的游戏,能不能开动脑筋,让一些单人游戏也变成合作游戏?你有什么好想法,让它变得更加有趣?

(3)合作关键:有了好的合作游戏就一定能成功吗?你觉得还需要注意哪些方面,这样才能保证我们的合作游戏获得成功?

5. **实践点——快乐游戏乐趣多**

(1)找找伙伴:请个别幼儿示范介绍自己的创新合作游戏,并且诚恳地邀请同伴是否愿意与他一起完成这个有趣的游戏。

(2)我想参与:如果我没有好的合作游戏,我需要参与到别人的游戏中,我需要讲什么?注意什么呢?

(3)快乐游戏:幼儿寻找同伴或参与游戏实践活动。

小结:其实不仅是游戏中需要合作,在生活中也会有很多事情需要合作。只要大家同心协力、互相合作,什么事都难不倒我们,希望小朋友们在今后的学习和生活中学会合作。

辅导反思

团辅活动让幼儿懂得了合作的意义,同时也了解到单纯的合作是不够的,还需要有细致的分工、谦和的态度,这样才能获得成功。活动一开始幼儿对游乐场满怀兴奋、激动,后来发现大部分游戏是无法一个人完成的而感到沮丧、气馁,有些甚至已经游离于教师的活动之外。通过"直击现场",幼儿逐渐发现了问题的关键,有些游戏并不是不能玩,而是一个人玩不起来。经过游戏,幼儿了解了合作游戏的关键点。最后我们再返回起点,重新将这些游戏进行分类整理,并尝试将单人游戏改造成合作游戏,增加难度,修订规则,同时提出了一些辅助性的、能够更好地促使合作成功的要素。

活动中,其实也有一些幼儿还是没有掌握合作的真谛。他们有合作的意识,但是在协商过程中,以自我为中心的意识还是很强。我也进行了一定的干预,让他们对自己的想法都进行尝试,但是这样时间会很久,不能全部都尝试遍,需要课后完成,可是却影响了他们获得成功的快乐感,这是我的一个困惑。

作者单位:宁波市鄞州区邱隘镇中心幼儿园

编者点评

教师用游戏的方式帮助幼儿体验合作,符合大班幼儿的认知特点。游戏要求明确,讨论采用师生交流、生生交流的互动模式,运用团体动力推动课堂,激发幼儿的自我探索。

在教学过程中,教师要注意区分"合作"和"分享",不能为了合作而合作,如单人游戏变为双人游戏的讨论,就容易偏离本课主题。同时,增加与幼儿生活有联系的事例,才能使合作教育落地。

大力士与三个和尚

徐敏聪

A 辅导缘起

在大班科学活动"沉浮的秘密"的分组小实验环节中,老师要求小组内4位成员合作完成实践探索和观察记录的任务,但实验还没开始,组内同伴已经为某件小事吵得不可开交,将水洒了一地。一次有趣的探索活动,因为幼儿不会合作而无法进行。虽然幼儿对"合作"两字不陌生,但幼儿习惯以自我为中心,经常因抢夺玩具而争吵,因游戏意见不同而大动干戈,普遍存在没有合作意识、不懂合作方法的现象。

有什么载体能让幼儿饶有兴趣地直面合作这个问题?经典动画片《三个和尚》跳进我的脑海,是否能借助三个和尚之间的矛盾冲突为引子,以议别人来推自己的方式打开幼儿的迷茫心间。本次团体心理辅导活动,拟通过看看、讲讲、游戏引导幼儿大胆地表达自己的想法,知道生活中处处有合作,并体验合作成功的快乐。

B 辅导节点

1. 热身台——力量挑战,初尝合作的乐趣

(1)勇士挑战:"勇猛大力士"(由配班教师扮演)来到活动室,向幼儿发起挑战:"嗨,嗨,我是大力士,谁敢挑战我?"

(2)单独迎战:他真有那么大力气吗?谁愿意与他比试比试?教师请幼儿逐个与大力士比试。在数名幼儿挑战失败后,教师安慰:"赢了小孩,没啥了不起,我来比。"教师积极应战结果也失败了,大力士"得意"地离开活动室。

(3)商讨策略:教师以简笔画"一个人"抛出问题:看来我们一个一个来不行的,快想办法。请幼儿商量讨论应战办法,并尝试先和老师对战演习。

(4)再次迎战:大力士,快出来吧,我们再来挑战一次。

调整策略:两个人力气不够,人多还是不行,为什么?教师边说边在表格中贴两个人的简笔画和很多排队东倒西歪的人。(出示问号,思考怎样才能取胜)

再次迎战:拉住前面小朋友的衣服,抱住腰,一起使劲往后拉挑战成功。体验获胜并分享喜悦,交流我们是怎么战胜大力士的。

(5)教师简笔画图示小结:在表格中贴上整齐排列的多人拔河图,大家相互配合,一起用力,终于打败了大力士。人多力量大,可以战胜困难。

2. 情景场——视频分析,感悟合作的重要

(1)欣赏动画:请幼儿欣赏动画片《三个和尚》前半段,并思考"一个和尚挑水喝,两个和尚抬水喝,三个和尚没水喝",为什么?

(2)情境思考:这三个和尚在干什么,怎样救火?(继续观看动画片后半段)

(3)感悟交流:人多了,力量大了,如果不好好地配合,事情就可能办不好。幸亏三个和尚发现自己的不对,齐心协力扑灭了大火。

3. 工作坊——图片回归,挖掘合作的经验

(1)脑洞大开:幼儿园里也有一些这样的情况,我们来看图片。

(2)现场采访:仔细看两张城堡图片,你喜欢哪一张,为什么?

(3)情景回放:为什么会出现这两种不同的情况呢?请幼儿观看这两座城堡的搭建过程。

(4)分享交流:请幼儿交流平时搭积木的时候应该怎么做。

4. 感悟园——生活交流,分享合作的感受

(1)经验回顾:生活中哪些事情也是需要大家相互配合、相互协调,才能完成得更好呢?

(2)看图交流:造房子、搬家、下棋等都需要合作,看这些生活中合作的图片,你喜欢哪张?他们是怎么共同完成?

(3)教师小结:我们知道好好地配合可以更好地完成任务,解决困难。

5. 实践点——结伴游戏,延续合作的快乐

(1)导入游戏:游戏时会合作,你高兴,我也快乐。看图上的小朋友在合作玩什么,怎么玩的?

(2)合作游戏:幼儿自由结伴玩炒黄豆的游戏,教师也参与游戏中,观察指导幼儿的合作情况。

 辅导反思

本次团辅活动从挑战大力士入手,当身单力薄的幼儿难以对付人高马大的"大力士"时,幼儿自然想到合作,因为幼儿也听说过人多力量大的道理。但人多怎样才能使力量变大,合作方法很重要。幼儿积极思考合作挑战的方法,集体热身凭借智慧成功挑战大力士,让幼儿初尝了合作的甜头。

欣喜后,幼儿再静心看动画片,似乎就有了心理共鸣。三个和尚因不合作而没水喝时,幼儿就有太多话想劝诫和尚,他们提议:三个人互相分工、按照时间表轮流担水等。经验迁移感悟到了不合作的危害,体验到积极合作是极重要的。两张搭建城堡的图片自然带着幼儿进入真实的生活中,通过谈话交流以及图片背后的情景回放,再次提升合作方法,并延伸到生活社会中,使生活更美好。

层层环节让幼儿直面"合作"问题,思考并感悟"合作"的重要。我再次深悟,学会合作不是简单的认同与理解,更是幼儿务必掌握的一种能力,是孩子们必须面对的人生课题,当然这不能单靠一次活动来培养。最后的游戏"炒黄豆"让小伙伴们轻

松欢快地游戏着、合作着,希望在幼儿愉悦的心境中已有一颗合作的美好种子在悄悄发芽。

作者单位:宁波市宁海县跃龙中心幼儿园

编者点评

"勇猛大力士"的游戏导入非常出彩,由于教师也亲身参与其中,大大激发了幼儿尝试的兴趣,并激起了挑战大力士的斗志。同时,教师与幼儿一起商讨对策、调整策略的过程,就是让幼儿了解合作以及使用正确合作方法的重要性的过程。这部分幽默而充满童趣,让人忍俊不禁,又赞叹不已。

随后的几部分中,可以将重点放在"生活交流,分享合作的感受"上。最后的实践点又回到玩炒黄豆的游戏,有"一夜回到解放前"的遗憾。

抢椅子

劳红芳

A 辅导缘起

孩子们正在进行跨跳接力比赛,浩浩在跨越障碍时,不小心跌倒了,导致小组以"失败告终"。当浩浩回到队伍中时,有的孩子用抱怨的眼神看着浩浩,有的则指责起来"都是因为你,我们才输了!"泪水在浩浩的眼眶里打转转。我发现当孩子们以小组协作进行竞赛活动时,他们往往更关注荣誉,而忽略了对同伴的支持、关心和鼓励。

究其原因,主要是幼儿缺乏团队合作的意识,也不懂得如何与同伴友好地交往合作。现如今的孩子,从小就习惯了凡事"以自我为中心",只在乎个人的荣誉、得失和感受,同情心、同理心慢慢开始缺失。如何引导他们体悟团队合作、同伴支持所带来的开心和喜悦,使得孩子身心健康、快乐地成长?这是需要关注并解决的问题。

故而我萌发了开展团体心理辅导活动的想法。大班幼儿他们的竞争意识、交往能力、合作意识逐渐增强,能够主动思考、适时调整。拟通过辅导,幼儿在多次的齐心协力下共同完成任务,体验合作的重要性,感受合作带来的快乐。

B 辅导节点

1. 热身台——启动快乐，打开心门

(1)欢乐之舞：在《朋友》的音乐声中，教师引导孩子从单个跳舞到结伴舞蹈，最后集体舞蹈，体验大家合作一起舞动的快乐。

(2)开心游戏：今天我们要来玩一个"抢椅子"的游戏，在游戏中我们要试着做到"快乐第一，游戏第二"。

2. 情景场——争抢椅子，初步感受

(1)矛盾冲突：幼儿面对椅子，在线上站成一排横队，根据教师的不同指令，幼儿快速奔跑至对面椅子上坐下。如果没有椅子，就坐到旁边的椅子上。按照听口令、看指示等不同的要求，幼儿迅速做出反应，感受游戏成功的愉悦和失败的不快。

(2)感同身受：请幼儿猜想退出游戏后的同伴的感受："他快乐吗？为什么？"同时现场采访出局者："你们坐在旁边，不能参加游戏，心情怎么样？"

3. 工作坊——合作游戏，体验升级

(1)换位思考：教师小结：原来，不能参加游戏，心里很沮丧，感觉不快乐。好朋友应该相互帮助，让所有的小朋友都能坐下来。

(2)友好协商：鼓励幼儿相互照顾，启发幼儿想办法，以便全体幼儿都能坐下来。教师支持并交代新的任务：原来大家可以挤挤坐，这个方法真好，下面我要继续拿掉椅子，一直到你们挤不下去为止。

(3)群策群力：教师提问：实在坐不下了，怎么办呢？有没有办法把这几张椅子排得长一点？怎么坐能够更加牢固？（提示幼儿一个接一个地叠坐，在横向空间不足的情况下，想办法增加纵向空间，同伴友好协作完成任务）

(4)齐心协力：幼儿尝试几个幼儿叠坐一把椅子。教师引导幼儿试着让身体重的幼儿坐在下面，轻的逐渐往上叠坐，并互相紧紧地拥抱在一起，体验通力合作完成任务之后的喜悦。

4. 感悟园——看看说说，开心翻篇

(1)照片欣赏：教师将孩子合作抢椅子时的几组镜头用相机随机"记录"下来，并通过投影有选择地进行播放，重点引导观看合作完成任务后孩子们灿烂的笑容和体验成功后发自内心的快乐！

(2)分享交流：请幼儿三人一组，说说"平时你和谁一起合作完成了哪件事情？""合作完成之后的心情是怎样的？"

5. 实践点——心的诉说，快乐延续

一台晚会，一个人演不了；一场球赛，一个人打不了；一幢房子，一个人建不了……我们要学会和他人一起合作，学习用友好协商的办法来解决问题，让自己和同伴变得更加能干和快乐。如：当同伴遇到困难时，可以主动用动作、语言去帮助他;当自己遇到困难、一人无法解决时,尝试着主动找小朋友寻求帮助等等。让我们一起擦亮双眼,来寻找"最美、最亮的合作之星"!

C 辅导反思

本次心理辅导以游戏"抢椅子"作为载体,在活动中将传统的游戏改版成"合作完成叠坐椅子"的挑战,引导孩子们从体验游戏成功的喜悦和失败的不悦中,初次体会合作的必要性。环节安排逐层递进,从思想上的"体悟他人"到"行为调整",到最后"合作成功"后的"欢乐歌舞",帮助幼儿真切地理解了合作是一件重要的事情,也是一件快乐的事情。

活动中,我被孩子们在"关键"时刻的合作精神深深地打动了,也许一次集体心理辅导活动,不一定能让每一个孩子很好地懂得什么是"合作"、要如何愉快有效地合作。但孩子之间的"紧密连接"就是齐心协力、通力合作精神的雏形,值得为孩子们的表现点赞!

学会合作,学习在合作中友好交往、尊重并关心同伴的感受,具有同理心,这些都不是一朝一夕就能做到的。后续还需要老师创设各种各样的游戏情景和实践场所,和幼儿一起探究合作的方法,体验合作带来的快乐。同时通过家园合力,我们应关注孩子的心理健康,走进孩子的内心世界,与孩子携手共同成长!

作者单位:宁波余姚市太平洋幼儿园

♥ 编者点评

在"工作坊"中将传统的"抢椅子"游戏改编成"齐心协力坐椅子"的合作挑战,是本课的一大亮点,既活跃了课堂气氛,调动了幼儿的积极性,又巧妙地突出了合作的主题。没有过多的表演,但就是这种合作的胜利体验让幼儿信心满满,效果显著,心理开放程度高。教师善于运用现代信息技术,即兴拍摄和镜头回放,充分尊重课堂的现场生成,再一次增强了幼儿的参与感和成就感,达成事半功倍的效果。

导入游戏"抢椅子"与合作的主题不甚相符,建议考虑更换。

51 合作真快乐

王桃月

A 辅导缘起

当今社会,大多数的家庭都是"2+1"的模式,孩子往往成为一个家庭的核心,这使孩子形成自我、自私、独我等不良的性格特征。在幼儿园里,我们也会经常看到孩子之间由于不懂得合作,导致争抢玩具而发生口角,甚至互相扭打。之后他们会以告状或是攻击性行为来解决问题。另外,孩子遇到困难的时候也不知道如何解决,不知道与同伴商量,而是直接找老师帮忙。于是,我想开展一次团辅活动:让幼儿习得一定的合作技能,为其入小学参与合作学习打好基础;引导大班幼儿学会合作,知道合作需要有方法,合作能给我们带来快乐。

大班孩子已具备具体形象的思维,通过生动有趣的游戏活动,能体会到良好的合作给自己带来的感受。通过团体心理辅导活动,幼儿知道了只有与他人合作,才能获得成功、快乐。

B 辅导节点

1. 热身台——借助故事,知道合作

(1)故事导入。

情境故事能给幼儿带去无限的快乐,导入绘本《蚂蚁和西瓜》的故事。

(2)提问交流。

首先让幼儿讨论蚂蚁是怎么搬西瓜的,猜测小蚂蚁会怎么搬。在故事中随着多样化的情景设计,"大家一起搬西瓜"的讨论更加丰富和深入。

(3)重点引出。

小蚂蚁们有的挖西瓜,有的背西瓜,有的搬西瓜,终于成功了,原来合作需要有方法,合作需要分工。

2. 情景场——彩虹游戏,齐心协力

(1)尝试游戏。

师:小朋友,在生活中有很多事情也是需要合作完成的,今天老师带来了两把彩虹伞,我想请你们想想办法一起合作把彩虹伞变成一个蒙古包。

(2)分享成功。

师:这一组完成了任务,谁来说说你们是怎么合作的? 成功的心情怎么样?

(3)交流思考。

师:你们一组没有完成任务,问题出在哪里呢?你们的心情是怎么样的?(有的小朋友没有蹲下来,有的小朋友没有钻进去,有的小朋友没有一起喊口令)那怎么合作才能更好地完成任务呢?(强调动作一起做,一起喊口令,也可以指派一个小朋友喊口令)

(4)再次尝试。

再次尝试游戏,体验成功。

师:哇,真棒,你们成功了。现在的心情怎么样的?

(5)教师小结。

要听口令做动作,要一起转身,一起抛起来,一起蹲下来,要遵守游戏规则。因此,生活中很多事情需要合作,合作需要有方法。

3. 工作坊——搭建游戏,分工合作

(1)了解任务。

任务是把塑料筐里的积木运到对面的圆圈内,并且完成搭建任务。

(2)明确分工。

通过提问、小组讨论、集体交流,幼儿了解了这不是一个人能完成的游戏,必须是有人搬、有人递、有人搭、有人指挥,只有分工协调,才能高效率地完成任务。(讨论一下先搬什么、先搭什么)

(3)分工合作。

共同完成搭建任务,分四组进行比赛,练习分工协商合作,并且不要乱搬、乱搭,必须要遵从小组内协商后的分工。

(4)分享交流。

当看到幼儿能与同伴一起友好地配合合作时,教师引导幼儿感受合作的成果,体验合作的愉快,尤其是要引导幼儿比较合作方法上的差异,更能使幼儿体会到分工合作的必要。在"成就感"的驱使下,幼儿的合作意识与合作能力会逐步而有效地得到培养。

4. 感悟园——分享交流,学习表达

(1)分享经验。

这几组完成了任务,那你们来说一说刚才是怎么合作呢?心情怎么样?①你们是两人搭建,三个人是用传递的方法搬运;②一次一次来回搬运;③大家一起运完了,再一起搭建)

(2)剖析问题。

这一组,音乐停止的时候还没有完成,问题出在哪里呢?(我们在分工的时候,根据自己的优势来进行任务分配)

(3)总结经验:合作需要有方法。

5. 实践点——总结合作，迁移经验

其实在生活中，有时候一个人做事情会比较孤单，有时候还会遇到困难，如果我们大家一起合作，事情就会做得又快又好，而且我们也会很开心的。原来合作是一件多么开心的事情呀！

◉ 辅导反思

本次活动我以绘本《蚂蚁与西瓜》为素材，让幼儿知道两个或两个以上的人一起努力做一件事情就是合作。通过故事，幼儿理解有时候一个人做事情会遇到困难，如果大家合作，事情就会做得又快又好，还会体验到成功的快乐，就如故事中的小蚂蚁；同时合作也需要有方法。

合作能力的强弱，虽说与幼儿的成熟和心理发展有关，但更依赖与成人有目的、有意识地在活动中培养。整个活动分为三个层次，第一是知道合作，认识合作要有一定的方法；第二是通过"彩虹伞"的游戏，重点是基本懂得合作就是齐心协力做一件事；第三是通过"搭房子"的游戏，在懂得合作就是齐心协力做一件事的基础上，让幼儿自主学习分工合作并完成任务。

学会合作是孩子们走进社会必须面临的一课，但这不是通过一次活动而获得改变的，需要在活动、游戏等不同环境中层层深入的，后续还需要跟家长进一步沟通，及时疏导。

作者单位：宁波奉化市第二实验幼儿园

♥ 编者点评

教师以《蚂蚁与西瓜》导入，用卡通人物形象开启对话，能引起幼儿的兴趣。工作坊中选择的"搭建游戏"不仅紧扣主题，而且目标层次分明，适合大班幼儿操作。

建议在"感悟园"之后，让幼儿再一次尝试"搭建游戏"，不比谁快谁慢，而是通过计时，与先前一次的用时作对比，这样，每一组都有行动目标——新的时间记录，而且每一组都可能是成功者，在成功的体验中强化幼儿合作的品质。

心理辅导 之
学会分享

52 分享快乐

陈仙红

A 辅导缘起

古时候有"孔融让梨"的故事,其实这个故事就是告诉大家要学会谦让,学会分享。可是当今社会中,这种"先人后己"的思想品质却不被人提及。而作为一个社会人,生活在社会之中,想要与他人友好相处有时候就得学会分享。

现在的孩子大多数都是独生子女,在家中玩具、美食等都是一个人独享的。外加祖辈们一味地宠爱以及低龄段孩子本身的年龄特点——以自我为中心,他们有好东西也不太乐意与他人分享。

进入小班的新生儿,在他们身上最能够看到以自我为中心的表现。自己带来的玩具不愿意给他人玩,幼儿园中的玩具也想占为己有。所以小班第一个学期,孩子们争抢玩具的现象频繁发生的原因,也正是由于孩子们的分享意识不够,在玩具面前总是只想着满足自己的需求而不考虑他人的感受。

基于幼儿的年龄特点和身心发展规律,我们可以试着从小班起就培养幼儿的大度、分享精神。这对于幼儿成为一个健全的社会人也是很有帮助的,为此我设计了此活动。

B 辅导节点

1. 热身台——进行热身活动

(1)伴随着《找朋友》的歌曲,大家边唱歌边表演。

(2)你的好朋友是谁?你为什么喜欢和他一起玩?他有什么优点?

(3)引出主题:今天老师给大家带来一个故事,故事中的小鸭子一开始一个朋友都没有,猜猜小鸭子的心情会怎么样?听一听后来他有朋友了吗?

2. 情景场——展示团辅主题

(1)老师出示图片和投影仪,有表情地讲《小鸭的故事》,并提问:小鸭子有没有把玩具借给小鹅和小鸡玩?小鹅、小鸡没借到玩具时心情是怎么样的?

(2)情感分析:继续听故事,听一听接下来发生了什么事情,小鸭子的心情又会是怎么样的?

(3)情感体验:请小朋友扮演小鸡、小鸭、小鹅,体验被他人拒绝时的伤心,以及和同伴共同分享玩具时的喜悦。

3. 工作坊——转向辅导对象

(1)这个故事中的小鸭子一开始是一只怎么样的鸭子?后来又是一只怎么样的鸭子?为什么会有这个变化?

(2)如果你是那只小鸡或者小鹅,第一次被小鸭子拒绝一起玩时,你会对小鸭子说什么?你会想什么方法让小鸭子愿意与你一起玩?

(3)后来大家的心情怎么样?为什么大家都很开心了呢?

(4)回想下自己曾经想和他人一起玩,可是却遭到他人拒绝,不愿意和你分享时,你的心情是怎么样的?当有朋友愿意和你分享玩具时,你的心情又是怎么样的?

4. 感悟园——获得活动感受

(1)与他人合作玩原来是这么愉快的事情,那你今后还会一个人独自玩吗?你有好玩的玩具时你会怎么做呢?

(2)那万一朋友不愿意和你分享他的玩具,你又可以怎么样让别人心甘情愿地和你分享玩具呢?

(3)如果你是一个胆小的孩子,很想玩别人的玩具,却又不敢与他人交流的话,别人会不会知道你想玩他的玩具?那遇到这个问题又该怎么办?(大胆地把自己的想法告诉人家,不然别人是不知道你的想法的,是不会把玩具给你玩的)

5. 实践点——认知转变行为

(1)请小朋友把自己带来的玩具从书包里拿出来,试着与他人分享。

(2)说说你大方分享玩具时的心情是怎么样的?(分享能够让我们结交很多朋友,能够让我们获得快乐,我们能够玩的不仅是自己的那一件玩具,而是可以玩到许多小朋友带来的各种款式的玩具)

(3)你用什么方法玩到别人的玩具的,你当时的心情又是怎么样的?

C 辅导反思

整个活动首先用歌曲《找朋友》导入,为活动的顺利开展做了铺垫,随后又用小鸭子的故事作为载体。孩子们通过欣赏、理解、表演故事、分享玩具之后,认识到了乐意与他人分享玩具才能让我们交到更多的朋友,玩到更多的玩具。

第二个环节中的角色表演,孩子既感兴趣又能体验到各角色的相关情绪、情感。为此,我们在实践的过程中可以多给幼儿扮演鸭子的机会,让他们在表演的过程中更深切地体验到被拒绝的失落和被接受的欣喜。这样的机会不仅利于幼儿体验分享的重要性,还能为第三环节的顺利开展起到顺水推舟的作用。同样地,第五个环节也给了孩子足够多的时间来分享自带的玩具,让幼儿学习如何与他人分享的方法,以及感受分享的乐趣,这种效果远远超过教师的说教。

其实大方、分享等品质是日积月累形成的,我们后续可以做的就是利用新年、新学期"茶话会"等活动,让孩子自带糖果、蜜饯等与同伴共享;科学认知活动自带水果、蔬菜等,与同伴共同观察、探究。此外,还可以开展相关的活动,如平行班之间开展"我的新朋友"活动,让孩子以自己的玩具为媒介,去与其他班级的孩子交朋友,感受有新朋友的喜悦。

作者单位:浙江省湖州市蓝天实验幼儿园

❤ 编者点评

这节课主要采用角色扮演、观点交流来串联整个活动,符合小班幼儿的身心特点。整堂课切入口小、思路清晰、整体性强,紧紧围绕"玩具一起玩"这一主线,各个板块环环相扣,一气呵成,体现了"关注—倾听—分享—践行"的团体心理辅导课特点。

在实施教学的过程中,如何发挥幼儿的主体作用、避免教师解读过多是最值得教师思考的。

53 卡卡的烦恼

乌建波

A 辅导缘起

随着"二胎"政策的全面开放,许多家长都在"蠢蠢欲动",越来越多的幼儿园小朋友即将迎来家里的新成员。但在这个时候,老大们会表示强烈反对,有的会哭闹,有的会直接放狠话,有的甚至长时间精神萎靡不振而生病。为什么这么小的孩子会有这样的想法? 于是,我对幼儿园的大班幼儿进行了访谈,孩子们有自己的心事:"才不要呢! 他们会抢走我的玩具""爸爸妈妈就是我的,他们有我就够了""爸爸妈妈要照顾弟弟妹妹,没人陪我,我会孤单"……孩子们担心个人所有物被分享、情感被分享,所以拒绝接受二胎。幼儿在成长中,分享具有重要意义,它可以帮助幼儿寻找与他人融洽相处的方式方法,较好地解决交往中所遇到的问题,为幼儿的社会交往奠定基础。于是,如何引导幼儿进行分享成为解决这个问题的关键。

因此,我萌发了对二胎幼儿进行心理辅导活动的想法。辅导课的对象是即将迎来弟弟妹妹的大班幼儿,希望通过本次辅导,开启幼儿感受迎接一个新生命的神奇,感悟即将成为哥哥姐姐的快乐,并能够正视"老二"的诞生,学会分享。

B 辅导节点

1. 热身台——爱的思考,心的选择

(1)观看动画:小宝宝在妈妈肚子里慢慢成长的视频

师:我们来看看小宝宝在妈妈肚子里是怎么样的? 你们喜欢吗?

(2)初次选择:如果你的爸爸妈妈打算生弟弟妹妹,你愿意吗? 请赞同的小朋友坐在左边(笑脸战队),不赞同的小朋友坐在右边(哭脸战队)。

2. 情景场——倾听故事,开启内心

(1)自述故事:小朋友们,大家好,这是乌老师家的大宝,他叫卡卡,最近他很不开心,因为我的肚子里又有了一个小宝宝,他不知道有了小宝宝后家里会发生什么变化,对即将成为哥哥有些担心!

(2)揭示烦恼。

我们来看看卡卡的烦恼是什么?

①担心弟弟妹妹拿走他的玩具;

②担心爸爸妈妈不再爱他;

③担心好吃的都给弟弟妹妹;

④担心以后没人陪他玩,会孤独。

3. 工作坊——分享倾诉,体验感受

(1)挂压力包(里面是石头和糖,外面是报纸包裹,可以挂在脖子上)

请哭脸战队的小朋友说出自己的担心,说出一个挂一个压力包。

(2)体验担心。

提问:现在这些担心挂在自己身上,你们感觉怎么样? (重、累、有点喘不过气)让幼儿真切感受担心带来的不适感。

(3)表达倾诉(邀请笑脸战队的幼儿)。

师:你们喜欢弟弟妹妹? 能帮助彼此解决"担心弟弟妹妹……"这个困难吗? (让孩子间相互解决困惑,实现同伴互助)

(4)发现惊喜。

师:现在请小朋友打开压力包,里面有什么? 为什么压力包里还有糖呢?

教师引导:这糖是什么呢? 原来在担心的同时我们也会收到一些意外的惊喜,那惊喜是什么呢?

4. 感悟园——寻找惊喜,解决冲突

(1)分享惊喜。

让幼儿说说如果有了弟弟妹妹会有什么惊喜? (例如:弟弟妹妹会逗我开心;弟弟妹妹可以陪我玩;长大后,我可以和弟弟妹妹们一起照顾爸爸妈妈……)

教师小结:原来分享能给我们带来这么多的惊喜,让我们一起来品尝分享带来的甜蜜!

(2)卸下压力。

教师小结:原来弟弟妹妹的出生带给我们烦恼的同时也会有许多意想不到惊喜!我们要和弟弟妹妹一起分享这份爱!

(3)烦恼抛掉。

小朋友想到一种分享的方法就可以把烦恼扔进垃圾桶里,这时的卡卡出现笑容,现在卡卡不再担心,准备迎接他的弟弟妹妹!

5. 实践点——心动一刻,表达关爱

(1)重新站队:如果你们的妈妈有了小宝宝,现在你愿意当他们的哥哥姐姐了吗?

(2)妈妈的诗:乌老师即将迎来二宝,乌老师现在很幸福,并写了一首诗给我的宝贝和小朋友。

掌心里的两个宝

大宝,妈妈爱你,你让妈妈学会如何去爱

大宝,妈妈爱你,你让妈妈感受你的成长

"咚咚",突然二宝敲响了幸福之门,偷偷探出脑袋:爸爸妈妈、哥哥姐姐,你们好!我们即将迎来家里的新成员。

左手牵大宝,右手牵二宝,你们都是妈妈掌心里的宝!

(3)对着我肚子里即将出生的宝宝说一句祝福的话!

 辅导反思

本次辅导活动我以特殊"二胎妈妈"的身份自述故事,让幼儿跟着故事主人卡卡一起思考:弟弟妹妹出生后我的担忧是什么?弟弟妹妹的出现究竟会带来什么?教学线紧跟心理线,让幼儿在心理上经历"潜伏期—表白期—调整期—强化期",帮助幼儿体验迎接新生命的神奇,尝试去分享。

活动亮点是压力包的设置,里面藏着糖和石头,糖代表"惊喜",石头代表"担心",把抽象概念变为具象的实物。先让幼儿体验担心带来的不适感,为后面的情感矛盾解决作准备,接着让幼儿感受分享带来的惊喜,先抑后扬,充分调动了幼儿的激情。

分享对幼儿的社会交往具有重要作用,是一个逐渐"去自我化"的过程,但不能一蹴而就。希望以此活动为引子,后续我还设想了一些其他二胎课程。增进亲子以及同胞的感情,把幼儿的分享教育渗透到日常教学生活中。

作者单位:宁波市第一幼儿园

♥ 编者点评

　　这是一篇充满亲情与爱的用心之作。每一个环节，都能嗅到教师不徐不疾的指引和由内而外的温情，这或许与教师本身是一位怀孕的二胎妈妈有关，但我想更与教师本身的修养与素质有关。整个活动如春风细雨，润物无声，没有任何的突兀与矫情。"起"——视频导入，引发幼儿内心第一次的冲突与选择；"承"——自我开放，激起共鸣，以大宝卡卡的视角，很自然地带出了孩子们内心共同的担心；"转"——调整压力，自觉成长，压力包的设置带给人惊喜，很好地诠释了大宝的心理感受，简简单单的活动就让幼儿感悟到压力与甜蜜是共生的孪生姊妹；"合"——学习表达，重新选择祝福的话进一步强化了幼儿分享的行为。

　　当然，作为一位二胎母亲，乌老师上这堂课有着得天独厚的优势。其他教师可以从旁观者的角度切入，将题材稍作处理后使用。另外，最后的重新站队，允许有部分幼儿依然选择不愿意接受二宝，选择没有对错，改变同样需要时间。

闹闹的苦恼

邱　爽

A 辅导缘起

　　"分享"是一个温暖而动人的词语，是一种充满善意及爱心的行为，是孩子亲社会行为的表现。然而在幼儿园的一日生活中，许多幼儿由于缺乏与同伴分享的意识和行为，经常出现因争抢而起冲突的现象，一定程度上影响了他们集体生活的质量，阻碍了其亲社会行为的发展。我们的孩子中绝大多数都是独生子女，往往习惯以自我为中心，他们说得最多的就是"这是我的"，对玩具的占有性很强，不太愿意和同伴分享，长此以往，对孩子的心理及成长是十分不利的。

　　故事《变色皮球》中小猴闹闹的形象几乎是孩子行为的化身，我将这个故事引入心理辅导活动课堂，尝试借助小猴闹闹的形象，帮助孩子发现自身的问题所在，引发感悟，团辅活动设计从小班幼儿的年龄特点出发，着重让孩子感受朋友间分享带来的快乐，从而愿意分享，并初步尝试探索适宜的分享方式。从孩子们易于理解、感受的角度入手，有换位、有移情、有实践，多方位地帮助孩子体验情感，在尝试体验中触发感悟：分享更快乐。

B 辅导节点

1. 热身台——情境导入，游戏热身

（1）情境导入：玩具反斗城将举行"玩具大联欢"，你们想不想参加？今天，每个孩子都带来了一件心爱的玩具，把你们的玩具宝贝请进反斗城吧。（播放《玩具进行曲》）

（2）游戏热身：幼儿随着音乐陆续入座，进行拍手互动游戏。

2. 情景场——故事感知，引发活动

（1）故事欣赏：小猴闹闹也有一件心爱的玩具，是什么呢？（播放《变色皮球》视频）

（2）交流探讨

提问：当小伙伴们想玩闹闹的彩色皮球时，他们是怎么说的？（我们能和你一起玩吗？）

提问：为什么最后闹闹觉得变色皮球不好玩了？（一个人玩，越来越没意思了）

提问：怎样才会更好玩呢？（一起玩）

3. 工作坊——迁移自我，对比发现

（1）情境迁移：你喜欢的玩具有没有和好朋友一起玩过？你是怎么想的？（正面引导，鼓励肯定）

（2）认知冲突：（DV回放）老师用心记录下一些不同做法。（视频1：争抢玩具，不愿分享；视频2：彼此商量，乐于分享）

（3）对比感知：你赞同谁的做法？（视频2）为什么？（一起玩）

（4）分析判断：视频1里小朋友的做法好吗？为什么？

（5）小结：一个人玩不好玩，一起分享才快乐。

4. 感悟园——助人自助，感受快乐

（1）帮助他人：（不开心的闹闹）闹闹还在为刚才的事苦恼，他该怎样做才能变得开心呢？（和小兔、小猫一起玩）当闹闹想加入伙伴们的游戏时该怎么说？（我们一起玩好吗？）请想到办法的幼儿分别对不开心的闹闹大胆提建议。

（2）行动验证：闹闹听了大家的建议后是怎么做的？（视频）闹闹和伙伴们一起分享了他的变色皮球，草地上充满着他们的欢笑声。（呈现开心的闹闹）你们真棒！帮闹闹解决了烦恼，闹闹送来一辆玩具汽车感谢你们，可是只有一辆，怎么办？（一起分享）

（3）具体策略：谁能说说怎样分享？（一起玩、轮流玩、交换玩）

一起玩——你推给我，我推给你。还可以怎样？你先玩，我再玩。（幼儿演示轮流玩）每人都带来了一件心爱的玩具，要是你想玩别人的玩具可以怎么做呢？（交换玩）应该怎么说？（我们能交换一下吗）分别进行图片归纳。

5. **实践点——活学活用，成功体验**

(1)自主分享:懂得了分享,相信"玩具大联欢"会成为一次愉快的体验!请入场吧!(播放《玩具进行曲》)

(2)现场采访:鼓励幼儿说出感受,贴开心闹闹贴纸。

(3)活动小结:学会分享,我们不仅玩到了更多的玩具,还拥有了更多的朋友,分享让我们变得更快乐!

辅导反思

本次辅导活动让孩子们发现并正视自身存在的问题，感悟到朋友间分享的重要性,从而愿意分享。DV回放是一次认知冲突,使孩子进一步感受领悟,开始探索适宜的分享方式。最后的"玩具大联欢"使孩子们能够从实践分享中获得愉快体验,让分享行为得到强化。

团辅活动主要强调幼儿在参与过程中不断获得的情感体验。作为教师,要引导幼儿主动参与、亲身体验,并在体验中获得发展。因此,教师在设计上需要关注心理线索,活动中则要关注幼儿是否从中不断获得心理体验,创设一定的游戏情境,帮助幼儿更快地走进活动。本活动中,"玩具大联欢"的情境,引起了幼儿活动的浓厚兴趣。卢梭曾在其教育名著《爱弥尔》中指出:"你提出他能理解的问题,让他自己去解答。"在辅导活动中教师把自己的主要任务定位在组织、引导上,充分放手,让孩子自己去认识、发现。

关注幼儿活动中的心理体验，创设适宜的游戏情境，尊重他们自主建构的过程。愿心育教育盛开在幼儿园的每一个角落,每一个孩子需要的地方。

作者单位:宁波市宝韵音乐幼儿园

编者点评

教师使用的素材切合幼儿的心理,取自幼儿的实际,能很自然地引导幼儿正视自身存在的问题。整个教学过程用《变色皮球》的故事一以贯之,如剥洋葱般慢慢呈现问题,在"流泪"后感受"美味",在反思中自我成长。前后的"玩具大联欢"不仅首尾呼应,更搭建了很好的实践平台,为强化分享行为提供了可能。更值得一提的是,教师不仅关注到"分享"这一理念,更关注了"如何分享",这为幼儿实操提供了良好的指导。

整个活动过程中,教师要重视课堂的现场生成,避免说教的痕迹。

一起玩

陈奕含

A 辅导缘起

区域活动时,在建构区的阳阳拿着玩具警车,一边修路一边说:"警察叔叔抓坏人去咯。"在旁边搭城堡的阿翔听到后,对阳阳说:"你把警车给我玩一下好吗?"阳阳说:"不行,是我先拿到的。"这时,在小医院游戏的浩浩听到了他们的对话,走过来夺过阳阳手中的警车说:"这是我从家里带过来的,我要带回家。"于是教室内哭闹声、告状声此起彼伏。这种情况基本每天都会在教室上演,特别是区域活动时,面对数量不多的玩具,幼儿常出现争抢玩具的现象。

对于小班年龄段的幼儿来说,以自我为中心现象较为严重,而这种现象又会妨碍分享行为。分享意识的淡薄会导致小班幼儿不愿与人交流合作,从而生活在压抑、封闭的环境中,易出现心理问题。

针对幼儿中出现的这一现象,我根据教学主题"玩具真好玩"生成心理辅导课——《玩具一起玩》,让幼儿通过自己喜欢的玩具,初步体验分享的愉悦并乐意与同伴交往。

B 辅导节点

1. *热身台——进行热身活动*

(1)课前预热:伴随着背景音乐《玩具进行曲》,幼儿们拿着一个自己喜欢的玩具进入活动室,自行玩一会儿自己的玩具。

(2)视频导入:教师引导幼儿围坐在一起,观看《玩具总动员》中主人离家,玩具们在家中自成世界,过着和谐生活的动画片段。

2. *情景场——展示团辅主题*

(1)观看视频:播放视频的前半段:红红在一边玩玩具,其他幼儿开心地在一起玩游戏。

分享:红红在干什么?其他小朋友在干什么?猜猜红红为什么一个人在玩?

(2)情景表演:教师在教室的一边放置一个布娃娃和一个玩具,请个别幼儿上来表演分享玩具的孩子。

怎么做,可以让布娃娃和玩具都不孤单?

3. *工作坊——转向辅导对象*

(1)初试分享:请幼儿根据自己的意愿,分成愿意分享和不愿意分享的两组,并请幼儿说说自己这样选择的原因。教师给愿意将自己的玩具分享给小朋友的幼儿，贴上玩具总动员的贴贴纸，请不愿意的幼儿进行观察。

师：跟别的小朋友分享了，你的心里是什么感觉？

（2）再试分享：幼儿得到贴贴纸后，可以去和其他幼儿自由交换和分享玩具。如果幼儿玩具交换成功了，教师会奖励幼儿一颗糖，以巩固幼儿对"分享"和"甜蜜"的联系。

师：得到糖果了，你的心里是什么感觉？

（3）巩固分享：请不愿意分享的幼儿再次选择，如果愿意分享了，可以得到贴贴纸，并且和其他幼儿互换玩具。如果还不愿意分享的幼儿，教师引导他们拿着自己的玩具与其他幼儿一起游戏。

4. 感悟园——获得活动感受

（1）我会分享：教师请幼儿结对介绍一起分享的玩具以及玩法，增进对彼此玩具的了解，加深分享的体会。

（2）我愿分享：幼儿将自己想分享的其他物品介绍给大家，教师根据幼儿的描述出示相应的图片并打印张贴出来。教师分发爱心贴纸，请幼儿在自己最想玩的玩具图片上贴上爱心贴纸，感受到分享带给自己的期待。

（3）我爱分享：引导贴上爱心贴纸的幼儿说说分享中带来的愉悦感受，体会分享带来的快乐。

（4）教师小结：教师出示活动照片，并播放视频的后半段，所有的孩子都在一起开开心心地玩玩具。

师：我们关心别人，把自己的玩具和大家一起分享，我们和玩具宝宝都会很高兴，心里就像吃了糖一样甜甜的。

5. 实践点——认知转变行为

（1）一起分享：为了让幼儿在生活中养成分享的好习惯，班级走廊里增设了一块玩具分享区。幼儿可以将自己的玩具带过来，每天晚上放学前可以选一样自己喜欢的玩具带回家玩。

（2）一起成长：家园合作，家长和教师记录幼儿在生活中分享的点滴，以图义形式展示出来，贴在分享长廊上。

C 辅导反思

培养幼儿的分享观念，有利于其人格的完善和良好人际关系的形成与发展。本次辅导采用创设情境的方式，吸引幼儿参与到游戏中来，体会到分享的乐趣。

受年龄和已有经验的限制，分享时还存在一些问题，例如有的幼儿强行要求对方分享；有的幼儿只玩别人的玩具，而不愿意将自己的玩具与别人分享；有的幼儿在分享之后不愿意归还。因此，教师需要引导幼儿合理表达或及时拒绝。一味地"有求必应"会让孩子在"听话"和"懂事"的糖衣下忽略了自己的感受,使分享变得为难与不舍。建立在自愿、快乐基础上的分享,才能让孩子体会到乐趣。

良好行为习惯的养成不是一蹴而就的,需要长期潜移默化的内化过程,分享意识也需要家园长期提供良好的平台及示范。在延伸活动"玩具长廊"的带动下,更多的幼儿将自己的玩具带过来与同伴分享。教师也会继续推出各种分享活动,为幼儿创设更多的分享机会,促进幼儿社会性的发展。

作者单位:宁波市新城第一幼儿园

编者点评

教师以《玩具总动员》的有趣视频吸引幼儿的注意,随即使用大反差的"红红"视频引起幼儿思考,展开讨论,呈现问题。这一强烈的视频对比,一针见血,直面主题。随后的工作坊和感悟园,师生、生生间充分互动,过程流畅,能较好地达成教学目标,共同探讨解决问题的方法。最后的"一起成长"家园合作,以正向激励的实践活动收尾,有画龙点睛之效。

对不愿意分享的幼儿要给予关注和引导,不建议用糖果等物品作交换,或带有胁迫性地要求幼儿分享。

我当姐姐(哥哥)了

林超之

A 辅导缘起

自"二胎政策"放开以后,各种负面案例层出不穷:江苏徐州13岁的小女孩以割腕自杀等过激行为逼迫怀孕13周的母亲打胎;河南网友"滴答"向大孩子写"二胎保证书",征得大孩子同意后才得以顺利生二胎……很多符合政策的年轻父母或者周围的长辈们总会半开玩笑半认真地问大孩子:"爸爸妈妈给你生个弟弟或妹妹,好不好?"每逢此时,不少孩子的回答让父母心凉,因为大孩子反对父母再生一个弟弟或妹妹。于是,社会上便有了各种匪夷所思的"割腕自杀逼怀孕母亲堕胎""父母向大宝写保证书"等事件。

我们尝试站在孩子的角度令人想一想,有了弟弟妹妹以后,大孩子的世界肯定会发生变化,虽然他们也会开心和喜悦,但同时也会感到愤怒、嫉妒、恐惧和怨恨。

他们会觉得,自己在爸爸妈妈心目中的地位被取代了,而他们的需求也排在了弟弟妹妹之后。根据孩子出现的心理问题与情感落差,我结合绘本《我当大姐姐了》设计了这次团辅活动,让他们感受到自己被爱、被需要,明白爸爸妈妈爱每一个孩子,学会去付出和分享。辅导对象:即将迎来弟弟妹妹的幼儿。

B 辅导节点

1. 热身台——前期工作

(1)调查问卷:活动前邀请幼儿和家长共同完成问卷调查填写:如果我有弟弟(妹妹)我会对他(她)说些什么,做些什么?帮助幼儿梳理情感脉络。

(2)绘画表现:引导幼儿绘画《如果我是大姐姐(哥哥)》的主题画,表达自己的内心所想,挖掘这次心理活动的内在体验。

(3)物质准备:请幼儿收集自己小时候玩过的玩具、穿过的衣服、好玩的物品等,聊聊老物件和自己的关系以及曾经发生过的趣事等。教师通过创建温馨、平等的交流环境,建立幼儿间相互交流的安全感和信赖感。

2. 情景场——绘本阅读

(1)提问引出:如果我当大姐姐(哥哥)了,我的生活会有什么变化?引导幼儿学会思考和预计有了弟弟妹妹后生活的改变。

(2)绘本阅读:教师带领幼儿一起阅读《我当大姐姐了》,感受故事中小女孩从不安、生气、委屈到释然、快乐的心理主线。

(3)提问结束:你有什么样的感觉?小女孩有了哪些变化?如果是你,你会做些什么?预设各种情景,引导幼儿想象后对照自己的行为,说一说。

3. 工作坊——共情实践

(1)选择阵营:我还想要当姐姐(哥哥)吗?根据不同的答案将幼儿进行分组。

(2)情境演示:邀请两组小朋友按照各自立场表演"妹妹受伤哭了"和"弟弟抢了我的玩具"两个场景。

提问两组幼儿:现在怎么办?感觉怎样?我应该如何做得更好呢?

教师小结:其实爸爸妈妈爱每一个宝贝,他们对我们的爱都是一样的。我们长大了,能学着包容弟弟妹妹,也能学着分享。我们可以将爸爸妈妈的爱分享,将玩具物件分享。

(3)选择阵营:幼儿再次选择是否还想当姐姐(哥哥)。

4. 感悟园——实物展示

(1)感情回顾:幼儿将自己用过的小物件、衣服、鞋子等做介绍,体会自己从小孩子长大到现在的情感变化,引发"我"长大了的情感,体会作为大孩子的责任。

(2)观看视频《我很生气》。

教师带领幼儿观看小朋友发脾气、受伤时发泄不良情绪的视频,引导幼儿学会正确的发泄不良情绪的方法。

(3)父母之声。

观看父母给幼儿的留言,听一听爸爸妈妈对自己说的话,感受到家的温暖,体会到每个孩子都是特殊的,都是被爱的,建立基本的认同感和安全感。

5. **实践点——感情延伸**

(1)说画环节。

教师将幼儿的前期作品粘贴并展出,提问:你画了什么？邀请幼儿上台说一说自己前期画的画。提问幼儿:现在想画什么？

(2)继续作画。

教师请有想法时继续作画的幼儿再画一张,从而引导幼儿将情感内化后再进行艺术表达。

(3)作品展示。

教师将幼儿的两次作品进行展示,让所有的观赏者感受到辅导前后的差别。

辅导反思

随着"二胎"政策的推进,越来越多的家庭会选择要第二个孩子,但在这个过程中,我们也会发现有越来越多的大孩产生心理问题。作为教师,既要保护和满足幼儿受关注、受重视的心理,也要帮助幼儿重新审视自己的情感,将不良情绪有效地进行疏导与缓解,让幼儿在充满关爱的大环境中快乐成长,体验到尊重和满足。

在这次活动中,我以绘本《我要当姐姐了》为切入点,前期以问卷调查和命题作画作为热身,在活动中引导幼儿跟随故事中的主人公,沿着情感脉络的走向,体验从生气、郁闷到最后父母对自己的关爱,学着分享和包容。从绘本切入,又巧妙地结合生活,这个过程易于幼儿接受。这次活动,还结合了实物展示、分组站队等方法,引导幼儿大胆地将自己的情感表达出来,将不良情绪疏通并再现,且多次利用前期的准备材料;并引导幼儿在日后生活中将自己的心情感受随时以绘画的形式表现出来。这更好地为心理活动的内化做了延续与提升,增强了心理活动的功能性,体现了心理教学的实效性。

作者单位:宁波市实验幼儿园

编者点评

教师在课前做了大量的准备工作,不仅用调查问卷梳理了幼儿对二胎的心理感受,更是在课前和课后使用了绘画的方式来投射幼儿的心理。特别是对于幼儿园的孩子来说,相比口头和文字表达,影像具有更强大的力量,是无意识的直接表达,是内心深处的真实感受。绘本《我当大姐姐了》完美呈现了大宝在面对家里添了新成员时候的种种情境和心理,能激起幼儿的共鸣,激发幼儿探讨的兴趣和积极性。更可贵的是,教师为了达成团体动力最大化,将辅导对象特别安排为"即将迎来弟弟妹妹的幼儿"。

建议教师增加一堂对家长的辅导活动课,如何给予大宝应有的关注,用行动诠释无私和平等的爱,是即将迎来二宝的爸爸妈妈亟待学习的。

你一半我一半

蒋月波

A 辅导缘起

"这些玩具都是我的,你们不可以玩!"在自主游戏的时候,我们常常会发现孩子们抱着手中的玩具,边大声地喊边争抢的现象。如今的孩子大多数是独生子女,尤其小班孩子常以自我为中心,独享玩具、食物……忽略他人的感受,总是为一个玩具而争吵。这不利于幼儿良好心理品质的形成。

《幼儿园教育指导纲要》中指出:幼儿要乐意与人交往,学习互助、合作和分享,有同情心。由此可见,幼儿分享行为的养成非常重要,小班幼儿正处于分享行为养成的关键期,但自身因素和外部的一些环境因素阻碍了幼儿的分享行为。因此,我决定对小班全体孩子进行心理辅导,帮助他们初步懂得分享是快乐的,并学习与同伴分享食物、玩具。

团辅活动主要以童话故事《小兔真快乐》为主线,在说一说、听一听、演一演和做一做等活动中让孩子们体验分享的快乐,从而培养幼儿大方、豁达的良好个性心理品质。

B 辅导节点

1. 热身台——放松心情,感受分享意识

(1)用心聆听:幼儿在轻音乐中进入活动室,找一个舒服的姿势坐下静静聆听歌曲《分享》。

师:你听到了什么?歌曲中的好朋友是怎么分享的?(引导幼儿回忆歌词:我有一个大苹果,你一半我一半,一起分享真快乐,你是我的好朋友;我有一个圆皮球,你拍一会儿我拍一会儿……)

(2)唱响心声:让幼儿跟着欢快的音乐,轻轻地跟唱歌曲。

(3)畅谈分享:小朋友,你有了好东西会怎么做?这时你的心里会怎样想?你喜欢把快乐的事告诉别人,让别人也快乐吗?

2. 情景场——欣赏故事,体验分享情绪

(1)设置悬念,欣赏故事。

师:"小兔拔了两个萝卜,却全送给了别的动物,猜猜它的心里会怎样想?""可是它却很快乐呀,这是为什么呢?请大家一起欣赏动画故事《小兔真快乐》。"

(2)辅助理解分享是快乐的。(重点:理解两种不同的分享型快乐)

①理解:有了好东西和别人一起吃,会更快乐!

欣赏第一、二两节故事。

师:"小兔把萝卜送给羊妈妈和小猪时,羊妈妈说了什么?小猪是怎样说的?""小兔把萝卜都送掉了,可是它为什么却很快乐?"

②理解:把快乐的事说给别人听,别人也会感到快乐!

欣赏故事的后半部分。

师提问:"小兔回家后,对妈妈说了什么话?妈妈又是怎么说的?"

复述小兔和兔妈妈的对话,一起表演它们快乐的样子。

提问:"妈妈听了小兔的话,为什么很快乐?"

3. 工作坊——换位体验,分享快乐情感

(1)师:老师有一件快乐的事要告诉你们:璐璐小朋友以前总爱把积木抢到自己的面前,不许别人碰。她说那个积木是她一个人的,别人不可以玩。可是昨天老师看到她和小朋友一起看书,玩得可好了。璐璐还告诉我,她以前不跟小朋友一起分享玩具,小朋友都不愿跟她玩了,她觉得很孤独,所以她明白了大家一起分享、游戏才是最快乐的。老师看到她的改变和进步,觉得很快乐。

(2)师:你们听了一定也很快乐吧?那你们有没有快乐的事,也说出来给好朋友听听。(幼儿互相说后,请个别幼儿上来说)

4. 感悟园——共享食物,体验分享快乐

(1)师:小兔能够把好东西分给其他动物吃,你们也带来了许多好东西,你们准备怎么做?

(幼儿相互共享食物,体验分享的快乐)

(2)小朋友,你觉得这样快乐吗?请把你的想法告诉老师和小朋友听,并在心情墙中去挂上你的标记。

5. 实践点——创建氛围,巩固分享行为

班级活动区中,我们专门设立一个与主题活动相关的玩具区,让小朋友带一件自己的玩具放到分享区,供大家一起玩。玩具分享区的玩具(定期更换娃娃、动物毛绒玩具、各种枪、汽车玩具等)定期更换,让孩子们在这里一起游戏、一起交流,巩固分享行为。

C **辅导反思**

《分享》这首歌曲能清楚地解说分享的含义,让孩子们听了这儿歌后,马上能明白什么是分享。分享就是把自己拥有的、好的东西,拿出来与别人共同享受、使用等,是一种良好的心理品质,也是人际交往中很重要的一环。因此,我以歌声先唤醒孩子们的心灵,让他们感受分享的美好。

童话故事《小兔真快乐》是一个以情感贯穿的故事,通过故事让孩子们理解了两种不同的分享型快乐,一是分享好吃的会感到快乐,二是把快乐的事分享给别人也会感到快乐。这样帮助孩子初步懂得分享是快乐的,并学会与同伴分享食物、玩具。在活动中,幼儿对事情的分享体验比较难理解,因为我们辅导的对象是小班的孩子,他们的情感意识还有所欠缺,因此后续还需要加以引导。

幼儿的分享行为不是一蹴而就的,需要经过长期引导和教育。我们要将分享活动贯穿于生活各个环节,以生动活泼的方式让幼儿对人对事产生积极的态度和情感体验,在主观上产生分享的内在动机与愿望,使幼儿的分享行为逐步由被动分享、诱发分享上升到自发分享,最终自觉产生分享行为。

作者单位:宁波慈溪市桥头镇中心幼儿园

♥ **编者点评**

本课通过童话故事《小兔真快乐》深入浅出地引出分享与快乐之间的关系,轻松明快,符合小班幼儿的认知特点。在价值冲突产生之后,教师又能以正反两面的感受剖析同步推进活动,讨论全面、感悟深刻。最后的实践点幼儿参与面广,结合班级实际,达成长期而充分的体验。

活动中缺少对幼儿分享行为的突出、放大与激励,可增加正向引导的活动设计。

小乌鸦开心了

刘丽君

A **辅导缘起**

随着社会环境和家庭条件的改善,幼儿成了"家庭中心",父母对孩子的过多保护、迁就,与同伴间交往的明显减少,为幼儿"独占""独享"行为的滋生提供了温床。在我所在的新小班中这种现象也非常普遍,这种"独占"行为不仅影响孩子自身的健康发展,而且还会影响到孩子之间的交往和感情。

《全都是我的》是一个有趣的绘本故事,故事中描写了花袜子小乌鸦有个坏毛病,一看到别的小伙伴有什么好东西,马上就想占为己有,最后终于明白"独占"一点也得不到乐趣。故事以绘本的方式展现内容,情节生动风趣,贴近幼儿生活。

本次活动辅导对象是小班年龄段的30名幼儿,其中,男孩15名,女孩15名。

团体辅导活动设计根据小班孩子的年龄特点出发,通过感受"霸道的小乌鸦""没有朋友怎么办""送还玩具"等情境的具体方式,用孩子们可以理解、感受的方法入手,让幼儿意识到:只有和好朋友一起玩,才能变得更加快乐,更加美好,使幼儿懂得把自己的东西拿出来和伙伴们分享。

B 辅导节点

1. 热身台——铃儿响叮当

(1)快乐音乐:幼儿在《铃儿响叮当》的音乐声中进入活动室,找一个舒服的姿势坐下,随着音乐拍手。

(2)快乐情境:圣诞老人出来分礼物了!你们高兴吗?

(3)交流分享:你有好朋友吗?你和朋友做哪些游戏?(和朋友一起玩,一起游戏)跟身边的同伴说说你和你的朋友做什么开心的游戏。

在此节点中,结合小班孩子年龄特点,以轻松快乐的音乐导入,使幼儿放松心情,进行热身活动。

2. 情景场——小乌鸦不开心

(1)理解故事:今天请你们听一听小乌鸦的故事。

①故事里面有谁?它喜欢干什么?

②小乌鸦看到自己喜欢的东西是怎么做的?

(2)进入角色。

①小乌鸦总爱拿别人的东西,大家是怎么做的?

②小乌鸦独自有那么多玩具,它是不是很高兴?

在此节点场中,通过看绘本、听故事,感受小伙伴们被抢玩具后的情绪。有些孩子已经开始对小乌鸦产生了不满情绪。

3. 工作坊——小乌鸦对你说

(1)你们喜欢小乌鸦吗?如果你的玩具被小乌鸦骗走,你还会和小乌鸦做朋友吗?没人跟你做朋友了,你心里高兴吗?

(2)小乌鸦有很多玩具,但是没有朋友一起玩,不开心。小朋友如果你是小乌鸦,怎样才会开心?小乌鸦把玩具都还回去了,朋友们原谅它了吗?如果是你,你愿意把玩具给别人玩吗?

（3）你们现在喜欢小乌鸦了吗?小乌鸦的朋友在心里怎么想的?小乌鸦心里会怎么想?

（4）小乌鸦和朋友们怎么说的,你能学一下吗?

4. **感悟园——小乌鸦一起玩**

（1）你喜欢什么玩具?（看看桌上的六组玩具,说说自己喜欢玩什么）

（2）玩具不够怎么办?你想一个人玩,还是和朋友一起玩?（提示:你愿意和同伴一起玩吗？）

（3）一起玩才开心。

①你愿意做一只霸道的小乌鸦吗?

②和同伴说说自己喜欢的玩具,请朋友和自己一起玩。

（4）在音乐《玩具进行曲》中和朋友一起玩。

在这一环节中,幼儿与同伴一起交流,一起玩玩具,在游戏实践中真正体验到了和朋友们一起玩的乐趣,从而激发幼儿与他人分享的积极性和主动性。

5. **实践点——小乌鸦开心了**

（1）回家后请家长与孩子协商,挑选一件孩子最喜欢的物品,带到幼儿园和同伴一起玩。

（2）请家长推荐图书,放在图书区,让孩子和同伴一起阅读,感受分享的快乐!

（3）请家长引导孩子在家中和长辈一起分享好吃的食物。

在这一环节中,通过家园合作,借助玩具、图书、食物等一系列的外部刺激,本班幼儿的分享行为已初步形成。比如诗诗,本来也是一个小霸王,经过这次的团体辅导后,不再独占一个玩具了,能主动和同伴一起玩。班级里很多孩子也会把自己新买的玩具带来和同伴一起玩。

C 辅导反思

现在的独生子女越来越多,总是有一个"自我"表现的心理,在大集体的生活中常常会不懂得与别人分享,总觉得是自己的东西就非得要自己独有,从来不会做到主动分享。如果以说教的方式引导养尊处优的孩子学会分享,不但效果不明显,还得不到家长的支持。这个绘本中的故事在不破坏孩子的自尊心的前提下,采取机智的小手段,很好地引导孩子体验分享带来的乐趣,从而学会分享。现实生活中,像小乌鸦的小朋友有很多,年幼无知时的占有欲望来自内心,若能很好地沟通开导,这种占有欲望会转变成积极的动力,鼓励孩子分享所得,交到朋友。

我利用这个生动的绘本故事,让孩子知道了独占会被排斥,还运用了移情的方法,让小朋友知道一起玩才开心。在辅导活动中,通过边听故事边讨论,让幼儿体会、感知和领悟分享的乐趣,来培养自身的分享品质,充分体验给予及被给予带来的快乐和满足。这样的形式也得到了家长的支持,更有利于把乐于分享的认知转变为实践行动。

作者单位:宁波余姚市机关幼儿园

编者点评

生活中像小乌鸦一样的幼儿为数不少,教师使用这个绘本作为载体,富有现实意义。开头的圣诞老人分礼物,不仅能创设快乐情境,更是"分享"行为的一次示范,为接下来活动的开展做好了铺垫。紧接着,在围绕绘本进行的主体活动中,教师重视引导幼儿获得分享的快乐,通过互动开导幼儿内心的占有欲望,使之转变成分享的积极动力,这一辅导理念值得称道。

实践点的拓展活动可以更侧重幼儿的内心体验,而不是停留在分享的行为模式上。

59 红狐狸和蓝狐狸

刘 萍

A 辅导缘起

现今社会,物质越来越丰富,特别是东部发达地区,孩子可以说已经到了"要风得风,要雨得雨"的状态。但物质的丰富并没有和大方、大度、谦和、分享等优秀心理品质形成正比。笔者曾经在某幼儿园家长开放日上看到这么一幕:老师设计了一个课堂活动,让孩子和家长设计制作一幅拼图,然后同伴间互相交流玩拼图,最后把制作好的拼图放在教室里,作为班级的自制游戏材料。有一个孩子和妈妈一起完成了拼图的制作,却不愿意与同伴互换游戏,更别说把它留在教室里。当老师遵循孩子的意愿让他带回家时,妈妈有点不好意思,去做孩子的思想工作,戏剧性的一幕发生了,孩子竟然把拼图撕碎了。

虽然这个极端的现象是个例,但在现实生活中,孩子喜欢独享玩具、食物、爱和关怀……且不能体会其他人的感受;即使不喜欢某样东西,也不希望别人拥有;不知道如何与人交流分享……这些现状的产生和存在成为孩子心理健康成长路上的一只只拦路虎。

由此思考,我设计了大班心理团辅活动,以绘本《红狐狸和蓝狐狸》为载体,找到分享的秘诀,体验分享的快乐。活动中老师注重对幼儿自主意识的训练——自主阅读绘本、自主概括内容、亲手制作面包、亲身体验分享,从而培养幼儿大方、豁达的良好个性心理品质。

B 辅导节点

1. 热身台——欣赏音乐,感受快乐

（1）欣赏乐曲《喜洋洋》。提问:听到这样的音乐,你有什么感受?你觉得快乐吗?

（2）你看到别人快乐的样子,你会快乐吗?

（3）播放电脑课件《扭秧歌》,大家一起快乐地跳舞。

（4）小结:原来快乐是可以传染的,可以分享的。你的快乐分享给我们,我的快乐分享给你们,大家都快乐了。真好!

2. 情景场——阅读绘本,理解分享

（1）出示绘本《红狐狸和蓝狐狸》,引出主角。

（2）幼儿自主阅读绘本,从头开始阅读到"红狐狸很大方地把草莓送给了熊先生"。

（3）集体分享绘本:"红狐狸和蓝狐狸与别人分享了哪些东西?"根据幼儿的回答,教师把相应的图片张贴在黑板上。

（4）老师小结:两只小狐狸和别人分享了自己最喜欢的生活用品、玩具(学习用品)、美食和自己的劳动成果。她们很快乐!

3. 工作坊——分享心声,传递快乐

（1）讨论:你有没有与人分享的事情,你在分享时快乐吗?

（2）每分享一件事就按掉"玩具笑袋"的一个按钮,大家一起感受"玩具笑袋"发出的笑声,体验分享快乐是可以传递的。

（3）根据幼儿分享的事情分别在绘本《红狐狸和蓝狐狸》板书的图片下面,按类画上简笔画。(比如:幼儿分享的是秋游时的饼干,就画一块饼干在草莓下面)

（4）小结:原来小朋友也有很多跟别人分享的快乐事情,你们跟两只小狐狸一样棒,老师为你们点赞!(出示一个大拇指图标,贴在红狐狸和蓝狐狸的头像旁)

4. 感悟园——分享纠结,关注理解

（1）师:有没有不愿意分享的事情呢?也请你来说一说,跟我们分享你当时的想法。

（2）老师在另一块黑板上快速画上不愿意分享的简笔画,并在上面贴上一个不高兴的图标。

（3）请幼儿继续自主阅读绘本《红狐狸和蓝狐狸》的最后一段。提问:伙伴们给红狐狸和蓝狐狸送来了什么?她们为什么会送东西给狐狸?狐狸跟朋友分享东西时有没有想过要得到回报?

(4)小结:把绘本翻到扉页,一起来听一听这本图书的作者是怎样对小朋友说的。

(5)请刚才不愿意分享的小朋友说一说现在的想法,如果转变了想法,就在黑板上"不高兴"的表情旁画上一个大大的"笑脸"。

5. **实践点——自主烘焙,快乐分享**

提供已经发好酵的面粉,请幼儿自制花色面包。面包烤熟后把幼儿分成两组,一组幼儿把面包与幼儿园里的弟弟妹妹分享,另一组幼儿把面包带到厨房和门卫,跟幼儿园的职工进行分享。

C 辅导反思

本次活动我以绘本《红狐狸和蓝狐狸》作为载体,引导孩子跟着红狐狸和蓝狐狸与别人的分享故事,体验"当你把自己的一份快乐与一个人分享,你就得到了两份快乐,当你把自己的劳动成果与人分享,你的劳动才是最有意义的"的情感。整个活动从游戏激情、绘本移情到观点阐述、实践感悟,很好地调动了孩子们对活动的兴趣,较好地完成了辅导目标。

与"分享"息息相关的心理品质有很多,比如:谦让、豁达、合作、感恩等,这些都是孩子必须面对的人生课题,并不是通过一次活动就能改变的。也许有的孩子在成人的引导下还是不愿意分享,从心理健康教育的角度来看,允许有这样的情况,因为任何心理健康行为只有发自内心的才是教育的目标。一次教育行为要改变所有人的原有心理行为是不科学的,心理健康教育是一项长期影响和自我调整的过程。但本次活动也许能在观念层面对孩子们进行引领,后续还需要老师和家长在日常生活中,悉心关注孩子的心理状态,积极沟通,及时疏导。

作者单位:宁波市北仑区中心幼儿园

编者点评

本课设计亮点纷呈,精彩不断。教师始终关注幼儿在分享中的积极情绪体验,对幼儿曾经分享的行为给予高度支持和鼓励,极大地强化了幼儿乐于分享的行为。最后的自主烘焙,能充分调动幼儿参与的积极性。更可贵的是,烘焙面包还包含了自己的付出与劳动,因此使后面的分享更有意义,也更能带给幼儿成就感和付出的愉悦。这其中富含的意义是其他玩具、书籍等物品所不能比拟和代替的。

在"分享纠结"这一环节,教师要考虑到一些私密的东西,或是一些不愉快的事情,可以归属于"不分享"的范畴。如果出现此类现场生成,教师可以考虑做适当的引导。

心理辅导 之
学会接纳

60 不一样的清清

陈贤惠

A 辅导缘起

我们中班有一个小朋友叫清清。他个子高,身体壮,还特别有个性。他有一个鲜明的特点就是情绪来得很快很强烈:有时他热情得像夏天的太阳,让人有点受不了;有时他又如冬日的冰霜,冷冷的,让人感到无法亲近。因他情绪变化经常出人意料,就会和坐在一起的小朋友产生矛盾,经常有人到老师这里来告状。当老师问他为什么这样时,他会满不在乎地说:"我只是跟他开玩笑的,这么小气!"而当别人说一句不好听的话时,他又马上会发脾气:"他又在说我,我要发火了!"……这样的事情几乎天天在班里发生,他与小朋友之间的关系也明显出现了裂痕。

为了让孩子们能学会接纳身边与自己想法不一样的人,如何快乐地面对生活中小小的不顺心,我萌发了开展团体心理辅导活动的想法——让幼儿在观看视频和讨论中了解清清与别人不一样的地方,在体验情绪情感的过程中学习接纳和自己不一样的人和事。拟通过辅导,引导幼儿尝试用多种积极的方法与别人相处,体验接纳宽容的愉快情感。

B 辅导节点

1. 热身台——出示图片,引出主题

(1)开场音乐,请幼儿们坐下静静聆听钢琴曲。

(2)识别情绪,出示几张清清小朋友表情(生气、难过、哭泣)的照片。

师:这是谁?他怎么了?

(3)角色扮演,激发讨论:

师:最近,我们班出现了好几起纠纷,都与清清小朋友有关,清清小朋友觉得很委屈,感觉不被大家理解。所以陈老师想请小朋友来讨论讨论,当你发生了这些事情,你会有什么样的感觉?每个小朋友都可以谈一谈自己的看法。

2. 情景场——观看视频,激发讨论

(1)观看视频,请当事人讲述经过。

事件:清清小朋友想玩小朋友的玩具,没有跟她打招呼,直接就抢了过来。

谈感受:

小朋友:"我感觉清清小朋友抢了我的玩具,是不尊重我,我很难受。"

清清:"我只是想得到那个玩具,我太喜欢它了。"

(2)交流讨论:他们之间为什么会产生矛盾呢?

由小朋友们发言,谈谈各自的感受,寻找解决问题的办法。

(3)老师小结:原来清清这样做是因为他太心急了,所以才会做出让人感觉不好的行为来,但他并没有恶意,他只是不太会用好的方法表达自己而已,小朋友们是否可以理解他一下呢。

3. 工作坊——换位体验,理解别人

(1)询问小朋友,引发思考。

你有没有遇到过和清清小朋友一样的情况呢?当你很想要这样东西,或很想坐这个位置的时候,你是怎么做的呢?

(2)现场表演,学习方法。

请两个小朋友来扮演刚刚视频中的角色。

表演:小朋友A正在玩玩具,小朋友B走过去想要玩他的玩具。但小朋友A不让,小朋友B就动起了脑筋,用了商量和交换的方法得到了玩具。

(3)让表演的小朋友把表演时候的体会分享给大家,加深小朋友的印象。

4. 感悟园——由己及彼,学习接纳

师:不光是清清小朋友,可能还有很多小朋友也不想与人分享东西,或是不愿意与自己不喜欢的人一起玩,他们可能都有自己的原因,我们也可以用接纳的方法来对待他们。这样,小朋友之间矛盾会越来越少,大家可以快快乐乐做朋友。

5. 实践点——宽容接纳,易获友情

师:小朋友,在生活中我们每个人都可能会犯错,比如说不小心碰到别人,不小心打破碗了,不小心说错了话。这个时候,你是希望其他小朋友责怪你还是来帮助你呢?答案肯定是帮助你吧。

既然每个人都会犯错,你自己犯错的时候希望别人原谅你,那么,其他小朋友犯错的时候,我们是不是该原谅和宽容他呢?

辅导反思

整个活动围绕幼儿身边的事情来讨论,尤其是角色体验和现场演练是本次活动的重点,让幼儿真实地表达他们自己的内心想法。同时,通过角色扮演体验到别人的感受。孩子在活动中体验到人的多样性,尝试接纳别人和正确对待别人与自己的不同。

对于中班的孩子来说,"宽容"这个词不是很好理解,老师需要更多地从别人体验到的情感的角度去说服他们,将心比心,由己及人。之所以在课程中设置多个场景,让小朋友自己扮演,也是出于这种考虑。在实际操作中发现,小朋友也很容易进入场景,开始学会分享,学会理解和接纳别人。

当然,要将宽容和接纳真正种进孩子们的心里,还需要家长在家庭教育中的配合,父母最好不要随意批评或挑剔他人,营造温馨和谐的家庭氛围,让孩子在潜移默化中明白每个人都是有优点的,避免以自我为中心,让他们从小养成一颗宽容的心。

宽容和接纳是快乐生活的基础,拥有这些特质的孩子,更容易获得友情,更容易赢得尊重,从而收获成长路上的快乐与幸福。

作者单位:宁波市华光幼儿园

本课选用发生在班里的真实事例作为讨论素材,很有新意,是直面问题、切实有效的辅导设计,给人一种直接有力的畅快感。清清和其他幼儿的分享建立在自己真实感受的基础上,这为幼儿之间的良好沟通搭建了一个特殊的平台,在课堂活动中,能解决班里的现实矛盾,改善幼儿间的关系和交往模式。

但是,教师不能一味引导幼儿宽容和接纳,而应让幼儿学会如何表达自己的感受,如何与他人沟通交流,如何更好地处理生活中的矛盾。

我的"随迁"朋友

胡丹红

A 辅导缘起

幼儿园有一部分"随迁"的孩子,他们与当地孩子在生活习惯、习性以及家庭教育方式上有些不一样,班级里会出现他们受排斥的现象。如:幼儿进入班级看到外地的同伴,会很排斥地说:"你脏死了,我不要跟你一起坐""老师,我们不要跟这个孩子一起睡觉!""老师,这个痰盂我不要坐了"……如何引导他们接纳这些随迁孩子,这是一个迫切需要解决的问题。

经典绘本《弗洛格和陌生人》是儿童心灵成长图画书系之一,青蛙弗洛格的成长故事——学会接纳与自己不一样的人,为处在关键期(3—6岁)的孩子准备的一份心理自助礼物。我们常常会碰到外表、性格和习惯跟自己不一样的人,不要一味地排斥、疏远他(她),试着慢慢地观察和了解,你就会发现他(她)的优点。最后你们会成为很好的朋友。

团辅活动设计从中班孩子的年龄特点出发,用故事安抚和帮助解决孩子的心理困惑、适应集体生活。

B 辅导节点

1. 热身台——放松心情,体验情感

(1)轻松聆听:幼儿在轻音乐中进入活动室,找一个舒服的姿势坐下静静聆听。师:让我们一起舒服地坐下来,听一听优美的音乐。

(2)自我开放:好听的音乐让我感觉很轻松,想到了许多关爱我的人和我爱的人。优美的音乐让你想到了谁?(提示:爸爸、妈妈、好朋友)

(3)交流分享:在家里,谁是关爱你的人?你怎么感觉到的?跟身边的朋友说说你的爸爸、妈妈是怎样关爱你的?尤其是在你做错事情或是不会做这件事的时候,他们是怎么原谅你、接纳你的错误的?

2. 情景场——欣赏绘本,体验情绪

(1)进入角色。

今天我们要听一个故事,故事里有个叫"弗洛格"的小动物,请你听听到底发生了什么事?辅助提问:

①森林里突然多了谁?大家有什么反应?为什么?(提示:大家都不喜欢新来的朋友,因为它和自己不一样)

②老鼠后来是怎样赢得大家喜欢的?(提示:老鼠幽默风趣、见多识广、聪明勤劳)

③你喜欢这个故事吗?为什么?

(2)内涵体验。

①小鸭说了什么话?(提示:本地人要善待外地人,不要总认为外地人的到来就抢占了本地人的资源)

②小动物们后来是怎么做的?(提示:小动物们对陌生人前后的态度转变,熟悉之后变成了朋友)

3. 工作坊——换位体验,理解他人

(1)理解他人。

①森林里来了个新邻居——老鼠。可是,森林里的老住户对这个新来的并不欢迎。(提示:大家对与自己不一样人的排斥)

②后来,大家和老鼠相处后,知道了小老鼠的为人,发现了小老鼠好的一面,受到他们的喜欢。(提示:善于接纳与自己不同的人,不要对别人抱有成见)

(2)拓展体验。

①你们在生活中有没有遇到这样的事啊?(提示:让幼儿观察自己周围的那些曾被排斥的"随迁"儿童)

教师小结:是的,在我们的幼儿园也有许多跟着爸爸妈妈打工一起来的随迁孩子,虽然他们在生活习惯、习性上等方面都和我们有所不一样,但是他们也是我们的朋友呀!)

②当那些"随迁"小朋友不习惯或是不知道怎么做时,我们应该怎样做呢?(提示:让幼儿学会互相帮助)

③那现在你们想怎样表达你对"随迁"孩子的友爱之情呢?(提示:抱抱他们,和他们说说真心话、分享自己的物品、一起玩等)

4. 感悟园——亲身体验,学习表达

(1)自由寻找"随迁"幼儿和自己结伴:在我们班级里,有几个"随迁"幼儿呢?能找到"随迁"朋友吗?(提示:和"随迁"幼儿做朋友)

(2)爱的暗号:手心点三下,说声"××,我爱你"。(提示:和"随迁"朋友一起练习)

(3)制作卡片:制作一张简单的卡片,送给自己的"随迁"朋友,表达自己对朋友的友爱之情。

5. 实践点——家人互动,爱心延伸

回家以后,让爸爸妈妈也来找找生活在周边的"随迁"朋友,让爸爸妈妈也和他们一起做做"点三下"游戏,将自己做好的卡片送给"随迁"朋友,表达对"随迁"朋友的友好之情,体会浓浓的温馨氛围。

辅导反思

活动中,我引导孩子们体验去善于接纳与自己不同的人,不要对别人抱有成见。故事里的"随迁"含义深刻,引导幼儿用自己的语言和动作表达内心的体验,用发现、理解去接纳与自己不同的人,用语言和行动去表达喜欢、接纳"随迁"朋友的情谊。活动中用到的心理技术是具体可操作的,它提示大家关注身边有心理需求的孩子,用各种方法表达情感,并体会、表达自己对"随迁"朋友的友好之情。

这是给孩子们的心理辅导活动,同时也给予教师、家长深深的感悟。不用说孩子,其实我们成年人,对"随迁"人员也存在着一定的排斥现象,嫌弃他们生活习惯或是嫌弃他们的生活习性等,通过这次的辅导,我们是否也该试着考虑一下,也学着接纳"随迁"朋友,去发现"随迁"朋友的不同之处。这也许是我们后续辅导的一个新发掘和新的思考。

作者单位:宁波市象山县爵溪街道中心幼儿园

编者点评

《弗洛格和陌生人》的故事很温暖,青蛙、小老鼠、小鸭子就是幼儿们的缩影,富有童趣,充满童真。教师通过换位思考和拓展体验,帮助幼儿明白每一个人都有长处,以及学习如何接纳不同的人,与他们友好相处。课堂设计不流于形式,充分调动了幼儿的课堂积极性,教师善于用简单的行为训练,带动幼儿自主实践,活动设计有层次、有效率。

> 建议摘掉"随迁"这顶帽子,这个称呼本身带有色彩,已经将这部分幼儿特殊化。在整个活动过程中,教师应尽可能淡化差别,模糊界限,才能从根本上达成融合的目标。

62 弟弟妹妹我喜欢

朱黎黎

A 辅导缘起

随着二胎政策的放开,有两个孩子的家庭越来越多,在我所带班级的36个小孩中就有9个小孩所在的家庭是二胎家庭。有些家长、同事也经常会提起孩子有了弟弟妹妹后的变化,如变得敏感、情绪不稳定等。加之前段时间媒体报道的"13岁女孩割腕自杀逼母堕胎"的事件,更加引起我对二胎的关注和思考。于是,我在幼儿园进行了一次调查,了解到400个孩子中有近四分之一所在的家庭是二胎家庭,并且有不少家长正在计划要二胎。对于第一个孩子来说,从小就习惯了以自我为中心,很多孩子明确表示不喜欢有弟弟妹妹,主要理由有害怕爱缺失、担心物质被分享、拒绝改变生活秩序等。如何引导他们接纳生活变化并身心健康、快乐地成长?这是一个迫切需要解决的问题。

因此,我萌发了开展团体心理辅导活动的想法。辅导对象为大班幼儿。他们的求知欲、同理心、理解能力不断提升,能够换位思考。拟通过辅导,引导幼儿学会接纳家庭新成员,快乐地面对生活带来的变化;尝试用多种积极的方法与兄弟姐妹相处,体验拥有兄弟姐妹的幸福。

B 辅导节点

1. **热身台——心的选择,真情流露**

(1)欢乐入场:在《让爱住我家》的音乐声中进入活动室,根据家庭人数(三口之家或四口之家等)分组入座,共同欣赏全班幼儿各自的全家福照片,体验一家人在一起的温馨感觉。

(2)心的选择:"如果爸爸妈妈再为你生一个弟弟或妹妹,你愿意吗?"请幼儿用姓名贴来做一个选择,如果幼儿愿意,就将姓名贴贴到绿色的卡纸上;反之,就将姓名贴贴到黄色的卡纸上。

(3)心声流露:请幼儿说出自己的选择以及选择的理由,教师根据幼儿的回答出示相应的图片。

(4)教师小结:对于一些小朋友来说,家里多个弟弟或妹妹会让自己产生担忧:①害怕爸爸妈妈把更多的爱给弟弟或妹妹;②心疼妈妈太辛苦;③害怕生活被打乱;④担心东西被分享。而喜欢有弟弟或妹妹的小朋友则觉得,有人陪伴会带来更多的快乐,收获更多的爱。

2. 情景场——绘本欣赏,真情感受

(1)欣赏绘本:请幼儿欣赏《汤姆的小妹妹》绘本的第一部分,并思考:汤姆自从有了小妹妹之后,他的生活发生了许多改变,你觉得汤姆心里会怎么想?

(2)情景扮演:看来汤姆非常委屈、非常难过,如果你是汤姆,你有什么心里话要对父母说?请你找一个朋友结成一组,一个做爸爸或妈妈,另一个做汤姆,把心里想说的话大胆说一说,然后再交换角色。

(3)分享体验:对爸爸或妈妈大胆说出自己的爱和需要之后,你感觉怎样?从这个活动中你学到了什么?

3. 工作坊——实景演练,真情迁移

(1)脑洞大开:欣赏绘本第二部分,并展开想象:爸爸妈妈在花园里做事时,汤姆听见妹妹大声地哭泣,你猜汤姆会怎么做?

(2)现场采访:询问有哥哥姐姐的小朋友:"如果你哭了,哥哥姐姐会怎么做?"询问有弟弟妹妹的小朋友:"你们会怎么对待弟弟妹妹的哭闹呢?"

(3)实景演练:看来汤姆真是一个好哥哥,你能不能做个好哥哥或好姐姐呢?

领任务:弟弟或妹妹抢了你的玩具怎么办?

找朋友:找一个好朋友结成一组,一个做哥哥或姐姐,一个做弟弟或妹妹。

想办法:一起商量,有什么好办法能解决这个问题。

演一演:把解决的过程表演出来。

幼儿分组表演,教师巡回指导。

(4)分享交流:请幼儿把解决问题的好方法在全班小朋友面前进行表演。(穿插采访:请问这位姐姐,你怎么想到用这个好办法的?请问妹妹,有这样的姐姐你有什么感受?)

(5)颁奖鼓励:给参与展示的小组颁发小奖品予以鼓励。

4. 感悟园——视频展示,真情绽放

(1)播放视频:生活中有很多好哥哥好姐姐值得我们学习,让我们一起来看看哥哥姐姐与弟弟妹妹的快乐生活吧!

(2)随机提问:他们在干什么?这个哥哥(姐姐)真棒,给他(她)鼓鼓掌。

5. 实践点——体验时间,真情延伸

不管以后家里是否会增添弟弟或妹妹,我们都可以成为好哥哥或好姐姐。请你在接下来的一周时间里,以哥哥或姐姐的身份关爱弟弟妹妹们(可以是邻家的或幼儿园中小班的弟弟妹妹),并用图画的形式的记录下来。

C 辅导反思

本次活动我以绘本《汤姆的小妹妹》作为载体,引导孩子们跟着小兔子汤姆一起面对家庭新成员的降临,经历好奇—欢迎—失落—接纳的一系列情绪变化,进而迁移到自身,帮助幼儿积极面对生活带来的变化,体验到有兄弟姐妹是一件幸福的事情。

整个活动围绕一个"情"字展开。游戏激情、绘本迁情、表演抒情、视频化情、体验用情,把情、意、行融合在一起,很好地调动了孩子们对活动的兴趣,较好地完成了辅导目标。尤其是角色体验和现场演练是本次活动的亮点所在,使孩子们在真实地表达内心想法的同时,通过扮演、练习,体验到做哥哥姐姐的责任和荣耀。

学会接纳家庭格局的改变,学会分享爱与物品,是孩子们必须面对的人生课题,这不是仅仅通过一次活动就能改变的。但我想本次活动也许能在观念层面对孩子们进行引领,后续还需要老师和家长在日常生活中,悉心关注孩子的心理状态,积极沟通,及时疏导。

作者单位:宁波市江北区中心幼儿园

♥ 编者点评

"二胎"是一个崭新的话题,对"老大"和"准老大"们有很现实的辅导意义。活动中,老师既能正视形势、直面话题,又能迂回迁移、含蓄点拨,做到重引导而弃教条,重感悟而弃灌输,深浅有度,效果到位。绘本呈现引导幼儿情感迁移,实践作业为幼儿践行"好哥哥(姐姐)"提供了可能。辅导让幼儿品尝到"接纳、分享和付出是一种幸福"的愉悦。

活动中也会发现有些孩子有较强烈的"二胎焦虑现象",对这样的孩子,教师要注重后续的辅导。

《短耳朵》

康 莉

A 辅导缘起

对于优点孩子们总是非常乐于接受并渴望得到肯定,对于缺点却不愿意接纳。有的忽略缺点,有的承认自己有缺点却并不喜欢它们。我曾在餐后活动时让大班孩子说说自己的优点和缺点,29位之中有23位对优点都能侃侃而谈,而对于缺点却面露尴尬之色,支支吾吾,仅6位对优点和缺点都能坦然接纳。

学会接纳自我,便可拥有比较稳定的自我观。对自己做出客观的评价,信任自己的想法和感觉,就更容易接纳他人,在生活中更加游刃有余,更容易获得幸福感和成功感。只能接纳优点,无法接纳缺点的人,常常比较自负,自我感觉过于良好,一旦遇到挫折,容易自暴自弃。如何引导他们接纳自己的缺点,想办法改正可以改正的缺点,接纳无法改变的,是迫切需要解决的问题。

因此,我萌发了开展团体心理辅导活动的想法。大班的孩子,他们的求知欲、同理心、理解能力不断提升,能够积极地讨论、合作并思考。拟通过辅导,引导幼儿学会接纳优点和缺点,接纳全面的自我做更好的自己。

B 辅导节点

1. 热身台——我的选择,感受缺点

(1)欢乐入场:幼儿在《我真的很不错》的歌曲中入场并就座。

(2)我的选择:你觉得自己很不错吗?你有哪些优点?你喜欢它们吗?你有缺点吗?你喜欢它们吗?请幼儿用姓名贴做一个选择,如果喜欢就贴在红色卡纸上,如果不喜欢就贴在绿色卡纸上。

(3)心声流露:请幼儿说出自己的选择,并说明理由。

(4)教师小结:大部分小朋友都知道自己有缺点,但却不喜欢它们。有的认为总改不掉会被老师、父母批评;有的认为这些缺点小朋友不喜欢,朋友比较少……

2. 情景场——绘本欣赏,了解缺点

(1)欣赏绘本《短耳兔》第一部分,展开想象

①欣赏绘本:思考:短耳兔冬冬因为耳朵短这个缺点,被兔子们嘲笑,你觉得它会怎么想?会怎么做呢?

②思考讨论:看来短耳兔冬冬非常难过,如果你是短耳兔,你会怎么做?你会对你的朋友们怎么说?请幼儿四个人一组,把心里的话说一说,一起想办法。

③分享体验:你感觉怎样? 你们想到了什么好办法?

(2)欣赏绘本《短耳兔》第二部分,面对缺点

①欣赏绘本:思考:冬冬想了哪些办法? 它成功了吗? 最后它是怎么做的? 它改变了自己短耳朵的缺点吗?

②面对缺点:冬冬想了好多办法,最后它接受了自己耳朵短的缺点,并发挥聪明才智自创"耳朵面包"做起了生意。

3. *工作坊*——*实景演练,直面缺点*

(1)内心独白:绘画标记,评价自己的外貌、交往能力、性格等。满意的打"√",不满意打"×"。

(2)现场采访:你有什么缺点? 面对它你是怎么想的? 会怎么做?

(3)实景演练:有些小朋友还有难以接受的缺点,你们愿意帮助他们吗?

领任务:

①觉得自己长得不好看,怎么办?

②平时动作特别慢,怎么办?

③觉得自己找不到好朋友,怎么办?

④觉得自己性格太内向,怎么办?

找朋友:六个好朋友一组。

想办法:抽签,根据任务讨论解决问题的办法。

演一演:把解决问题的过程表演出来。

幼儿分组表演,教师巡回指导。

(4)分享交流:把解决问题的好办法在全班面前表演。(穿插采访:你是怎么想到这个好办法的? 这样做,你心里有什么感受?)

(5)颁奖鼓励:对参与展示的小组颁发奖品予以鼓励。

4. *感悟园*——*视频展示,突破缺点*

(1)播放视频:这四位小朋友面对缺点是如何改变自己的呢? 让我们一起来看看吧!

(2)随机提问:他有什么缺点? 他做了什么? 他成功了吗? 他的心情怎么样?

5. *实践点*——*体验实践,实现自我*

刚才我们记录了自己的缺点,也学到了许多突破缺点的好办法,请你在接下来的一周,通过自己的努力改变或接纳它们,并把结果记录在空白记录表中。一周后请你们再来分享一下自己的好办法和感受。

C **辅导反思**

本次活动我以绘本《短耳兔》作为载体,引导孩子们跟着短耳朵的小兔子冬冬,经历失落—被排斥—被接纳的一系列情绪变化,进而迁移到自身,帮助幼儿积极面

对自身存在的缺点,体验到了解它、接纳它、正视它以及想办法解决它也是一件幸福的事情。

整个活动围绕"缺点"展开。从感受缺点、了解缺点、直面缺点、突破缺点到实现自我,把知、情、意、行全部融合在一起,调动了孩子们对活动的积极性,较好地完成了辅导目标。合作讨论和现场演练是本次活动的亮点所在,孩子们在真实地表达内心想法的同时,通过讨论、练习、表演,体验到做独一无二的自豪。

学会接纳自身存在的缺点,想办法将可以改正的缺点改正,正视无法改掉的缺点,接纳它成为自身的一部分,这不是仅仅通过一次活动就能改变的。但我想本次活动也许能在观念层面对孩子们进行引领,后续还需要老师和家长在日常生活中,悉心关注孩子的心理状态,积极沟通,及时疏导。

作者单位:宁波市北仑区实验幼儿园

编者点评

绘本《短耳兔》贴近学生实际,在短耳兔的经历中幼儿看到了自己的影子,在讨论分享的环节中逐渐学会如何正确面对缺点,进而想办法战胜缺点,成就更精彩的自己。

但是,接纳自我的关键不在于改正自身的缺点,教师应着重引导幼儿体验自身的价值感,认识到每个人都有缺点。建议增加"缺点大家谈"的环节,帮助幼儿了解自己所认为的缺点或许还是别人眼中的优点,学会欣赏自己,才能感受幸福和愉悦。

64 你棒,我也棒

陈 芬

A 辅导缘起

进入大班以后,孩子们共同制订了"我们的约定",约定每周五都会进行推选值日生的主题班会。记得班上有一个叫睿睿的小朋友,在每周五评选值日生的时候,总是揭别人的短处,以此来突出自己,让自己有机会选上。现在的孩子从小听到的、得到的都是赞扬,根本不知道去发现、去接纳别人的优点。根据多年经验,获知大班还有不少幼儿不善于发现自己的优点、本领,更不会主动表现自己。相反,处在集体中的幼儿非常容易因为一件简单的事件导致退缩,甚至自卑。此时就需要教师不断地引导与肯定,帮助幼儿接纳自己,发现自己的优点,并大胆地展现自我,树立幼儿的自信心。接纳是幼儿成长和培养自信最好的土壤。另外,大班段的幼儿容易以自我为中心,他们同样不善于去发现他人的优点,甚至对他人的本领存在嫉妒心理。

因此设想通过活动《你棒,我也棒》让幼儿发现自己的优点、本领,能为自己感到骄傲,树立自信。同时也能学会接纳同伴的优点,为他人感到高兴,从而初步形成正确的、健康的自我意识。

B 辅导节点

1. **热身台——放松心情,感知情绪**

以游戏"击鼓传花"的方式,请被点到的小朋友大声地告诉同伴,我会做什么?(说说自己的特长)

2. **情景场——欣赏绘本,体验情绪**

故事导入,引出课题。

(1)提问:小乌龟既没有长鼻子,又没有大嘴巴、大口袋,它能开什么店呢?(请幼儿发散思维猜测)

(2)揭示谜底,并小结:每种动物都有自己的特长,小乌龟正是发挥了自己的特长,才有了香喷喷的大烧饼。

(在此环节创设一定的故事情景,帮助幼儿更快进入角色,有发现别人特长的一种意识。)

请幼儿到"大森林"中寻找动物,并自己结伴讨论:如果这些动物想开店,它们能开什么店?为什么?

通过以上故事的引入,幼儿很快能发现好多动物的特长,并帮助动物开各种各样的店,同时,进一步促使幼儿有发现他人特长的意识,为下一步心理活动作好铺垫。

如果是你,你能开什么店?为什么?

3. **工作坊——学习讨论,大胆表达**

出示5名幼儿的照片,帮助幼儿寻找自己特长,进行示范。某某小朋友会什么,我觉得他很棒。教师提问:每个人都有自己的特长,请其他小朋友说说自己的特长。

指导重点:邀请5名特长比较明显的幼儿,有助于引导。特长不要拘泥于学习什么乐器,还可以从动作、细节、事件入手,比如乘车让座位,不乱丢东西,学会分享、谦让,尊敬老人等细节。最后请每个小朋友都说说自己的特长,教师不断引导肯定,帮助幼儿发现自己的特长并大胆地展现自我,树立幼儿自信心,提炼到品德行为。

4. **感悟园——联系生活,情绪迁移**

进一步联系幼儿实际生活,分小组讨论(每一组有不同幼儿5张照片),按照教师上面的示范,继续寻找每个人的特长,学习用较清楚、连贯的语言表述自己和他人的长处。

指导重点:此环节不仅让被找到长处的孩子感到高兴,更让找出别人长处的孩子有成就感,在这里充分运用了肯定激励的教育策略,鼓励幼儿积极主动地发现同伴的长处,并用恰当的语言表述同伴和自己的能力。在活动中我们发现能力强的幼儿可以运用自己的语言进行表述,针对能力弱的幼儿可以用老师给他的具体句式进行表述。

具体句式为:小明小朋友会让座,我觉得他很有礼貌,我会帮妈妈做家务,我也很棒。

5. **实践点——同伴交流,趣味延伸**

用自己的本领做一件有意义的事情,如用打扫卫生作为礼物送给敬老院老人。

C 辅导反思

在这次活动中,我以《小乌龟开店》的故事开展一个活动的情景,引起了幼儿活动的兴趣。幼儿的思维是具体形象的,对事物的理解也是直观形象的,因此情景是幼儿进行心理辅导的一个很好的桥梁;其次故事非常形象生动,寓教于乐,跟此次心理辅导的主题极其吻合,幼儿容易理解迁移。在情景训练中,生活中幼儿的特长以照片的形式展现出来。在活动中教师不断加以引导肯定,帮助幼儿发现自己的特长并大胆地展现自我,树立幼儿自信心。当发现自己和别人的特长时,大家用表演的形式展现出来,感到非常快乐。在音乐声中,敬老院的老人也带来礼物并分给每一个孩子,活动在高潮中结束。

但是我也发现,对孩子的教育光靠幼儿园是不够的,还需要搞好家园合作,及时与家长沟通,家长的行为会潜移默化地影响着孩子,让孩子们懂得人与人之间需要接纳,接纳给人们带来无穷的动力。

作者单位:宁波市常青藤幼儿园

♥ 编者点评

不论是使用绘本,还是寻找特长,教师始终从积极正向的角度引导学生了解"天生我材必有用"的真意,以"知情意行"为核心,通过认知转变、情感体验、意志自觉、行为训练,达成本课的辅导目标。特别是感悟园中寻找自身和他人的优点这一环节,教师提供了具体的句式,这样一对一的赞美能形成巨大的能量场,聚焦幼儿身上的优点,强化幼儿的正向行为。

建议增加被表扬的一方的回应句式:"是的,我就是这样做的。"这也是一个自我肯定和自我接纳的过程。

65 我不要妒忌

翁慈雅

A 辅导缘起

当前的孩子大多数都是家中的小皇帝、小公主,集万千宠爱于一身,唯我独尊。当别人的东西比自己好或者别人表现得比自己好,他们就会产生妒忌心理。可以说,妒忌是一种可怕的情绪,但是适当的妒忌也能够为我们带来努力的动力。班级中的孩子总会引发关于"妒忌"的小纠纷:美术课上,诺诺画的线描画很有创意,我就表扬了她,不一会儿,诺诺就哭着告诉我:"老师,月月把我的画涂得乱七八糟了!"我走到月月旁边,问月月为什么。月月却说:"因为老师说诺诺的画好看,我把它涂乱了就不好看了,我的画就最漂亮了呀!"这件事引起我的思考,如何正确引导孩子的妒忌情绪,教会孩子爱别人和自己呢?

幼儿情绪管理图书《我不要妒忌》中,可爱的小兔绿绿苦恼地告诉大家,他心里的"小绿怪"变大变小的原因,从而孩子知道其实每个人心中都住着"小绿怪",只要它不变大就没关系,妒忌就是一种正常的情绪。我们将这个故事引入大班心理辅导活动课,试图帮助孩子用简单的语言、肢体动作等释放妒忌情绪。

B 辅导节点

1. 热身台——绘本故事,理解妒忌

(1)故事聆听:原来"妒忌"是这样。

师:小朋友,今天老师带来了一个很好听的故事,想听吗?(结合绘本讲述故事内容)

针对绘本故事,教师进行提问:小朋友,刚才小兔绿绿觉得弟弟抢了他的爱,他怎么啦?

(2)情感分享:妒忌带来的感受。

因为绿绿觉得爸爸妈妈只能爱他一个人,所以藏在绿绿心里的妒忌小怪(出示图片妒忌小怪)就"呼"地一下变大了,他会感觉不好受。你故事里还听到什么时候,那个妒忌小怪又变大了呢?

(3)教师小结:妒忌是一种正常的情绪。

小朋友,不仅小兔绿绿心里住着妒忌小怪。其实,我们每个小朋友的心里都住着妒忌小怪呢!因为有一点小小的妒忌是很正常的,只要它不变大就没关系的。

2. 情景场——观看视频,体验情绪

(1)观看视频:让幼儿再次了解什么是"妒忌"

师:现在,老师要请你们睁大眼睛仔细看大屏幕,看看这个叫旺旺的小朋友心里的妒忌小怪有没有变大。(观看视频一:撕小红花)

小朋友,你的火眼金睛有没有发现啊?你从什么地方看出来的?(幼儿回答)

依次观看视频二、三,幼儿讨论回答,了解产生妒忌心理的原因。

小朋友,因为旺旺这么做,他心里的妒忌小怪变得怎么样了?(播放变大的妒忌小怪PPT)

(2)情景体验:结合自己,谈谈自己遇到的关于妒忌的事情

小朋友,小兔绿绿、小男孩旺旺心理的妒忌小怪都有变大的时候,你心里的妒忌小怪有没有变大的时候呢?是因为一件什么事情?来讲给大家听听。(个别幼儿讲述,教师及时回应)

(3)教师小结:是的,当我们妒忌的时候,躲在心里的妒忌小怪就会变得越来越大,越来越大。(演示变大的妒忌小怪PPT)最后它会把你吃掉,这时候,你就会做出一些非常不好的事情来,像旺旺撕别人的小红花、打坏别人的小汽车、把别人的画涂得乱七八糟等。

3. 工作坊——故事再现,真情迁移

(1)故事情境:了解缓和妒忌的方法

小朋友,不要害怕,因为这个妒忌小怪一直都住在我们心里,只要它小小的,就很正常。但是它不断地变大,就很可怕了,是吗?

故事里的小兔绿绿自己也很不喜欢妒忌小怪变大,他想了许多办法让妒忌小怪变得小小的。我们一起来看看绿绿的办法好吗?(幼儿观看绘本,教师讲述绘本内容)

(2)结合PPT,让幼儿了解故事中小兔绿绿缓和妒忌的方法。

4. 感悟园——拓展体验,缓和妒忌

小朋友,小兔绿绿给自己想出了这么多的好办法,老师相信你肯定也能想出好办法,让自己心里的妒忌小怪变得小小的。(幼儿讨论各种办法)观看自己的照片,寻找生活中缓和妒忌情绪的办法。

5. 实践点——情感释放,生活延伸

(1)出示大照片,幼儿讨论

观看照片,幼儿讨论遇到这样的事情自己会不会妒忌,有什么办法能让我们心里的妒忌小怪变小?(幼儿互相讨论后,用语言或者肢体动作进行直观表达)

(2)教师小结:让妒忌小怪变小的许多方法

 辅导反思

《我不要妒忌》的故事,让孩子懂得了缓解妒忌的诸多方法,并认识到妒忌也是

人的一种正常的心理,只要不扩大就没关系。在现场教学中,孩子们一开始是新奇的,讨论和发言也是积极的。慢慢地,随着故事情节的深入以及视频和PPT的播放、师生的互动,孩子们开始"走心",感受到妒忌心如果扩大膨胀就非常不健康。和孩子们讨论了生活中许多事例,让孩子们切实体会到这就是妒忌小怪在作怪。妒忌小怪并不可怕,当我们接受它,并用正确的方法去对待它,它就会变小,让我们成为一个身心健康的孩子。本次团辅活动设计从大班孩子的年龄特点出发,用小绿怪的视频安抚和帮助孩子克服妒忌心理,以平和的心态认识到自己的长处和短处;有换位、有移情、有实践,多方位地帮助孩子体验情感,基本化解了孩子内心强烈的妒忌之情。

让孩子知道每个人都有自己的优点和个性,不要去伤害别人,妒忌情绪就会慢慢减弱,直至消失。

作者单位:宁波慈溪市机关幼儿园

❤ 编者点评

> 教师使用了妒忌小怪这个卡通形象,使"妒忌"变得可爱而亲近,就好像我们每个人心底的一只小宠物。这样做能化解幼儿对妒忌心理的罪恶感,了解妒忌是一种正常的心理状态,是需要加以控制的小怪。这种表现和转化手法符合大班幼儿的心理特征,使课堂不仅有"实感",也富"趣感"。整个课堂心理课成分足,关注幼儿的体验和收获,活动形式新颖有趣,富有创意。
>
> 如果教师能引导幼儿将妒忌的心理转化为努力的动力,会使整个活动更显丰厚。

66 菲菲生气了

柴晓群

A 辅导缘起

我们大二班有一个活泼机灵、行动力十足的男孩子小陈,他爱接受新鲜事物,热情好客,可就是有一点总被同伴投诉:一发脾气就打人。小陈非常坚持自我,不愿意接纳同伴,总是要求别人顺着自己,如果不顺他意,有时他就会大发雷霆,躁动不安,并且常伴有一些没有礼貌的粗暴言语和侵犯性的行为。而与之发生冲突的同伴们也往往不知道要如何处理愤怒、生气的情绪,而导致和小陈间发生矛盾,甚至争吵打闹,告状声不绝于耳……

其实,我们人本来就拥有各种不同的情绪。而《菲菲生气了》正是透过故事使幼儿理解菲菲情绪变化的过程及其原因,也由此知道了生气是一种正常的情绪表现,遇到不愉快的事情要尝试自我调节情绪。我想借此绘本为载体进行一次接纳情绪的团体辅导活动,以此引导大班的孩子们正确对待各种情绪,学会接纳所有的情绪,与情绪同行,学着体验、接受、感觉、表达和完善自己的情绪,并让孩子们认识到,能够用合适的方式宣泄自己的情绪其实是心理健康的表现。

辅导节点

1. 热身台——放松心情,感知情绪

(1)欢乐入场:让幼儿听两段音乐(高兴和悲伤的)。

今天老师给小朋友带来了一个好听的曲子,请小朋友仔细听,听完后告诉老师你的感觉怎么样?(听曲子《赶花会》)

提问:听后你的感觉怎样?(高兴、快乐)

老师再请小朋友听一首曲子,告诉老师你们听的感觉怎样?(听曲子《北风吹,扎红头绳》)

提问:听后你的感觉怎样?(伤心、难过)

(2)教师小结:伤心、高兴都是人的情绪。今天教师还给小朋友带来了一位小女孩,她叫菲菲。你看到菲菲怎么啦?(出示菲菲生气的表情大图)她为什么生气呢?生气的时候是什么样子的?引出故事绘本。

2. 情景场——欣赏绘本,体验情绪

(1)欣赏绘本:讲述第一段,通过讨论画面,了解菲菲生气的原因。菲菲为什么生气?菲菲生气时是什么样子的?菲菲生气时想做的事情真的做了吗?你觉得应该做还是不应该做?为什么?

(2)体验情绪:我们来学学菲菲生气得像火山要爆发的各种动作和样子。想一想:用什么颜色表示菲菲非常生气?(出示红、黄、蓝三色贴纸,请幼儿选择,并说说自己的理由)

(3)情绪缓解:欣赏绘本第二段,菲菲不生气了。菲菲为什么哭呀?菲菲还像刚才那样生气吗?你从哪儿看出来的?想一想:现在用什么颜色表示菲菲的心情变化呢?

(4)调节变化:菲菲最后是怎么做的?什么使她不生气了?想一想,这时该用什么颜色表示菲菲此刻的情绪,为什么?

3. 工作坊——学习讨论，大胆表达

(1)背景图片和音乐感染：菲菲在树林里还找到了哪些让自己开心起来的好办法？配着感染的音乐逐一出示菲菲使劲跑动、大哭、草地上沉思、观赏各种花草、爬树等图片。引导孩子们描述菲菲缓解情绪的方法。

(2)实景演练，情绪迁移：击鼓传花玩投骰子游戏。骰子6面贴有教师事先预设的缓解情绪的方法（唱歌、打拳击、跺跺脚、睡觉、看书、朋友聚会），引导孩子们在抛掷骰子的游戏过程中，大胆交流讨论转变情绪的多种方法，并用自己理解的肢体动作表现这种方法。

4. 感悟园——联系生活，情绪迁移

(1)补充讨论：你生气的时候像菲菲那样吗？是什么事让你那么生气、委屈？

(2)你觉得经常生气好吗？为什么？生气时怎样做才对身体有好处？你会做些什么事情让自己开心起来呢？（幼儿纷纷讨论：找个安静的地方待一会儿，跟自己的好朋友说一说心里的不愉快、大声唱歌、看看书……）

(3)教师小结：人人都会生气，生气并不可怕，重要的是能不能想办法不再生气，要学会用正确的方法赶走生气，使自己开心起来。

5. 实践点——同伴交流，趣味延伸

我的情绪小档案：启发幼儿用多种方法记录自己一周内的心情，如脸谱、颜色等，分享自己产生这些情绪的情境及解决方法。鼓励幼儿大胆与同伴交流自己当时的心情，使孩子们全然接纳自己和同伴们所有的情绪。

C 辅导反思

本次活动我以绘本《菲菲生气了》作为载体，引导孩子们边欣赏故事内容边用红黄蓝贴纸分析讨论情绪的变化过程。孩子们在菲菲怎么了—菲菲生气了—菲菲伤心了—菲菲不生气的情绪转变过程中以及多种趣味盎然的游戏情境中，知道了生气是一种正常的情绪表现，学会了欣然接受同伴的各种情绪，并且知道当自己遇到不愉快的事情时，要尝试用多种方法自我调节情绪。在这次团体辅导活动中，教师用了多种有趣的手段和辅助道具，有效地引发了孩子们敢于表达、乐意表达。比如用颜色贴纸形象地感知各种情绪变化，在故事的抒情部分加入了配乐，让幼儿在音乐声中进入故事情境，感受故事的内容；同时还增加了游戏环节，用击鼓传花抛掷骰子的方法活跃了课堂氛围，有效激发了孩子积极踊跃表达想法的行动力，启发了幼儿想出更多可以调节自己情绪的方法。整个活动在我和孩子们的共同努力下收获满满！

作者单位：宁波市常青藤幼儿园

编者点评

对于幼儿来说，认识并体验自己的情绪，和感知整个世界一样，是儿童自我心里构建过程中不可缺少且非常重要的一部分。教师要给幼儿生气的权利，并且相信他们有处理自己情绪的能力。绘本《菲菲生气了》做了一次很好的示范。教师通过欣赏绘本、体验情绪、学习讨论、鼓励表达、联系生活、拓展延伸，带领幼儿感受生气的过程，明白生气是生命的一部分，使幼儿认识自己的情绪，学会管理情绪而不是被情绪控制。在这个过程中，幼儿对情绪的自知力——知道自己处于某种情绪中的理解力——明白情绪的起源在于自身的摆脱力——能够把自己从某种情绪中抽离出来，都得到了明显提升。

在情绪管理的课程中，教师要注意少给指导，多给鼓励和耐心。

 学做情绪小主人

姚晴晴

A 辅导缘起

现在的家庭教育中，父母更多关注幼儿的兴趣，注重特长教育，旨在培养幼儿的一技之长，但却越来越少地关注孩子在情绪管理方面的问题。

在我所带的班级中有这样一个男孩，稍不顺心就大发脾气，有一次因为一件小事发脾气，先是摔椅子，当同伴安慰他时，又出现打骂同伴的行为，使得班级小朋友都对他敬而远之。由于大班幼儿年龄较小，喜爱模仿，一段时间后，我发现班里越来越多的男生开始有类似的行为，幼儿之间的社会性交往受到很大的影响。学会接纳并管理自己的负面情绪，不仅帮助幼儿初步养成自我管理的意识，而且有助于社会性发展。如何引导这类孩子去接纳自己的负面情绪，并掌握正确宣泄负面情绪的方法？带着这一问题，我开展了一次团体心理辅导活动。

B 辅导节点

1. **热身台——两种情境，体验情感**

（1）平静入场：在安静的轻音乐中进入活动室，选择自己喜欢的座位坐下来。每个人旁边有红绿两张不同颜色的卡片和一盒玩具。

（2）情境体验：情境一：教室的门突然打开，隔壁大一班的一个男孩走到你的面

前,什么都没说就把你面前的玩具拿走,请用两张卡片中的一张表示你的心情。(教师统计)情境二:大一班的老师得知了这个事情,领着刚才那个男孩来到你的面前和你道歉,为了表达歉意,送了一支你渴望已久的彩色铅笔,请用卡片表示你现在的心情。

(3)选择与交流:幼儿交流在两种情境下自己做出的选择及选择的理由。

2. 情景场——气球游戏,真情感受

(1)气球游戏:教师准备一个气球,并慢慢吹鼓气球,直到气球"鼓"到一定程度发生爆炸。

(2)分享体验:气球爆炸时你的感受如何?如果生气时负面情绪不发泄出来,会怎么样?

(3)教师小结:气球"鼓"到一定程度就会爆炸,这很正常;就像小朋友心里装了太多不开心的事情就会生气一样,生气的时候我们一定要想个好方法把负面情绪发泄出来。

3. 工作坊——绘本欣赏,找寻方法

(1)移情共赏:欣赏绘本《菲菲生气了》第一部分,体验菲菲生气时的负面情绪,产生共鸣。

(2)交流讨论:欣赏绘本《菲菲生气了》第二部分,了解菲菲生气后的一系列行为。相互交流菲菲生气以后都做了什么事情?这些事情做完后菲菲的心情好了吗?你认为菲菲发泄负面情绪的方法怎么样?

(3)出谋划策:教师拿出道具——沙袋、图书、舒服的坐垫等,引导幼儿思考:心爱的玩具被抢走了,你很生气,可是不能大喊大叫,乱发脾气,除了绘本中菲菲的方法外,还有什么好方法?将幼儿分成几个小组,各发一种道具,自由探索发泄情绪的方法。

(4)小组展示与分享:请每组派代表将所探索的方法在全班小朋友面前展示,并说出自己使用道具发泄负面情绪之后内心的感受。

4. 感悟园——自我对比,升华经验

(1)观看视频:教师播放日常班级中个别幼儿生气时大喊大叫,甚至打同伴的视频,对比刚才各组展示的发泄负面情绪的方法,让幼儿去体验和感悟。

(2)小结提问:生气时,你认为哪一种消气的方式更好,为什么?以后再生气时,你会尝试用新的消气方式吗?如果会,请为自己的改变鼓掌!

5. 实践点——付诸行动,点滴改变

在班级中开设"消气商店",提供"消气卡"。幼儿在生气时正确使用"消气卡",即可获得相应的积分奖励。

定期开展谈话活动,引导幼儿分享交流自己最近在情绪管理上的一些新办法以及自己是如何运用的。

辅导反思

本次活动我以两种不同情境为契机,引导幼儿体验生活中的两种情绪:正面情绪和负面情绪。气球游戏的引入旨在让幼儿学着去接纳自己的负面情绪,感悟负面情绪如果不合理发泄的危害,所以要为负面情绪寻找一个恰当的发泄途径。绘本《菲菲生气了》是孩子找寻恰当发泄负面情绪的载体,故事中菲菲生气引发心中的大火—愤怒—逃离—找到方式,接纳坏情绪—恢复平静等一系列情绪变化,使幼儿产生共鸣,让幼儿感悟原来只要合理发泄,负面情绪也可以平静地消失。

情境体验反映真实感受、绘本欣赏产生移情共鸣、视频对比反思自身行为,整个活动注重情感体验,多样的活动形式将幼儿的兴趣激发起来,较好地完成了辅导目标。

学会接纳并管理好情绪,是孩子人生路上不可或缺的。然而情绪是一种反复无常的东西,接纳并管理好情绪,并不是从一次团体辅导活动就能学会的,还需要家长的支持和配合,转变传统教育理念,更多地去关注孩子的心理健康教育。

作者单位:安徽省合肥市康园幼儿园

编者点评

同样使用绘本《菲菲生气了》,这节课着重讨论合理宣泄负面情绪。教师通过情景体验、绘本欣赏、自我对比、付诸行动等环节,引领着幼儿从无意识的宣泄—有意识的宣泄—有意识的觉察,让每次情绪的产生都成为幼儿成长的机会。

建议热身台的情景体验设置一个真实地场景,让每一个儿童在不知情的情况下体验真实的情绪变化。最后的实践点开设"消气商店",需与班主任做好衔接工作,使之不仅仅是走过场的活动形式。

心理辅导 之
学会自信

我就是我

陈 萌

A 辅导缘起

如果你看过莉迪亚·莫恩科的绘本《我要是一只狗就好了》，你一定会对书中的猫留有深刻的印象。这只郁郁寡欢的猫，羡慕狗的所有，却看不到自己的优点和长处。在中大班幼儿自我意识逐步发展的过程中，我们经常会发现有些孩子和这只猫一样表现出对自我的不认同。有的孩子时常会这样想：今天画卡车，我一点都不会，要是能画出像某某小朋友那样的就好了；昨天老师表扬了某某跳了一百下绳子，我才跳了十下，老师会不会批评我啊？……当孩子把注意力投向其他孩子的长处时，映射出的总是自己更多的不足。这些"我不会""我不够好"等质疑，会干扰孩子对自己的认同与接纳，从而引发一系列心理上妄自菲薄、不开心、不自信等问题。其实，自我认同是孩子建立自信心非常重要的一步，他们需要知道自己是谁，而学会接纳自己。作为心理辅导者，我以"猫猫的烦恼"为切入口，以感同身受的方式帮助孩子认识到"每个人都有自己的优点，不需要羡慕别人"，体验"欣赏自己"的快乐，从而自信地成长，是本次心理辅导的初衷。

B 辅导节点

1. **热身台——"自白"：在绘本中感受忧郁猫猫的烦恼**

(1)出示绘本封面和内页——一只忧郁的猫、猫戴上了面具。

提问：猫猫的心情怎么样？它为什么不开心？它为什么戴面具？

(2)小结：忧郁的猫猫戴上了面具，混在了狗群里，它多想成为一只狗狗啊！

2. **情景场——"自省"：在对比中体验猫狗本领的不同**

(1)欣赏绘本，了解猫想变成狗的原因。

提问：为什么猫想变成狗？

小结：原来在猫的眼里，狗拥有它认为的所有的乐趣——可以在公园里玩，可以"汪汪"大叫，能追赶小偷，甚至还能当电影明星……

(2)对比罗列，发现猫狗各自的本领。

提问：原来狗有这么多的本领，如果你是猫猫，你愿意变成狗狗吗？

操作：幼儿在"愿意"和"不愿意"中进行选择，贴上相应的贴纸。

表述：幼儿大胆表述自己的想法，说明愿或不愿的理由。

(3)小结：原来狗狗有那么多的本领，猫猫自己也有那么多的本领。

3. 工作坊——"自夸":在迁移中寻找肯定自己的办法

(1)感同身受,说说换与不换的理由。

提问:那猫猫到底要不要变成狗狗呢?如果是你,你有没有想成为别人的时候呢?谁愿意说说你的想法?

①先请不愿意成为别人的孩子夸夸自己的优点。每说到一个优点,教师就给予一个大拇指贴纸进行肯定。

②再请想成为别人的孩子说说自己的理由。教师肯定第一个勇于说出自己想法的孩子,鼓励他希望像谁一样有很大的本领。

(2)同伴互助,大小本领结对子。

每个人都有自己的优点和长处,不用羡慕别人。本领大的地方可以让别人学习,本领小的地方可以去学习别人。

4. 感悟园——"自信":在他评中树立做好自己的信心

(1)绘本延续:猫主人的鼓励。

猫主人帮助猫重新认识了自己——会抓老鼠,在黑暗中能看清东西,走起路来悄无声息;跳得高,能爬树;可以像老虎一样匍匐前行,在哪里都能睡觉。小主人抱着小猫,告诉它:你看,这就是你,很特别!

(2)感悟接纳:你们想知道大人眼里的自己吗?

①照片回放:老师眼里特别的自己。

自主生活中、户外活动中、集体游戏中、午睡进餐中……老师捕捉着每个孩子的闪光点,尤其是那些不太自信孩子的点滴进步。

②视频链接:爸妈眼里唯一的自己。

父母宣言:爸爸妈妈爱你,没有任何条件,因为你就是你,很特别!

5. 实践点——"自勉":在行动中体验欣赏自己的快乐

(1)转变行为:猫猫听了大家的话,发现自己身上有很多优点,想做一只狗的愿望不再那么强烈了。你是愿意成为别人,还是愿意做好自己?请再次选择,并收获集赞卡,在日常生活中累计优点,增强自信。

(2)活动小结:每个人都有自己的优点,不用羡慕别人。"我就是我!"相信自己,努力做一个更加自信的自己吧!

C 辅导反思

在心理辅导中,情感上的沟通和及时的辅导回应是至关重要的。本次辅导活动中,从猫身上自然迁移到孩子身上,教师仔细聆听孩子们对于愿或不愿成为别人的想法,并给出积极的回应。如果不愿意,教师就鼓励孩子夸夸自己的大本领;如果愿意,则用"小本领"来正面肯定孩子,让孩子们体会小本领可以在学习之后变成自己的大优点。同时,借助猫主人、班级老师、家长等的情感支持和回应,采用同伴互助策略,让孩子们寻找自身的闪光点,快乐地欣赏自己,自信心由此衍生。

关注孩子自我意识发展的细微变化,寻找心理辅导契机,心理辅导的老师需要有这样的审视。在辅导过程中,我们发现个别孩子还是有一点犹豫,不敢表达,在选择的过程中仍有一些从众的心理。我想,自信心的建立,不应只是注重于"讲个故事"般的形式、流程,而应与孩子有更多的心灵沟通,更及时地肯定和表扬。这样的辅导要继续延续在孩子们的日常生活之中,才是有效和给力的。

作者单位:宁波市宝韵音乐幼儿园

  编者点评

本堂课设计亮点频呈,可圈可点。教师以绘本为依托,从"自白"—"自省"—"自夸"—"自信"—"自勉",循序渐进地开展辅导活动,特别是"交换身份"的板块带给幼儿内心的思考和纠结,在矛盾冲突中使幼儿突破思维局限,并训练幼儿用积极的思想、乐观的态度面对自己,从而达到提高自信心的目标。播放"老师和父母眼中的自己"这一板块,使幼儿从长辈身上得到了支持和肯定,对中班幼儿来说,相当于一剂自信的强心剂。

活动中如增加朋辈之间的互动与支撑,则更有效。

我是好样的

陈亚贞

A 辅导缘起

中班幼儿在幼儿园已经度过了一学年,有了成长和改变,但仍有一些幼儿缺乏自信心,认为自己在某些方面,甚至很多方面不如其他幼儿,在生活中不敢主动要求参加集体游戏,不敢主动提出意见和建议,不敢在众人面前大胆表现自己,面对新事物、新活动害怕退缩。为此,我在中班做了关于"幼儿自信心"的家长问卷调查,80位家长回答了相关问题,调查结果显示,主动表演的孩子占11.25%,不表演的孩子占12.5%,要求之下偶尔表演的占36.25%,偶尔主动表演的占38.75%。这说明我们的孩子有一定的自信心,但信心不足,是需要加强的。

于是,我萌发了开展团体心理辅导活动的想法。辅导对象为中一班幼儿,这个阶段的小朋友在自信心、社会交往、认知方面具有个体差异性和代表性。我想通过绘本《火鸡图图的故事》，让幼儿认识自己，接纳现在不完美的自己，辅导中一班绝大多数幼儿学会积极、有效地表达，拥有自我尊重、自我理解的心理状态。

B 辅导节点

1. **热身台**——放松心情，体验情感

播放动画片《喜羊羊和灰太狼》的主题曲《别看我只是一只羊》，让幼儿听着欢快的歌声在家长的陪伴下入场。

2. **情景场**——绘本欣赏，真情感受

（1）欣赏绘本第一部分：绘本中火鸡图图不喜欢自己，她的腿很瘦，羽毛是棕色的，头上没有毛。最主要的，她讨厌自己的咯啵声。

（2）自我认知：小朋友们，火鸡图图身上有很多地方她自己都不喜欢，你身上有自己不喜欢的地方吗？（教师记录下孩子们不喜欢自己身上的部分）

（3）分享体验：小朋友们，你对不喜欢的地方想和谁换？（我们可以给孩子的最大礼物之一，就是帮助他们发现自己的自我价值感。缺少这种感觉的儿童经常会表达出"不喜欢"自己，从而缺少自尊和自信。我们通过这个环节，让幼儿发现小伙伴彼此的优点，也对自己有一个认知。）

3. **工作坊**——实景演练，真情迁移

（1）脑洞大开。

欣赏绘本第二部分：火鸡图图想拥有牛、猪、马等其他小动物的叫声，小动物们答应了吗？谁借给图图叫声了？图图完成叫醒小动物们的任务了吗？

教师提问：如果你是其中的小动物，你会借给图图自己的叫声吗？

欣赏绘本第三部分：猫头鹰奥莫安慰图图并告诉她："你的声音是你自己的。你就是这样的，你的声音对你正合适。"随后图图用她超级自信的咯啵声吓走了老鹰，救了一群小鸡！她重新认识自己：我的声音就是我的，它一点也不难听，这就是我。

教师提问：图图救了小鸡以后，开心吗？为什么？你来学一学。

（通过幼儿学习火鸡图图救小动物的叫声，让幼儿在快乐中感受自信的力量）

（2）重建认知：小朋友们，刚才有小朋友也不喜欢自己身上的某个部分，如果现在别人和你换，你换吗？（通过此环节让幼儿认识到自己是独一无二的，我就是我）

（3）角色扮演：两组家庭为一组，一个扮演不换的角色，另一个扮演想换的角色，鼓励幼儿大胆说出为什么不换，让幼儿在这个环节中找出自己的优点。

幼儿分组表演，教师巡回指导。

4. **感悟园**——视频展示，激发自信

（1）播放视频：通过各种方式展示小朋友们的视频，有跳舞、画画、朗诵的，也有本班幼儿在分组表演时的视频。

(2)随机提问:他们在干什么？看,还有我们班的××小朋友呢,表现得真好!(鼓励幼儿说出自己看后的感受)

5. **实践点——家长配合,真情延伸**

通过辅导,孩子们整体变得比上课前要开心喜悦,辅导收到初步成效。为强化课堂效果,我又叮嘱家长在今后的生活中要多给孩子提供参与表现的机会,并及时给予积极反馈,让孩子对自己感到满意,让孩子的自我概念和自爱发展起来,培养孩子的自我认同感。

尾声:小朋友们,火鸡图图现在和小伙伴们相处得可好了,喜羊羊又唱起那首《别看我只是一只羊》啦!(辅导活动在轻松愉快中结束)

辅导反思

本次活动我以绘本《火鸡图图的故事》作为载体,引导幼儿通过火鸡图图影射到自己的不完美,但每个人又都是独一无二的,我就是我。当然这个故事主要是让幼儿学会接受自己,建立自尊,发现自我价值,找到自信。

整个活动通过幼儿熟知的喜羊羊引入和结束,调动了孩子们对活动的兴趣,中间利用绘本通过移情、角色扮演等方式较好地完成了辅导目标。实景演练是本次活动的亮点,使孩子们在真实地表达内心想法的同时,通过扮演、练习,体验了我就是我,我是独一无二的心理感受。

父母在幼儿自信心的建立过程中起着重要作用,我组织家长参与辅导,旨在让家长了解自己孩子内心的需求,明白人作为独立的个体,是独特的;让孩子知道他存在的价值,增强他的信心,营造良好的家庭氛围,家园共育,取得最好的效果。

作者单位:河北省安国市第二幼儿园

编者点评

教师通过绘本《火鸡图图的故事》展开活动,特别是"分享体验:小朋友们,你对不喜欢的地方想和谁换？"这一环节,其实是同伴间互相发现优点的过程,设计得非常巧妙。整个课堂教学环环紧扣、层次鲜明、搭配合理,让幼儿自然而然地学会如何正确认识自己。

火鸡图图用"咯啵声"救小鸡,所以她感到了自己声音的价值。但幼儿如果没有对自己不满意之处有足够的了解和认识,就会流于表面的满足,而非内心深处真正的认可。如何让幼儿真正认识到自己的"独一无二",是教师在教学过程中需要进一步思考的。

 乌龟阿慢的宝贝

赵依波

A 辅导缘起

一次区域活动中,在美工区游戏的佐佐,左手拿着纸盘,右手拿着画笔一动不动地坐着,我走过去询问:"你怎么不画呀?"佐佐说:"我怕……我不敢画,怕画得不好。"还有一次,在教学活动的操作环节,别的小朋友都在大胆地操作,唯独梦婕小朋友没有操作,我询问后了解到她是怕弄错、怕做不好。原来这些不自信的现象都普遍存在于我们日常带班过程中,比起那些出色的孩子,这些不自信的孩子更加需要我们老师的关注。

自信心对孩子的发展所起的作用,无论在智力上还是在体力上都有着基石性的支持作用。自信心是一种健康的心理状态,是成功的保证,更是承受挫折、克服困难的保证。那么孩子的自信是从何而来呢?又该如何培养呢?

对于这个观点,我结合中班孩子实际,联系生活,关注幼儿在日常活动中的表现,对中班孩子进行了心理辅导,我希望本次尝试能让更多的孩子发现自己的优点并找到展现的机会,变得自信勇敢!

B 辅导节点

1. **热身台——游戏的反思**

(1)放松心情:幼儿随舒缓的音乐进入活动室,并随轻音乐轻轻舞动。

(2)游戏"萝卜蹲"

①教师讲解游戏规则:5名幼儿分别扮演不同颜色(红、黄、蓝、绿、白)的萝卜,教师喊颜色口令,被喊到的幼儿蹲一下,直到有错误发生,游戏结束。

②参加游戏的幼儿中必须加入不自信的孩子。

(3)分组讨论:为什么××小朋友一直做不对呢?(请幼儿分组讨论并大胆说出自己的想法以及理由)

(4)教师小结:刚才老师通过询问知道了,××小朋友不是因为不认识颜色,而是因为怕自己做错了被别人嘲笑。这呀,就是不自信的表现,你都没有试过,你怎么知道自己不行呢?在日常的生活中,你们是不是也会遇到这样的阻碍,使自己的信心也受挫呢?

2. **情景场——绘本的欣赏**

(1)欣赏绘本:聆听故事《乌龟阿慢的宝贝》前半部分,思考:乌龟阿慢为什么总

被小伙伴们取笑,连他也觉得自己没用。你觉得呢?做事慢就一定不好吗?

(2)猜想并验证:对故事之后的发展进行猜想——大家都不喜欢和阿慢一起寻宝,但是阿慢有不开心吗?是不是放弃了?是不是真的很没用?最后验证。

(3)感受优缺点:为什么阿慢可以找到这么多的"宝贝"?

小结:乌龟阿慢做事是很慢,但是他很细心。

3. **工作坊——假如的设想**

(1)如果你是阿慢:你在途中找到了这么多美食,你会怎么想?怎么做?

(2)如果你是阿慢的伙伴:最后阿慢比你们能干了?你会有什么感受?

(3)情感迁移:如果阿慢没有做那么多好吃的食物给他的伙伴,那他还能找到自信、找到朋友吗?

4. **感悟园——情感的分析**

(1)情境一:我们班某位小朋友在家大胆展示自己的才艺,能说会道、信心十足。(放视频,重点让孩子们观察该小朋友的表情)

(2)情境二:同一位小朋友在幼儿园游戏、学习胆怯的表现。(放视频)

(3)分析对比:咦?怎么××小朋友在家和在幼儿园会有不一样的表现呢?说一说你们的看法。

(4)小结:每个人都有优点和缺点,原来并不是每一个的缺点都是那么糟糕的,就像乌龟阿慢,他做事很慢,但很细心。所以有时候你的缺点也会转变成优点,记住,要对自己有信心!

5. **实践点——自我的突破**

(1)我的优点:请幼儿大胆讲述自己的优点,并得到伙伴们的肯定。

(2)我的缺点:鼓励孩子勇敢地说出自己的缺点,让缺点变成闪光点。(特意请几位孩子既说优点又说缺点,让幼儿对比表情上的变化,从而达到自我突破)

(3)精神鼓励:孩子们,老师为你们骄傲,每个人都会有不想让别人知道的弱点,但是能大方地展现自己缺点的人才是是真正的强者,而不敢直面自己缺点的人才是胆小鬼,相信自己!(鼓励孩子大胆讲述自己的缺点并及时肯定别人,从而获得相同的肯定)

C 辅导反思

本次团辅活动我首先用一个小游戏让孩子们对活动内容产生兴趣,从不断的讨论和思考中体验"自信"带来的礼物。《乌龟阿慢的宝贝》是一本让人读起来很舒心的绘本。生活中存在着很多像阿慢这样缺乏自信的人,他们为自己"不如人"而感到自卑。但绘本中的阿慢却在大家都急功近利地去争分夺秒的时候,在"慢"中体会了不同的快乐!故事很简单,但意义非凡。在整个活动中,我引导幼儿深入地理解绘本内容,希望让不够自信的孩子重拾自信。这个绘本让幼儿懂得了每个孩子都有不同,我们每个人都有自己的闪光点。有时候你以为的"弱点"也可以给别人带去意想不到的帮助与温暖。

在活动一步步深入地讨论中,我渐渐发现孩子们的观点在一点点发生变化,从起先对阿慢的藐视到之后的钦佩,大部分孩子们的心理也在发生改变。

但是,在活动中,我也看到有几位孩子还是没能勇敢自信地展现自己的缺点,还是被埋没在数十只手之间,这一点还是需要在课后或者平时积极引导,希望能让这部分的孩子在原有的基础上更大胆些,那么我这次辅导也算是有所收获了。

作者单位:宁波余姚市陆埠镇中心幼儿园

❤ 编者点评

教师带幼儿启航《乌龟阿慢的宝贝》的绘本之旅,用简单而温暖的故事打开心房,用情节设想、视频对比提高幼儿的参与度,体现了心理教学的递进性。在这个"有理""有情""有效"的过程中,幼儿也逐渐学会从不同的角度来看待自己及他人,对人如此,对事也是一样。

建议把"我的缺点"改为"我的特点",鼓励孩子发现自身的特点,并加以有效利用。

 加油,宝贝!

钱静波

A 辅导缘起

因为生活环境、自身情况等各种因素的不同,每个孩子在活动中所表现的状态也各不相同。有的孩子举手但不回答问题,有的孩子一遇到困难就退缩,不愿尝试。

并不是孩子不会或不愿意,而是我们没有给予他们尝试的机会,剥夺了他们自我挑战的权利。让他们拥有健康的、积极向上的心理成了我们首要的任务。只有具备了积极向上的心理,才能勇敢地去面对人生中的各种难题,克服各种困难。因此,培养幼儿的自信心非常重要,每次开展活动时都要注重培养幼儿的自信心,在孩子表现出色时要及时表扬并肯定他们,在犹豫徘徊时要及时鼓励他们,给予他们足够的自信心。

结合中班孩子们的情况,我开展了这次心理辅导活动,用欣赏、交流、体验、感悟等方式,让幼儿享受到成功的喜悦,引导幼儿遇到困难时学会坚持、学会独立、学会自信。

B 辅导节点

1. 热身台——交流分享,体验情感

(1)放松心情:教师播放音乐,幼儿找位子坐下来安静欣赏,放松心情。

(2)心的选择:今天我们来动手做帽子,每张桌上都有材料,蓝色桌上放着已完成了一半的材料,而红色桌上放着的材料需要小朋友们自己动手去做,你们可以根据自己的需要进行选择。

(3)交流分享:请幼儿说说这样选择的理由,教师根据幼儿的答案作出回应。

(4)教师小结:每当我们遇到困难时,总有人认为自己做不好,或者自己不能完成,但是没有亲自动手尝试过,你怎么就知道不行,你怎么知道不能克服这个困难?也许只要我们相信自己,成功就会离我们不远。

2. 情景场——故事欣赏,交流体会

(1)倾听故事:今天我们来听一个啄木鸟宝宝的故事。辅助提问:

①故事里的啄木鸟宝宝在蛋壳里时想要干什么?(提示:啄木鸟宝宝想快点破壳,想要看看妈妈的样子)

②如果你是啄木鸟宝宝,你会怎么做?(提示:你会用什么办法打开蛋壳)

(2)交流讨论:啄木鸟宝宝想见妈妈,你们知道它是怎么做的吗?(提示:耐心地用尖尖的嘴把蛋壳啄开一个洞,直到完全出来)

(3)情绪体验:原来有时候一句简单的话可以让我们充满自信,一个简单的动作可以让我们成功,我们也来试一试,如果让你对身边的小伙伴说一句话,你会说什么?(提示:你真棒、你可以的、加油哦等)

3. 工作坊——拓展体验,真情迁移

(1)亲身体会:请你扮演啄木鸟宝宝,体验啄木鸟宝宝的情绪变化。

①啄木鸟宝宝在蛋壳里用力啄,可蛋壳都没有裂开,啄木鸟宝宝是怎么想的?(提示:蛋壳怎么这么硬啊,怎么都啄不开)

②妈妈安慰了啄木鸟宝宝后,啄木鸟宝宝是怎么做的?(提示:啄木鸟宝宝用妈妈教的方法在蛋壳上啄开了一个洞,钻出了蛋壳,见到了亲爱的妈妈)

(2)拓展体验:妈妈非常爱自己的宝宝,她用自己的经验告诉了啄木鸟宝宝钻出蛋壳的方法。妈妈鼓励我们以后,我们心里有什么感觉?(提示:心里暖暖的,感觉充满了力量)

(3)教师小结:其实,遇到困难并不可怕,可怕的是遇到困难时选择逃避,选择放弃。有时候一个人的力量有点小,但是人多了想法也就多了,困难一定会被解决。

4. 感悟园——亲身感悟,尝试体验

(1)心的感悟。

在我们幼儿园里有"啄木鸟宝宝"吗?(提示:自己班级里的或者其他班级的小朋友)

(2)尝试体验:如果再给你一次机会去帮助啄木鸟宝宝,你会怎么做?(提示:给他加油,鼓励他)

5. 实践点——师幼互动,爱心延伸

以后不管遇到什么事,都不能放弃,要像啄木鸟宝宝一样坚持,只有坚持到底,一定会胜利。如果你的身边有同伴遇到了困难,希望你也能鼓励他,帮助他获得成功。

❍ 辅导反思

《加油,宝贝》的故事采用拟人的手法,并结合实际生活,从幼儿的心理及生理特点出发,塑造了啄木鸟宝宝的形象,同时把儿童的各种情绪用儿童的语言真实地表现出来。活动中一幅幅生动的画面,一句句充满鼓励的言语,让幼儿学会了自信,对未来充满希望。

故事里的啄木鸟宝宝代表了幼儿园里那些胆小缺乏自信的孩子,因为他们的不自信,常常会被同伴们忽视。在很多时候,孩子们习惯了等待,等待别人的帮助:如吃饭、穿衣、盛饭菜,但是你有没有想过,并不是每个人都是一次就能成功的,没有失败,哪来的成功。没有尝试过,你怎么知道自己行与不行。只有自己相信自己,并且用行动来证明自己,这样才能让同伴重新认识你,最终成为夜空中最耀眼的星星。

当孩子处在困境的时候,老师的一句话、一个微笑、一句赞美或是一个眼神都可以激发孩子巨大的自信心。在日常生活中,当孩子尝试做一件事情时,我们要相信孩子能做得很好,我们要让孩子明白,他们无须完美无缺,只要肯下功夫,就可以获得成功。

作者单位:宁波市鄞州区首南学府1号幼儿园

♥ 编者点评

针对幼儿遇到困难容易退缩的现象,教师引入了啄木鸟宝宝破壳而出的情景故事,让学生在情景中学会战胜困难的方法。情景富有童真,生动、有趣。整堂课像场情景剧,有角色扮演,有拓展体验,在充分发挥幼儿主体性的基础上,使之获得内心的感悟。

因为辅导的关键词是"自信",所以辅导过程中,教师要注意"自信"与"抗挫折"的区别和联系。

72 爸爸,你为什么会喜欢我

鲁晴瑜

A 辅导缘起

自信是获得成功的一把钥匙,它是孩子成长过程中的精神核心,是促进孩子充满自信地努力实现自己愿望和理想的动力。幼儿时期正是孩子们各种能力初步发展的时期,因此从小对孩子开始自信心的培养,使其具有良好的心理素质,对他人生的成功起到关键作用。对于中班的幼儿来说,他们自信的源泉来自于对爱的自信,就是生活中对父亲母亲爱的自信。因为有了充分的爱,他们在未来的人生中就会有更多的底气来面对困难、面对生活。在我们班有一部分孩子缺乏对爱的自信,由于父亲缺少爱的表达,导致他们对父爱的不自信。加上现在的社会环境,孩子们跟母亲和长辈相处较多,和父亲相处得比较少,长期聚少离多和情感上的缺乏交流,使孩子对父爱充满了不自信,甚至会怀疑父亲的爱。

中班的孩子正处于情绪情感的敏感期,刚好绘本中小主人公菲尔对于父爱的不自信也正是很多孩子的心情写照,通过绘本中小菲尔的情感冲突,和小菲尔一起寻找心中的答案,重新燃起对父爱的自信。

B 辅导节点

1. 热身台——创设氛围,体验情感

(1)轻松聆听:幼儿在《我爱我家》歌曲中进入活动室。

师:让我们一起坐下来用好听的声音唱一下这首歌吧。

提问:好听的歌曲里都唱到了谁?(提示:爸爸妈妈)

(2)表达想法:家里最喜欢你的人是谁啊?你觉得你的爸爸喜欢你吗?

这里有两种表情的图片,一种是笑脸,代表你觉得爸爸喜欢你;一种是哭脸,代表你觉得爸爸不喜欢你,请你选择不同的脸部表情图片贴在两边。

2. 情景场——欣赏绘本,体验情绪

(1)进入角色:有个小朋友他叫菲尔,他不知道他的爸爸喜不喜欢他,他决定和他的小伙伴毛毛熊一起去寻找答案?

辅助提问:

提问:菲尔问他的爸爸什么问题?爸爸是什么表现?

提问:菲尔都去问了谁?他问的是什么问题?他的小伙伴们是怎么回答的?

提问:问了这么多小伙伴,菲尔找到爸爸喜欢他的原因了吗?那他会继续问下去还是放弃呢?

(2)寻找答案。

师:答案就在你们背后的袋子里,菲尔觉得爸爸是……

提问:菲尔问完后觉得爸爸是不喜欢他的,刚刚有一些小朋友选择哭脸觉得爸爸是不喜欢他的,你为什么觉得爸爸不喜欢你呢?

小结:原来爸爸从没亲口对你说过喜欢你,每天很忙都没空陪你玩,爸爸对你很严格等等。爸爸的这些表现让你们不相信爸爸对你们的爱。

3. 工作坊——学会理解,感受父爱

(1)寻找幼儿心中的理想答案。

提问:菲尔跟着毛毛熊失落地走到家门口,发现了在门口等待迎接他的是谁啊?(提示:爸爸)

小结:原来爸爸看菲尔那么晚了还没回来很担心,就一直在门口张望,等待着菲尔,爸爸是爱他的。

(2)体会父爱的隐忍和伟大。

提问:通过菲尔的故事,现在你觉得你的爸爸喜欢你吗?为什么?

小结:每个爸爸都爱自己的孩子,他们工作忙碌陪伴你们的时间会比较少,但是爸爸的忙碌是为了带给你们更好的物质生活,他们在用另外一种方式表达着对你们的爱,我们要对爸爸充满信心。

4. 感悟园——情感激发,学习表达

(1)爸爸的照片:老师这里有每个小朋友爸爸的照片,请你来找一找哪个是你爸爸?

(2)生活中的爸爸:和你的小伙伴介绍一下你的爸爸,说一说在生活中爸爸是怎么表达对你的爱的?你从哪些事情上感受到了?

(3)表达对爸爸的爱:原来在那么多的小事情中,爸爸都默默地表达了对你的爱。你想用什么方式来表达对爸爸的爱呢?(提示:抱抱、亲亲、给爸爸敲背、制作礼物等等)

5. 实践点——直接行动,父爱延伸

回到家之后,把你要对爸爸说的话或者想要对爸爸做的事情都大胆地表现出来。(理解爸爸工作的辛苦,体会家人之间温馨的情感氛围)

C 辅导反思

团辅活动让孩子们对父爱重新燃起了信心,他们从回忆自己生活的各个小细节上体会到父亲对自己的关爱。虽然活动开始时孩子由于对父爱的不自信选择了哭脸,后来他们跟随着小菲尔寻找父爱的答案,这个寻找的过程使他们的心中也燃起了对父爱的自信。最后请他们再谈论自己的爸爸,以及爸爸对自己特殊的爱的表达,不自信的他们内心充满了信心和幸福感。

对于爱的自信,中班年龄段的幼儿是最需要爱,也是最渴望爱的,他们对于爱的关注度也是很高的。本次活动燃起来他们对于父爱的自信心,但是光靠这一次活动是不够的,后期还需要在父亲和孩子两方面作进一步加强。平时,父亲要多关注自己孩子,多让孩子感受到自己对他的爱,多尝试爱的表达。家长可以通过故事、活动等,不仅仅只是用直接的表达来让孩子感受父爱,而是要让他们看到生活中父亲为家庭的付出,引领孩子通过生活中的小细节来感受父亲的爱、理解父亲的爱,学会自信。

作者单位:宁波国家高新区第二幼儿园

编者点评

自信一般来源于两个方面:自我的肯定以及别人对自己的肯定和欣赏。教师使用了"菲尔"这一角色来呈现幼儿内心对父亲既渴望又埋怨的心情,在感受、讨论的过程中理解父爱,明白父亲的用心良苦,重拾自信,学会与父亲更好地沟通。

本课的主题是"自信",但不少活动都涉及"亲子沟通",实操过程中如何确定两者的权重,是值得教师思考的问题。

73 我,喜欢我自己

王洪波

A 辅导缘起

幼儿时期是人自我意识形成和发展的最初阶段,而自我意识正是自尊、自信等重要心理品质形成的基础。每个班级里总有几个"默默无闻"的孩子,他们从不主动、大胆地在集体面前表达自己的想法,他们手足无措固然有性格原因,但更多的是缺乏自信。对于大班幼儿来说,急需能够正确地认识自我、评价自我,从而自信地去迎接以学习为主要活动的人生新阶段。

《我,喜欢我自己》讲述的是一只可爱的小青蛙有着善游泳、会唱歌、会跳高等本领而充满着自信,但在与其他动物的长处比较中一次次被打击受挫,越发感觉自己没用,后在山羊的肯定与赞美中重树信心。我将这个故事引入心理辅导活动课,尝试以故事为媒介,建立孩子的自信心。

团辅活动设计从大班孩子的年龄特点出发,通过大胆表达、图文记录的方式来认识到自己的优点,以采访的方式来探知好朋友、长辈眼中的自己,深化幼儿对自我的认知,从孩子们可以感受的方法入手,从而潜移默化地树立幼儿的自信心。

B 辅导节点

1. 热身台——情景渲染,初探内心

(1)欢快入场:伴随着音乐《我最棒》,幼儿欢快地进入活动室,围绕着老师团团坐,一起来照照镜子感受自己与别人的不同。

(2)自由交流:每个小朋友都是与众不同的,非常能干的,请你们来说一说你们会做什么事?从幼儿会做的点滴之事入手,让幼儿感受到自己的力量与本领。

2. 情景场——绘本欣赏,感知理解

(1)倾听故事:小朋友们有这么多本领,有个小动物本来也觉得自己是最能干、最漂亮的,可是有一天,它突然对自己失去了信心。这是怎么回事?让我们来听听故事。

(2)交流分享:青蛙为什么会难受得哭了起来?(因为他不会爬树、不会飞、不认字)青蛙发现别人会的本领他不会,所以它很难过,都忍不住哭了。那它有没有别人没有的本领呢?山羊对小青蛙说了什么让它又高兴起来了呢?最后青蛙是怎么对自己说的?(幼儿模仿青蛙学说)

小青蛙为什么哭?它是怎么想的?山羊对小青蛙说"会"的时候,它又是怎样想的?

3. 工作坊——实践操作,采访记录

(1)大胆表达:小青蛙找到了本领,那小朋友你们有没有值得自豪的地方?引导幼儿从外貌、特长、能力、品行等多方面来说说自己的长处。先请自信的幼儿来讲述,营造氛围,再有计划地邀请缺乏自信的孩子来说说自己的优点。最后一起响亮、自信地说"我,喜欢我自己",令自信情感在口号中升华。

(2)真实记录:每个小朋友都是特别的,都有自己的长处与本领,现在请小朋友们仔细想想自己还有哪些本领或优点(从外貌、特长、能力、品行等方面加以引导),以图文的方式记录在表格内,感知自己优点之多,增强自信。

(3)现场采访:请幼儿采访自己的好朋友、老师,询问他们眼里的自己有哪些优点与本领,并简单记录。

	我的本领、我的优点
自己眼中的我	
好朋友眼中的我	
老师眼中的我	

4. 感悟园——图文展示,情绪体验

(1)图文展示:展示幼儿以图文形式记录的表格,及时反馈幼儿的记录,强化幼儿对自己长处的认识,建立幼儿的自信。

(2)自我发现:借助表格和采访,请个别缺乏信心的幼儿来说说好朋友和老师是怎么评价自己的,让他们发现自己的闪光点。

5. 实践点——体验升级,行为展现

请幼儿继续采访好朋友和家长,并以图文形式加以记录,完成记录表。在班级中创设"本领墙",持续加入幼儿日常生活中展现自己本领的照片,让幼儿在观看照片、描述照片中不断发现自己的成长,积累自信心。

辅导反思

整个团辅活动以故事《我,喜欢我自己》作为切入点,在小青蛙丧失信心而又重树信心的过程中让幼儿明白每个人都有引以为自豪的本领,要学会发现自己的长处,对自己充满自信,相信自己是很棒的,敢于大声地讲出"我,喜欢我自己"。在故事的体验和自信孩子的带领下,教师有意识地邀请平时"默默无闻"的孩子大胆表达,尽量引导他们从外貌、能力、品行等方面多维度地进行讲述,进一步激发这些孩子的自信。表达后,教师请孩子以图文的方式加以记录,深化孩子对自己优点的认知,最后通过采访好朋友、老师心目中的自己,听听别人对自己的夸奖与认同,进一步了解和发现自我优点,增强自信心。

孩子自信的建立需要一点一滴潜移默化的积累,一次团体辅导的效果并不能持久。让幼儿继续通过采访朋友和长辈不断发现自己的长处,同时以"本领墙"为延伸,通过家长、教师的持之以恒的发现与照片记录,悉心观察幼儿的细微变化,及时疏导和引领,才能逐步提升幼儿的自信心,使其真正成为充满自信的孩子。

作者单位:宁波奉化市第四实验幼儿园

编者点评

教师选择了小青蛙的故事,能引起大班幼儿的深刻共鸣。面对生活中的挫折,幼儿们或多或少都有"青蛙"心理。通过小青蛙的蜕变,教师向幼儿传递的是肯定自己的自信正能量。现场采访的环节,不仅为幼儿得到外部支持和认同的过程,也是学会发现自己和他人优点的过程,这一份真实的现场报告,将会成为幼儿成长路上非常宝贵的精神财富。

结尾的实践点如果能跳出现有优点的框框,升级为"学习新本领,展示新风采"会更有意义。

74 不一样的我

王芳芳

A 辅导缘起

当前的孩子大多数是独生子女,有些父母的过度保护使孩子变得柔弱、害羞,不爱举手发言,不敢主动与人交往,不敢在众人面前表现自己。有些父母的过高期望造成孩子变得敏感、焦虑,甚至不自信,面对问题总是人云亦云,不愿独立思考,不敢尝试新事物。本班这两类孩子都有存在。

本活动是针对大班幼儿自我意识的辅导,《喜羊羊和灰太狼》是幼儿熟悉而喜爱的动画片,羊村中每只羊都有独特的形象与鲜明的个性。通过直观形象地感知羊的不同,再由羊引申到幼儿自己身上,加上调查、观察、表现等方法,幼儿能了解自己姓名、外貌、五官、喜好的与众不同,获得了一种积极的自我体验,形成积极的自我意识,从而接纳、肯定、喜欢自己。本次活动能启发幼儿从不同角度欣赏自己、欣赏他人,从而增强自信心的建立。

B 辅导节点

1. **热身台——情境导入,激发兴趣**

(1)欢乐入场:在《别看我只是一只羊》音乐声中出示羊村环境,观察每只羊的不同形象。

交流分享:你们认识这些小羊吗?他们是谁?你怎么知道?

(2)幼儿介绍,知晓名字不同

①幼儿自我介绍。

②幼儿同伴间介绍。

师:你知道他的名字了吗?

③游戏:暖羊羊点名时间到了,我是班长,被我叫到名字的小朋友站起来。追问:当老师叫到你的时候,你什么感觉?站起来的时候心情怎样?

(3)小结:每个人不仅有与众不同的外貌,还有属于自己特别的名字,每个名字都代表不同的小朋友。

2. **情景场——亲身体验,感受不同**

(1)视觉猜说,感受外在的不同

看局部照。师:这是谁呀?为什么你们都猜对了呢?

听一段录音。师:这是谁在说话呀?我们来看看是不是他们。他们说话的声音一样吗?有没有人的声音和自己一样?为什么你们都猜对了呢?

(2)小结:原来除了性别、体型、名字不一样,还有五官、声音也不一样啊!

(3)调查展示,感受内在的不同

①现场调查,喜好不同:羊羊们见你们第一次来羊村,想用水果招待你们!不知道你们最喜欢吃的水果是什么?幼儿用贴纸完成调查。

交流分享:为什么你们的选择是不同的?除了喜欢吃的水果不同以外,你们还喜欢什么呢?

②现场展示,本领不同:喜羊羊聪明爱动脑筋,美羊羊漂亮爱跳舞,沸羊羊健康爱运动,暖羊羊善良、乐于助人。你有和别人不一样的本领吗?你最喜欢做什么事情?

幼儿表演展示自己擅长的本领:表现自己会的舞蹈、跆拳道、溜冰以及唱歌、讲故事、念古诗、运动等。

(4)小结:每个人都有不同的外貌、不同的名字、不同的声音、不同的爱好、不同的兴趣,与别人不一样。让我们对自己大声地表达:我真棒!我是独一无二的!

3. 工作坊——观看视频,夸奖他人

(1)播放视频

有一位心理学家叔叔说过:"世界上,你最了解的人,是你自己;你最不了解的人,也是你自己。"有时候,我们不能很清楚地认识到自己,那我们来听听好朋友又会是怎么看我们的呢。

(2)随机提问:视频里是谁呀?小朋友是怎么夸奖他的?

就视频内容向幼儿提问:听到他们对你的夸奖,你的心情是怎么样的?

(3)小结:每个人都有自己的长处,平时要仔细观察、了解,一定能发现他们的长处。

4. 感悟园——赞赏不同,激发自信

(1)出示展板:教师出示"不一样的我"展板,并出示大拇指手杖。请幼儿相互介绍不一样的自己或者赞美自己的好朋友。顺便给自己或者好朋友在照片旁贴上大拇指贴纸。

(2)自我感悟,秀出自信:瞧,你们每个人都有自己的优点,都有自己的长处,你们都是最棒的,让我们一起大声喊出来:我是最棒的!

5. 实践点——认识自我,秀出自己

班级内设立"小小电视台"和"小舞台",定期举办"说说自己的故事""夸夸别人的进步""班级达人秀"等活动,学习赏识别人,正确认识自己,大胆展示自我。

C 辅导反思

本次活动以幼儿们十分熟悉的动画片角色(暖羊羊、美羊羊、喜羊羊、沸羊羊)为话题,让幼儿有话可说。在引导幼儿发现每个人的不同时,孩子们讲到了外貌、五官、喜好等不同方面,都是从羊引申到幼儿自身,然后抓住一个最能体现孩子自己和别人不一样的点来展开。这让幼儿既能说又能用动作表现,从而感受、体验、认识到自己与众不同、独一无二,进而悦纳自己,从不同角度欣赏自己。运用说、猜、听、看、做等方式,幼儿发现自己和别人不一样的地方,对自己充满自信。

从欣赏自己再到发现别人的长处,利用展板夸奖别人,最后感悟到自己是最棒的。活动中工作坊的环节照顾到一些生活中较内向的孩子,让他们从他人的评价中得到更多的关注和自信。整个活动是认识独特的自我,从外及内,通过这样的方式帮助孩子以积极的方式评价自己和他人,直达幼儿内心,从而建立自信心。

作者单位:宁波市江东中心幼儿园

编者点评

动画片《喜羊羊和灰太狼》的引入非常出彩,幼儿参与度高;情景场系列问题设置巧妙,难度适宜、清晰有效;现场搭建的才艺舞台,使幼儿充分认识到自己的独特之处。教师引导幼儿寻找自己和他人的优点,并互相讲述,在赞美和被赞美中发现自己和他人的优点,提高自己的自信心。整堂课始终围绕幼儿体验步步深入,结合行为训练,在有趣有料的过程中稳步提升幼儿的自信心。

如何关注活动中较为内向的孩子,值得教师进一步思考。

75 青蛙弗洛格

李海珍

A 辅导缘起

班级中总有那么几个孩子,他们总是默默地坐在教室的一角,看着同伴在集体活动中热情洋溢,看着同伴在游戏中欢快嬉戏。他们就像"西红柿女孩",一旦老师关注,随时就会脸红。我们首先想到的是他们的能力差,抑或是个性内向。其实不然,这是孩子不自信的一种自然直接的表现方式。

大班幼儿阶段是形成自信的重要时期,自信心是孩子获得幸福的前提条件。一个缺乏自信、充满自卑的孩子,即使脑子很聪明,反应灵敏,但在学习中稍遇困难和挫折就会发生问题。一位哲人说得好:"谁拥有自信谁就成功了一半。"自信是孩子成长过程中的精神核心,是努力完成自己愿望的动力。

幼儿自信心的形成是一种内驱的动力,而这种动力往往需要来自外部的推动。集体教学活动正好可以在一个团体中形成一种情感的共鸣,从而推动情感的提升,以达到情感的内化。通过绘本《我就是喜欢我》的辅导,幼儿能认识到每个个体的独特,从而能欣赏自我、表现自我,增强自信心。

B 辅导节点

1. 热身台——名片展览,初识自己

(1)名片展览:这里的每一张名片都是我们班里小朋友的,你能猜出他们是谁吗?(幼儿听着优美的乐曲自由参观名片)

活动前教师让幼儿和父母共同完成名片制作:自画像、本领、爱好……

(2)交流分享:谁愿意来分享你的发现,你是从什么地方看出他是谁的?每个人的特点一样吗?

小结:我们每个人都有不一样的外貌、不一样的本领,还有各自的爱好,所以,每个人都是独特的。

2. 情景场——绘本欣赏,情感认同

(1)欣赏绘本,进入角色:有一只叫弗洛格的青蛙,它突然不喜欢自己,这是为什么呢?(幼儿欣赏绘本内容)

提问:

①青蛙弗洛格一开始就不喜欢自己吗?什么原因让它不喜欢自己?

②青蛙弗洛格和谁进行了比较,比什么?

③你认为弗洛格需要和它们进行比较吗?为什么?

④你们觉得弗洛格很差吗?你想对它说什么?

小结:弗洛格虽然不会飞,不会做出好吃的蛋糕,不认识很多的字,但是它一定有自己的长处,因为它是一只青蛙,相信你们都知道它的长处是什么吧!。

(2)绘本解读,情感认同:当青蛙弗洛格伤心难过的时候,谁会让它相信自己、喜欢上自己呢?(幼儿继续欣赏绘本)

提问:

①是谁帮助了青蛙弗洛格,它是怎么说的?

②青蛙弗洛格最后发现了自己的什么本领?它的心情变得怎么样?

3. 工作坊——换位体验,欣赏自己

(1)拓展体验:青蛙弗洛格最后喜欢上了自己,它发现了自己的优点,那你们认为自己有什么优点呢?请你们夸夸自己吧!

(2)画画特别的我:在名片的反面简单绘画自己的特别之处。

小结:每个小朋友都有自己的优点,在不同的时间展示着不同的本领,在不同的方面展示独特的自己。

4. 感悟园——情境体验,喜欢自己

(1)老师把你们棒棒的表现都拍下来了,看看你们在平时有哪些独特的表现呢!(配乐播放日常生活中捕捉到的孩子活动场景:勇敢地参与体育活动、热情地帮助同伴、认真地绘画、快乐地游戏)

(2)你看到了怎样的自己,你喜欢这样的自己吗?

(3)当你发现自己有独特的本领,当你喜欢上自己的时候,你是什么感觉呢?

小结:当你喜欢上自己的时候,你会发现自己的优点和本领。而当你自信地展示自己本领的时候,一定会收获惊喜,你一定不再孤单不再失望。

5. 实践点——寻找亮点,展示自己

在幼儿园能主动寻找同伴的独特表现,并能积极让自己的表现更棒。如:寻找"动脑之星""爱心之星""巧手之星""勇敢之星"等等,让孩子们在相互的鼓励和自我的提醒下更加积极主动参与到幼儿园的各项活动中,从而提升孩子们的自信心。

C 辅导反思

绘本被公认为幼儿早期教育的最佳读物,它通过浅显的故事来阐述幼儿平时很难理解的、较为深邃的内涵。本次活动以经典绘本《我就是喜欢我》作为载体,引导孩子们感受青蛙弗洛格从自信满满到缺失自信,最后重拾自信的心路历程。让幼儿感受到每个人都是独特的,只有认同自己、喜欢自己,才能得到快乐。

活动围绕"认识自己—欣赏自己—喜欢自己—展示自己"而展开,通过绘本的欣赏、讨论、分享、感悟,层层深入,使幼儿在欣赏中认同,在认同中感悟,在感悟中展示自我,从而让幼儿的情感得到内化。

"每一样东西都有自己的独特之处,人也一样,有自己的长处和短处。也许长得不够漂亮,也许不够聪明,没有关系,一定会有别人没有的亮点。不要怀疑自己,相信自己,做好自己!"这虽然是对孩子们的心理辅导活动,但是何尝不是对我们老师正确评价孩子提出了更高的要求呢!只有在日常的教育教学中时时关注孩子的心理健康问题,不断反思自己的教育行为,才能让孩子们在幼儿园的乐土中健康成长。

作者单位:宁波市华光幼儿园

♥ 编者点评

对于青蛙弗洛格,幼儿们都不陌生。本课教师选择青蛙弗洛格的成长故事为载体,让幼儿在看、听、讲的过程中,感受青蛙弗洛格从自信到不自信再到自信的过程,明白了自己不是万能的,但却是独一无二的;在"感悟园"和"实践点"中,引导幼儿在发现别人闪光点时,不是去刻意模仿,而是学会展现自己的特点。幼儿通过亲身参与所有环节,在潜移默化中激发了勇气,培养了自信。

建议拓展活动聚焦家庭,让幼儿大胆地对爸爸妈妈说:请你们不要总是说别人家的孩子好,咱家的孩子才是最棒的!

包伟书

A 辅导缘起

"自信"是一个抽象的概念,它是由自我评价引起的自我肯定,并期望受到他人、集体和社会尊重的一种积极向上的情感倾向。然而在现实生活中,我们经常会碰到这样一些状况:集体活动中有的幼儿很少主动举手发言;小组讨论的时候还振振有词,可是到了代表介绍的时候却憋红了脸,说不出话来;一开始说"我不会、我不能"、一开始不敢尝试的事,结果在尝试后发现其实自己完全可以胜任……

对于大班孩子来说,能主动发起活动是自信,大胆表达想法是自信,敢于面对困难是自信。自信的孩子能大胆积极地参加各种活动,主动与小朋友交往,在困难面前不畏惧、不退缩,敢于接受挑战,适应能力强……毋庸置疑,自信的孩子更易取得成功。

本次辅导活动旨在让幼儿了解不自信给生活带来的不便,感受大胆表达、主动沟通的重要性;体验解决困难、战胜自我的喜悦,帮助幼儿树立自信心。

B 辅导节点

1. 热身台——我真的很棒

(1)开心律动:在《我真的很棒》的音乐声中,师幼跟着音乐做动作:"我真的很棒,我真的很棒,我可以走一走,我走呀走呀走……"幼儿感受自己在很多方面都有很不错的表现。

(2)快乐交流:除了刚才歌词中说到的内容,你觉得自己还有哪些地方表现得也很棒?请幼儿大胆地发言。(提示:我唱歌很好听、我对朋友很大方、我很有礼貌等)

(3)教师小结:其实每个小朋友都有很棒的地方,只是有时候我们没有发现而已。

2. 情景场——不敢说出口

(1)绘本欣赏与提问。

可是有一只叫巴迪的小狗,它觉得没人喜欢它,我们一起来听听这个故事吧。

辅助提问:

①巴迪第一个找了谁做朋友?发生了什么事?(提示:小老鼠在做蛋糕,拒绝了巴迪,说:"现在不行!")被拒绝后,它的心情怎么样?(难过、伤心)

②巴迪后来又去找了哪些小动物?它是怎么做的?(提示:猫——躲在墙角;兔——

藏在墙角;羊——远远地站着)成功了吗?(没有)巴迪是怎么想的?(提示:我猜、我想、我肯定大家不喜欢我)

(2)情感分析与讨论。

①分析巴迪失败的原因:你觉得巴迪为什么一直没有交到朋友?(提示:太胆小了、没有说出来、没有告诉大家他想要交朋友)

②讨论巴迪内心的想法:巴迪为什么不走过去跟它们说?它的心里是怎么想的?

3. 工作坊——大胆说出来

(1)换位思考。

如果你是巴迪,你会怎么做?(提示:走过去和它们一起玩、问它们愿不愿意跟自己做朋友、告诉它们你有很多本领)

(2)绘本揭秘。

狐狸给巴迪想了一个什么办法?(提示:去问一问它们、狐狸陪巴迪一起去)朋友们是怎么回答的?(原来如此,你干吗不早说?)最后怎么样了?(提示:大家都和巴迪成了好朋友)

(3)出谋划策。

①在幼儿园中,你有没有和巴迪一样,也有不敢说的时候?(提示:上课回答问题、想和同伴一起游戏、遇到难题想求助等)

②当我们遇到不敢开口的时候,可以怎么鼓励自己?请把它画下来,等一下来介绍。

(4)经验交流。

请幼儿将自己所画的内容介绍给同伴,以此鼓励自己或同伴在任何时候都要勇敢地表达自己,大胆地说出自己的想法。

4. 感悟园——感觉真奇妙

(1)猜巴迪:你觉得当巴迪大胆说出自己的想法的时候,它的心情是什么样的?

(2)想自己:当你经过自己的努力,大胆地说出你的想法后,你的心情如何?是不是没有想象中的那么困难?

5. 实践点——每天自信一点点

挑战自我:请幼儿根据自身情况,挑战一个自己之前不敢表现的事件,如不敢与客人、老师打招呼,不敢主动询问同伴能否一起游戏等。

墙面展示:在班级墙面中创设一块"每天自信一点点"的版面,请幼儿将自己有进步的一刻画下来,或者老师、家长以拍照、文字等方式记录下来,展示在墙面上,供大家相互欣赏与学习。

C 辅导反思

由于"自信"的抽象性,在活动中我们无法以物的方式拿出来具体呈现,因此活动中我以绘本《没有人喜欢我》为载体,以一只叫巴迪的小狗交朋友的经过为主线,通过前后不同感受的对比、分析巴迪不敢开口的心理、想办法让巴迪变自信等方式,间接地对幼儿进行了移情辅导。

本次活动主要采用的是对比法,如引导幼儿对比巴迪的开口前后的不同感受,初步了解不自信给巴迪带来的不便,从而明白大胆表达、主动沟通的重要性;幼儿自身的对比,原先不敢做的事,发现其实真的去做了,并没有那么困难,从而体验到解决困难、战胜自我的喜悦,慢慢地树立自信心。

从不自信到自信,从"怕说"到"敢说",这不是在一个心理辅导活动中便能实现的,需要我们在日常生活中给予孩子更多的关注与引导。一个甜美的微笑、一句贴切的赞美,都足以让幼儿勇敢地迈出艰难的第一步、一小步,大胆地说出心中最真的梦。

作者单位:宁波市北仑区戚家山中心幼儿园

编者点评

教师使用了一个看似简单的故事《没有人喜欢我》,却把幼儿交朋友时存在的不自信问题形象地表现了出来。热身游戏既活跃了课堂气氛,调动幼儿的积极性,也巧妙地引出了自信的主题;活动设计合理,整个课堂的开放性和包容性强,教师注重幼儿的分享、体验和交流,有效促进了幼儿自信心的树立,同时也让幼儿了解:主动表示善意才能化解陌生与羞怯,即使遭到拒绝,也不要因此丧失自信,或是误会别人。

本课的侧重点应避免放在人际交往的方式上。同时,对狐狸这个角色还可以再行挖掘。

心理辅导 之
学会抗挫

77 孩子，别怕

沈珍宇

A 辅导缘起

轩轩是我们班里一位表现出色的男孩，记得有一次幼儿园开展绘画比赛，轩轩积极报名，在"我开心的事"绘画中他得了一等奖。站在领奖台上，他洋溢着灿烂自豪的笑容，小朋友们纷纷向他投去羡慕的目光。在之后的建构游戏中，轩轩搭建了一个很大的城堡，并向小伙伴展示"看我搭的城堡，比你们搭得好看多了"。其他小朋友不屑地对轩轩说"你的城堡太矮了，一点也不好看"。轩轩噘着嘴两行泪珠滑落脸庞，大声地哭了起来，并把自己搭建的城堡全弄倒了。

在小班的班级里面类似轩轩的孩子占到很大比例。很多孩子假如一天中没有得到老师的表扬就不高兴，遇到一点点困难就哭鼻子。而孩子在成长的过程中遭遇挫折是不可避免的，让孩子从小就在鼓励和赞美中长大，让他们成长得无忧无虑，也会因"万事顺利"而无法承担生活中小小的不如意，出现输不起、挫折容忍力差的状况。让小班的孩子们学会适当的承挫、抗挫能力对他们身心和谐发展尤为重要。

B 辅导节点

1. 热身台——快乐律动

(1)活动身体：以小青蛙到河里游泳为主线，幼儿跟着音乐活动身体。

师：我们是一只快乐的小青蛙，让我们一起跟着音乐在河里游泳吧！

(2)有趣的荷叶游戏：今天，我们青蛙宝宝要从荷叶上快速地走过，有的荷叶高，有的荷叶低，你们有信心吗？

(3)游戏小结：表扬大胆勇敢的小青蛙。

2. 情景场——情感对对碰

(1)PPT情景呈现：超超在一次搭恐龙时，一条尾巴怎么也搭不好，一不小心就弄断了。于是他就哭起来，把恐龙全拆了。超超遇到困难，这样的事情该怎么办呀？

(2)幼儿纷纷举手回答："尾巴搭不好不要急，小心地搭"，"还可以找小伙伴一起商量，这样说不定就有办法了"。幼儿你一言我一语说着。根据幼儿的回答，图示张贴幼儿想到的办法。

小结：原来小朋友们帮助超超想了那么多的办法，生活中我们也会碰到像超超一样的难题：折纸折不好怎么办？手工剪坏了怎么办？饭菜打翻了怎么办？相信小朋友们也一定能想出办法克服的。

(3)我秀我心:当超超克服了困难,你的心情是怎样的?你会怎么做?幼儿自由发言,教师可出示相应表情卡。

3. 工作坊——妙招大比拼

(1)搭建小能手:教师出示恐龙搭建步骤图,请幼儿搭建。

①今天,我们来帮助超超搭建小恐龙吧!

先看看恐龙的身体是什么形状的,它的脚在哪里,尾巴又应该装在哪里。

②身体有圆也有方,小朋友可以根据自己的想法搭建小恐龙的身体。

(2)我有小妙招。

①老师,我把小恐龙的身体搭好了,可是我在搭建恐龙头的时候遇到了困难,头应该怎么搭呀?

②"小恐龙的头应该在身体中间,我来帮助你吧。"涛涛很热心地帮助了轩轩。

小结:原来小朋友们都很棒,帮助超超搭建了小恐龙。以后,我们遇到困难的时候大家一起来想办法,这样困难才能克服。

4. 感悟园——抗挫我能行

(1)我述我心:在帮助超超搭建完恐龙后,你心里是什么感受?

(2)出示笑脸表情:在遇到困难时,只有寻求别人的帮助,我们才能解决困难。(教师出示相应笑脸表情)

①超超遇到了困难,可是我们帮助超超解决了这个困难。超超露出了笑脸,谢谢小朋友们一起帮助超超克服困难。

②在以后的生活中我们也会遇到很多困难,当我们遇到困难时可以寻找办法缓解自己的情绪,然后再找大人说说我们的想法。

5. 实践点——困难我不怕

(1)夹弹珠:请幼儿用筷子将盆里的弹珠夹到杯子里,比一比哪一组夹得最多

通过游戏的形式,让幼儿通过竞赛增强个体竞争意识及团体竞争意识,并由此正确对待输和赢、成功与失败,提高抗挫能力。

(2)选出优胜组,对优胜组给予肯定,并鼓励其他幼儿。

小结:小朋友都很棒,能自己动手尝试,并与同伴合作游戏,遇到困难不慌不忙,而是自己克服。

C 辅导反思

团辅活动让孩子们对困难有了新的认识,他们在感受到困难的同时也有了自己的想法。在老师的"积极引导"后,孩子们纷纷动手动脑。我用PPT设计了"遇到困难的超超"这一幼儿较为常见的活动场面,面对"超超用雪花片搭恐龙"这个选择,孩子们纷纷举手大胆表达自己的想法。在"妙招大比拼"的环节,很多小朋友帮助超超克服困难,搭建小恐龙。最后,孩子们通过游戏的方式挑战困难。整个活动环环相

扣,触动着孩子们的情绪。

活动中,我也看到有相当一部分孩子是"被动游戏",并没有真正触及心灵,而我却不知道如何去激发他们面对困难的情感,这是我的困惑。

活动后,有另一种感受一直围绕着我:作为父母,包括老师,我们怎样用孩子们能够理解的、读得懂的方式去向孩子们表达,让孩子自己去承担困难,这是本次团辅的一个课题,也是我后续工作的方向之一。

在团辅活动中,让每一个孩子都获得力量是关键。所以,建议类似的团辅采用同质辅导并控制活动人数,一般以10人左右为宜,这样才能达到动力场圆满的效果。

作者单位:宁波市江北区甬江街道中心幼儿园

编者点评

教师通过多样的游戏,引导幼儿认识到成功之前可能的艰辛,感受挫折,学会求助,学会与同伴共同探索,寻找解决问题的途径。

要注意避免让幼儿形成只要有困难就直接去求助的行为模式。整个活动局限于游戏,没有深入幼儿的生活,会导致部分幼儿游离于课堂之外,被动参与的情况。

78 生气汤

黄晶璐

A 辅导缘起

生气,是非常常见的情绪反应,在我们的生活中随处可见。今天区域活动时,柯柯抢了欣欣正在玩的玩具,欣欣的脸一下子沉下来,对着柯柯大喊大叫:"你为什么抢我的玩具?"柯柯一脸诧异地看着眼前的同伴,被她突如其来的大声呵斥吓了一跳,"哇"的一声大哭起来。我循声望去,原本要好的两个小伙伴就因为抢玩具的事,一个气愤异常,一个眼泪涟涟。

中班的孩子经历了小班的学习生活之后,对幼儿园的行为规范有了自己独特的理解,并且在实践生活中建立了初步的是非观念,对于自己认为正确的事情会坚持到底,对他人不小心犯下的错误则缺乏包容与谅解,故事中的欣欣正因为感觉自己受到了委屈便开始肆无忌惮地大叫,以此来发泄自己的愤怒。

因此,我萌发了开展团体心理辅导活动的想法。孩子们随意发泄不良情绪不但影响同伴关系,而且对身心健康发展不利。由此,我以《生气汤》为载体,向幼儿讲述一件件发生在霍斯和妈妈身上的趣事,从而让幼儿了解生气是正常的情绪反应,引导幼儿学会合理宣泄不良情绪。

B 辅导节点

1. **热身台——回忆生活,品尝生气滋味**

(1)生活回顾。

提问:你今天有没有遇到不开心的事?你为什么不开心?

(2)分享经验。

提问:不开心时,你会怎么做?

2. **情景场——巧借绘本,体验生气危害**

(1)欣赏绘本。

介绍霍斯:今天老师带来了一个朋友,他的名字叫霍斯。

提问:霍斯的表情怎么样?你从哪里知道霍斯很生气?

辅助提问:

①霍斯为什么这么生气?

②霍斯生气以后,他做了哪些事情?

(2)换位思考。

①霍斯这样生气好吗?为什么?

②霍斯这么对待妈妈,妈妈感觉怎么样?

教师小结:经常生气除了会影响自己的身体健康外,也会让身边的人不开心。

(3)释放生气。

①妈妈看见霍斯生气了,有没有什么好办法缓解,我们一起来看一看。(故事讲述)

②霍斯的妈妈想出了什么好办法?(霍斯和妈妈一起煮汤,妈妈把生气的事情对着汤大声地说出来。霍斯见状,也把不开心都宣泄在了汤里。母子俩煮了一锅"生气汤")

③现在霍斯的心情怎么样了?(提示:他们把"生气汤"倒了,把一天的不开心都倒掉了)

3. **工作坊——释放生气,游戏愉悦心情**

(1)游戏体验。

霍斯和妈妈煮了一锅"生气汤",把不开心都倒掉了。我们也一起来玩一个可以让自己和朋友快乐的游戏——煮一锅"生气汤"。

玩法：幼儿手拉手，围成一个"大锅"的形状。每个人对着"大锅"说出一件让自己生气的事情，然后念儿歌："撒点盐，放点糖，左左左扭三下，右右右扭三下，喷出一口火龙气，啊！我快乐啦！"

（2）化解生气。

老师请活动前表示自己不开心或很生气的小朋友来实践体验一次，一起做一锅"生气汤"，把不开心的事情都放进"锅"里，体验释放不良情绪带来的乐趣。

4. *感悟园*——交流体验，分享快乐妙招

（1）生活感悟。

生气的时候我们还有什么办法能让自己的心情好起来？

小结：其实生气很正常，我们每个小朋友都有生气的时候。我们要学习用各种各样的方法让自己的心情好起来。

（2）分享交流。

霍斯通过和妈妈一起煮"生气汤"让自己变得高兴起来。你有没有什么其他的好方法让你的朋友在生气时也能开心起来？

（3）亲身实践。

请小朋友将自己的好方法与同伴一起试一试，学会调节心情。

5. *实践点*——制作画册，传递快乐能量

请小朋友将想到的办法用画笔画下来，制作成一个小册子。日后，如果小朋友们感到不开心，可以去册子里寻找可以变快乐的方法：比如想想开心的事，和同伴一起做"生气汤"，还可以大声地唱歌，或者饱餐一顿，等等。学会从身边挖掘让自己变快乐的元素。

辅导反思

挫折是我们每个人都会遇到的"小麻烦"，它就像影子一样时常出现在我们身边。对孩子们而言，挫折是大大小小的生气，是爸爸妈妈不满足自己时的沮丧，是回答不出老师的问题，是同伴之间为了玩具的争论不休……面对挫折，他们大喊大叫、大哭大闹，可是没有一种合适的方法帮助他们丢掉痛苦的情绪，而《生气汤》正是他们所需要的释放情绪的窗口。整个活动，孩子们跟着霍斯一起经历了一场心灵之旅，由生气—破坏—释放—快乐。而在这次旅程中，他们也渐渐学会让自己、让别人快乐的方法。

对这次团体辅导，在产生了良好效果的同时我也产生了一些小困惑：对大部分善于表达的孩子而言，煮"生气汤"的游戏或其他释放生气的方法有一些效果，但对一些性格内向或疏于表达的孩子，还应通过更深层次的交流来发现他们潜藏的不开心，从打开心结做起，加以游戏化手段，帮助幼儿学会释放，感受快乐。

作者单位：宁波市鄞州区姜山幼儿园

编者点评

课堂设计思路清晰,从"回忆生活,引出话题"—"欣赏绘本,感悟事理"—"情景创设,快乐仿行"—"亲身实践,拓展延伸","生气汤"这一释放情绪的载体符合幼儿心理特征,很有情景感,容易被幼儿接受和使用。紧接着,活动又将视点回归幼儿的生活,着力解决幼儿的实际问题,引导幼儿正确认识和面对挫折,学会自我调节。

除了宣泄情绪,教师可以增加"换一个角度看问题"的引导,帮助幼儿内心真正地平静下来。

79 勇 气

章小凤

A 辅导缘起

随着社会的进步、经济的发展,现代社会对人们的要求越来越高。现在的孩子大多都是独生子女,普遍比较脆弱。在成长的过程中,孩子既有愉快的成功,又有艰难的挫折。如:某小朋友搭积木垒高时,出现积木突然倒掉的情况而闷闷不乐;某小朋友绘画时害怕出错而不敢下笔;某小朋友在攀爬活动时,只在低处攀爬而不敢向高处挑战……可见,对幼儿进行适当的挫折教育势在必行,让幼儿在体验中学会面对困难并战胜挫折,培养幼儿的耐挫能力是幼儿园教育重要的内容之一。

绘本《勇气》中作者通过采撷生活中小小的片断,用优美的语言和活泼的画面,教孩子勇敢面对未知的下一刻,用诗一样的语言,把勇气的内涵作了表述。我们借助绘本进行挫折干预教育,提高幼儿的抗挫能力,使孩子们在面对事物时,大胆尝试,不怕失败;使他们在生活中面对失败、困难时能够有效调节情绪,明确困难和挫折是可以克服的。在幼儿期开展挫折教育,提高幼儿抗挫折的能力,有助于促进幼儿身心和谐发展。

B 辅导节点

1. **热身台——尝试"勇气"**

(1)欢乐入场:小朋友们,我们敢不敢大胆地跟后面的×××打招呼。

(2)分享交流:你们真有勇气啊!那你们觉得什么是勇气呢?

2. 情景场——认识"勇气"

(1)欣赏绘本:今天老师带来一本书,书名就叫"勇气"。

(2)分享交流:你们说说书里的"勇气"是什么?你有什么想法呢?

(3)图片概括:原来勇气有很多种,有时候勇气是我不害怕,有时候勇气是控制自己,有时候勇气是不怕失败,有时候勇气是坚持到底,有时候勇气是敢于尝试。那你们的勇气是什么?你来说说你的勇气。什么时候你也缺少过勇气?

3. 工作坊——我的"勇气"

(1)现场采访:你们的勇气是什么?你来说说你有勇气的事?什么时候你也缺少过勇气?

(2)实景演练。

①说规则:第一组:勇敢踩下去:如果你害怕打雷闪电,今天你能鼓起勇气去踩破一个气球吗?第二组:不行我再来:如果你平时在体育活动中,不敢做挑战动作,今天敢独自走上云梯,然后双脚并拢跳下来吗?第三组:介绍我自己:如果你平时不敢大胆地介绍自己,今天你能在老师面前介绍自己吗?第四组:大声说出来:如果你平时不敢对妈妈说出你的爱,今天请你大胆地说出:"妈妈我爱你。"

②玩游戏:现在我们就来挑战一下自己不敢做的事、做不好的事和最害怕的事。

③谈感受:让我来采访几个小朋友,刚才你尝试了什么?你成功了吗?一开始就成功了吗?当时心里是怎样想的?后来又是怎么成功的?(当幼儿回答好后,即奖励他一枚勇气胸章)

总结:当然,我们有勇气去做一件事的时候,也不是一下子就会成功的,它需要一次努力、两次努力、许多次努力,但只要我们去尝试,坚持下去就会成功。孩子们,今天不管你们是成功还是失败了,你们都有勇气,因为你们敢于尝试,今天的勇气胸章都属于你们了。

(3)播放视频。

分享交流:你看到什么?你觉得应该怎么做?你觉得哪个孩子是真正有勇气的人?为什么?

教师小结:有时勇气还需要智慧,当遇到危险的时候要学会保护自己,而不是盲目地往前冲,让自己受伤害那就不是有勇气的表现了。

4. 感悟园——各种"勇气"

(1)播放视频:生活中有很多事需要勇气,让我们一起来看一看!

(2)随机提问:它们的勇气是什么?

(3)幼儿分享:我们怎样做一个有勇气的人呢?

教师小结:生活中勇气无处不在,天地间,不管大人还是小孩,哪怕一株不起眼的小草,要生存下来都需要勇气。

5. 实践点——应用"勇气"

在以后的生活中,我们会遇到许多困难,但要敢于尝试,不怕困难,相信我们也有勇气做好每件事!

C 辅导反思

勇气是勇敢,是克服困难的决心,是坚持到底的信念。整个教学活动从欣赏勇气到感受勇气,再到体验勇气,通过感悟勇气、情感换位、合作游戏,通过师生和生生之间感受不同勇气的内涵,使幼儿的情感在一次次交流中受到碰撞,使幼儿在遇到困难时学会用勇气激励自己,最终将自己的情感作用于自己的行动,达到心理教育的实质。幼儿从诗歌中感受勇气,从真实生活中触碰勇气,进一步得到了心灵的启示。在日后的生活学习中,幼儿变得有勇气去面对机遇和挑战,使自己在大胆尝试中获得成功。

在孩子成长的道路上,接受适当的挫折教育是很有必要的。孩子可能会碰到很多不如意的事,这也是孩子们必须面对的人生课题。这不是仅仅通过一次活动就能改变的。但我想本次活动也许能在观念层面对孩子们进行引领,后续还需要老师和家长在日常生活中,有意地设置一些挫折情境,引导孩子面对和克服,悉心关注孩子的心理状态,积极沟通,及时疏导,让孩子们健康地成长。

作者单位:宁波市江东区彩虹幼儿园

♥ 编者点评

本课教学目标明确,设计独到。从绘本赏析中幼儿体会到了勇气的意义;从实景演练中幼儿感悟到了勇气是成功之母;从实践拓展中幼儿明白了遇到困难要找原因、想办法、勇敢地去努力,才能获得成功。教师特别指出了"勇而不莽"的重要性,使幼儿明白在成功路上,智慧和勇气是需要并存的。整个过程有活动、有感悟、有分享、有实操,达成了自然而走心的辅导效果。

活动还可以增加一些贴近学生实际生活的内容,讨论可以更深入些。

08 我不想生气

蒋 兰

A 辅导缘起

当今社会,独生子女是家庭的中心,往往缺乏与人交往的能力。孩子们生活上经常会因为一些小事而大发脾气,不能正确地面对挫折并且处理问题。孩子们遇到挫折时常常会出现哭闹、攻击他人、耍赖等现象。3—6岁是幼儿生理、心理快速发展的阶段,是对他们进行挫折训练以及如何面对困难并战胜挫折的关键时期。培养他们的抗挫能力成了我日常教学中的一部分。著名心理学家马斯洛说:"挫折未必总是坏的,关键在于对待挫折的态度。"一个能笑看一切的人,他的抗击打能力必定会比一般的人强。

为了帮助幼儿认识到面对挫折是不可避免的,我和幼儿分享绘本故事《我不想生气》,通过故事使他们了解生气的危害,产生积极抗挫的心理愿望。绘本《我不想生气》里面的事件就发生在孩子们的生活里,我们将这个故事引入心理辅导活动课,试图帮助孩子在面对不良情绪时,尝试各种方法来调节自己的情绪。

团辅活动设计从中班孩子的实际发展和年龄特点出发,用"深呼吸""找别人倾诉""运动""做自己喜欢的事""听音乐"等具体方式,帮助孩子在面对有不良情绪时,积极抗挫。

B 辅导节点

1. 热身台——谈话导入,体验情感

(1)轻松聆听:请幼儿自由找一个舒适的位置坐下安静倾听。

师:小朋友们,今天来了一位新朋友,你看小兔怎么啦?(生气的表情)从哪里看出来的?(双手叉腰、眼睛)

(2)交流分享:你生气的时候是什么样子?

教师小结:我们可以从别人的动作、表情上看出他是不是生气了。

2. 情景场——欣赏绘本,理解内容

(1)进入角色。

辅助提问:

①小兔因为什么事情这样生气呢?你能猜猜看吗?(提示:被人笑话、错怪,有人故意来捣乱,是会很生气的)

②刚才小朋友们说自己也会生气,你遇到什么事情会很生气呢?(提示:当被别

人欺负、没有朋友一起玩、别人误会时会很生气)

③你知道小兔很生气后会发生什么事情吗?(生气时肚子里就像装了一个大火球,会爆炸,会伤害到自己,也会伤害到自己身边的人)

(2)肢体表达。

①小兔觉得不能让生气的大火球伤到它,于是它就想了一些办法,想把大火球消灭掉,我们来看看小兔子都用了哪些方法。(提示:深呼吸。幼儿模仿深呼吸、向别人倾诉)

②做完这些事情后,小兔觉得肚子里的大火球好像不见了,觉得很快乐。

3. 工作坊——换位体验,情绪转移

(1)理解他人。

小兔用了这么好的办法,让生气的大火球不见了。当你生气的时候,你有办法让生气的大火球消失吗?(提示:做一些自己喜欢的事情,比如运动、看书、画画、听音乐)

(2)拓展体验。

小兔搭得好好的城堡被别人毁掉了,小兔很生气。如果是你,你会怎么做?(提示:可以重新搭建一个城堡或者做一些自己的喜欢的事分散注意力)

教师小结:当我们觉得生气的时候,可以做一些自己喜欢的事情分散注意力,这样生气的大火球就会消失的。

4. 感悟园——情感体验,学习表达

老师这里也有一些让自己消气的好方法,你会用什么方法呢?

教师小结:当我们觉得生气的时候,可以做一些自己喜欢的事情,比如看书、画画、跑步、听音乐,做完这些之后,我们就会发现大火球消失不见啦!

5. 实践点——师幼互动,实践延伸

(1)当你遇到一些不开心的事,你还会有什么好方法呢?

(2)今天我们学习了这么多好方法,下次遇到不开心的事分享一下你是怎么做的,好吗?

教师小结:希望我们的小朋友今后在生活和学习中遇到挫折的时候一定要积极面对,接下来老师想送小朋友一首歌曲《幸福拍手歌》,希望我们的小朋友永远开心快乐。教师引导幼儿和身边的同伴拥抱一下,感受温暖。

C 辅导反思

绘本故事《我不想生气》,引导孩子们在遇到挫折时,学会尝试用各种方法来调节自己的情绪;同时让孩子们知道,挫折既然避免不了,我们就要试着面对它,不让大火球伤到自己和别人。

在现场教学中,受挫的孩子不被同伴理解,随着故事情节的深入以及知道生气的危害时,孩子们开始学习让自己情绪变好的方法。在长期的教学过程中,更重要的是培养孩子接纳、包容同伴的缺点和不足,建立健康积极的心态来面对挫折。同时与家长达成家园共育的一致性,当幼儿面对挫折时,家长应鼓励孩子积极面对挫折而不是包办或斥责孩子。

通过给孩子讲述类似的情绪绘本故事,帮助孩子找到解决问题的途径,并付诸行动。只有当他们充分体验到生气的情绪,同时又不被这种情绪左右的时候,才能建立起平和自信的人生态度。

作者单位:安徽省合肥市康园幼儿园

编者点评

生气是幼儿生活中常见的一种情绪表现。绘本《我不想生气》结合小兔的经历,帮助幼儿大胆地表达自己的情感,了解正确缓解生气情绪的简易方法。幼儿在猜一猜、议一议、练一练中认识生气的危害,学会用不同的方法去宣泄生气的不良情绪。

本节课的情绪调节内容应与抗挫结合得更紧密,只遗留在处理生气情绪的层面,是令人遗憾的。

 越挫越勇

吴云芝

A 辅导缘起

现在有相当多的孩子习惯以自我为中心,要求得不到满足时就乱发脾气、哭闹;受不了一点批评,爱听表扬的话,一批评就不高兴;自尊心较强,好胜心强,好面子,承受不了失败;怕困难,遇到一点问题就退缩;特别娇气,做错了事,大人一说就哭;不敢承认错误,老是用哭来推卸责任;遇到一点困难就愁眉苦脸,不是想找大人帮忙就是想放弃……这都是幼儿抗挫能力差的表现。同时,这也是由于家长往往过分重视对儿童智力开发和掌握学习技能的培养,忽视了对幼儿非智力能力的培养,从而导致幼儿成为温室里的花朵,缺乏一定的抗挫能力。

经典绘本《请给青蛙一个吻》是一个充满爱和自信的绘本,里面讲述的是青蛙

为了得到一个吻,遭到了许多小动物的拒绝,但他却一直没有放弃,直到找到公主,得到了公主的吻,感受了一次做王子的感觉。活动设计从中班幼儿的年龄特点出发,通过辅导,让中班幼儿学会在遇到困难时要有不服输的精神,以自信、乐观的态度去面对。

B 辅导节点

1. 热身台——我的"小挫"

(1)交流探讨:教师播放轻音乐,请小朋友互相说一说,如果在生活中遇到困难了,自己会怎么做?(自己很想玩一件玩具,这件玩具另一个小朋友在玩,询问了很多次,那个小朋友还是不愿给你玩,你会怎么做?)

(2)情景再现:刚才老师听到了许多小朋友的答案,在日常生活中老师会看到这些情况:①去抢;②继续问小朋友"给我玩一下好吗";③到老师这里告状;④用哭来表示自己的需求;⑤直接放弃,不去玩了。

(3)亲身感受:如果是你遇到了这样的情况,你会怎么做?为什么?

2. 情景场——青蛙的愿望

(1)绘本欣赏:今天老师给小朋友带来了一个好听的故事,故事里有一只小青蛙,我们听一听在小青蛙身上发生了一件什么事情。(教师讲述故事前半部分)

(2)辅助提问:

①小青蛙想到做一件什么事情?

②小青蛙找到了哪些小动物?这些小动物愿意给小青蛙一个吻吗?

③猜想小青蛙最后有没有得到吻呢?

(3)角色转移:如果你是故事中的小青蛙,接下去你会怎么做呢?

(4)完整讲述:教师将故事的后半部分讲述完整。

3. 工作坊——我的失落

(1)角色扮演。

教师请幼儿分角色来扮演故事中的动物,完整感受绘本中小青蛙一次次遇到困难,又迎难而上的坚持不懈的精神。

(2)情感迁移。

①教师提问:作为小青蛙,被同伴拒绝了这么多次,你们觉得它心里是怎么想的?如果你被同伴拒绝这么多次,你又会怎么想?怎么做?

②在幼儿园,如果你在和同伴的比赛中失败了怎么办?

哭是一种怎样的表现?我们应该怎么做?

4. 感悟园——越挫越勇

(1)视频展示:教师播放残疾小朋友的视频。

师:在生活中,每个小朋友都会遇到各种各样的困难,但是面对困难,有的人从不轻言放弃,反而越来越勇敢和坚强。

(2)亲身体验:请幼儿尝试,学着残疾小朋友的样子,有的小朋友右手"受伤"了,把右手藏起来,用左手写字,用左手拿调羹,体验残疾人小朋友的不容易;有的小朋友一条腿没有了,请幼儿尝试用一条腿走路。

提问:

①小朋友,你们觉得这样生活方便吗?

②一只手和两只手做事情有什么不同?一条腿和两条腿走路有什么不同?

③这些小朋友遇到这么大的困难,他们的脸上还是带着笑容,如果是你遇到这样的麻烦,你会怎么样呢?

总结:虽然这些小朋友遇到了这么大的困难,但是他们没有放弃,还是乐观、坚强地面对生活,那么我们作为正常的小朋友,更应该坚强面对生活,遇到一点点小麻烦,要自己尝试去解决,不轻言放弃!

5. 实践点——挫折我不怕

以后我们要做一个勇敢的孩子,遇到困难要像小青蛙一样坚持不懈,努力尝试,在生活、学习中遇到困难勇敢面对,不要轻言放弃,不要哭哭啼啼;如果克服一个困难就给自己贴上一个五角星,然后看看自己的五角星,五角星越多,说明克服的困难就越多!

 辅导反思

本次活动,围绕绘本故事《请给青蛙一个吻》展开,绘本的主要内容其实是一个爱的表达,一个吻就能传递爱的味道,但是我更看重的是青蛙对寻找吻的坚持,虽然遇到了很多的困难,如果中途放弃了,青蛙就不可能得到公主的吻。最后,青蛙不但得到了公主的吻,还体会到了在寻找吻的过程中带来的快乐,而且绘本的画面色彩鲜艳清晰,语言简练,内容非常符合中班幼儿,便于幼儿理解。

在绘本欣赏的过程中,我着重强调了青蛙一次又一次的失败,然后以幼儿在生活中经常遇到的事情为例,通过对比,让幼儿自己感受青蛙做事情的坚持和自己遇到困难就轻言放弃两者之间的差距,自己能够体会到哪一种做法才是正确的,深刻感受到遇到困难勇敢面对是非常重要的。当然,活动的开展并不能让幼儿直接做到遇到困难要坚持要勇敢,这是一个漫长的过程。并且在活动中,教师要不断地给孩子灌输遇到挫折不要轻言放弃的想法,只有这样始终坚持幼儿的抗挫折教育,才能在之后的学习生活中有所体现。

作者单位:宁波慈溪市博爱幼儿园

编者点评

教师带领幼儿经历青蛙王子的心路历程,活动过程充满了情景感,有趣味、有实践,关注孩子的心理体验和心理感悟。教学方法虽然简单,但重在有效。教师连环设疑,面向全体,努力做到人人都是主角,没有旁观者。无论是自由游戏还是自由交流,每个幼儿都有机会积极参与,表达对挫折的理解,这是难能可贵的。

可惜素材堆积,容易导致体验不够。最初的热身活动,建议在最后环节再行演练,帮助幼儿进行实践检验。残疾人的例子与幼儿的生活有距离,对于中班的幼儿来说,换成贴近幼儿生活的例子会更好。

失败我不怕

陈 薇

A 辅导缘起

每个人都不可能一帆风顺,会遭遇各种各样的失败和挫折,我们的孩子也不例外,他们在成长的道路上会经历"交朋友的失败""学本领的失败""竞争中的失败"……对于这些失败,孩子们是消极逃避还是积极面对呢?大班的孩子有了一定的竞争意识,争强好胜,总希望自己成功,然而并不是事事如人意。如果遇到失败后,不能及时调整心态,不敢面对事实,久而久之就会害怕失败,害怕挫折,这种消极心理状态会严重影响孩子的生长发育,也不利于良好意志品质的形成。

绘本《小鸟学飞》将小鸟勇敢、坚强、不怕困难的正面形象展现在孩子眼前,为孩子怎样面对失败提供了榜样和克服消极心理的方法。我们将故事植入心理辅导活动,试图让孩子能进行关联想象,参与心灵对白,从而引起情感共鸣。

本团辅活动设计从大班幼儿年龄特点出发,用"游戏体验""榜样学习""暗号暗语"等直观辅助手段帮助孩子正确认识挫折,懂得面对失败不灰心,保持乐观情绪,学会应付挫折的简单技巧。

B 辅导节点

1. **热身台——游戏体验**

(1)游戏导入:游戏"石头剪刀布"两人一组,失败的坐回座位,胜利的站到老师这里。

(2)心情采访:为成功的孩子鼓掌庆祝,快乐情绪感染;采访失败的孩子,讲述此刻的心情。

(3)体验小结:在生活中,我们每个人都经历过失败。可见,伤心、难过、失落、生气的情绪都是正常的表现。

2. 情景场——遭遇失败

(1)角色介入:有一只小鸟,它向往自由自在的蓝天,正在学飞呢! 它会遭遇什么呢? 又是怎么做的?

(2)绘本支架:欣赏PPT《小鸟学飞》第一部分。

(3)心灵冲击:看到这里,你们想说点什么?

师:是啊,小鸟一次次地练习飞行,却一次又一次地跌落地上。它始终不放弃,跌倒了再飞起来……当我们遇到失败,又是怎么对待的? 今天,我们就一起来说说"失败"。在生活、学习中,你们也一定经历过不少的困难和失败,能和我们分享吗?

(4)"经历"分享。

①绘画表达:请你们把学习、生活中遭遇的失败用记号笔画在乌云卡上,展示在前面的乌云展板上。(4组分开展示)

②倾心坦白:你遇到了哪些失败的事,失败时你有什么样的感受?

③问题凝聚:现在的乌云展板上呈现你们曾经失败的经历,有比赛中失败的,有学本领失败的,也有和朋友交往出现了问题……看来失败和困难常常陪伴着我们。你们别小看失败和挫折,如果没有很好地解决,藏在心里越积越多,就像被很多很多的乌云遮住了眼睛,黑漆漆、沉甸甸的,心里不舒服,身体也会不舒服。

3. 工作坊——反败作战

①绘本破冰:欣赏《小鸟学飞》第二部分。小鸟成功了吗? 它是怎么成功的? 它说了什么,做了什么? 看到这里,你想对小鸟说什么?

②榜样示范:生活中,我们要向小鸟一样,勇敢面对困难,坚持到底就会成功。现在,你们有没有信心去战胜失败?

③集体智慧:在每一组乌云展板中选择一个失败的问题分组进行讨论,代表交流,教师用简笔画形式进行记录。

④妙点支招:上课前,我还采访了身边的小朋友、爸爸妈妈,听听他们是怎样从失败走向成功的?(播放视频)转败为胜的法宝是什么? ——耐心、不灰心、有自信、寻找快乐……

4. 感悟园——转败为胜

现在,你们知道怎样就能反败为胜了吗?

图文结合提炼方法,并将方法演变成动作进行暗示。

			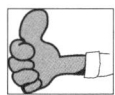
①碰到失败不能用眼泪解决问题,要勇敢面对。	②发现不足的地方要及时改正,努力做得更好。	③用坚强的意志克服,懂得坚持就是胜利。	④正确认识自己,寻找优点和快乐。

5. **实践点——不怕失败**

失败不可怕,重要的是去找原因,用对方法。以后,当我们遇到困难和失败时,请记得用一用这些暗号和方法,相信一定能够战胜它,做一个坚强、勇敢、快乐的人!让我们大声、自信地对着乌云墙说:"失败我不怕!"

辅导反思

《失败我不怕》这个心理辅导活动很好地践行了"从生活中来,用于生活"的理念。生活中的大班孩子害怕面对失败,常常沮丧、消极,甚至只会用哭来发泄,不知该怎样解决问题,所以开展本心理辅导活动非常必要。

整个活动,从游戏导入,初步体验失败的情绪,借小鸟形象进一步了解"失败现象",从而迁移到自我,引起共鸣。通过小组讨论以及榜样支招的方式,帮助幼儿学习解决生活中面对失败的方法,以语言、动作双重手段帮助幼儿提炼巩固技能技巧,最后运用于生活实践。由表及里,层层递进,帮助孩子面对失败,接受失败,解决失败。

在本活动中,我采用了"游戏体验""故事情景""集体构建法"等心理辅导技能,形式丰富,动静交替,在老师的"情景创设""引发共鸣""适时强化"下,让幼儿运用已有的认知经验,拓展到生活实际,从感知到体验再到运用,逐渐学会自我调节、自我疏导、助人和自助。

作者单位:宁波经济技术开发区幼儿园

编者点评

整堂课简简单单地用《小鸟学飞》构建框架,没有华丽的外衣,却更多了份返璞归真的美好。从不会飞到会飞,是一个不断自我否定的过程,改变是成长的起点,"希望"是"改变"最重要的部分。通过小鸟学飞,让同样有着失败体会的幼儿从小鸟身上看到希望,从而产生"既然小鸟能做到,我也能"的念头。同时,通过独立思考、同伴合作、讨论交流等,使幼儿不仅在认识上,而且在情感、合作技能等方面都得到提高。

最后的实践点不能只是做知识性陈述或口号性的宣誓,而是要搭建平台,让幼儿结合自身实践去提升抗挫能力。

输得起的孩子

陈霞君

A 辅导缘起

家长的过分宠爱、百依百顺,使现在的独生子女们变得脆弱而敏感,受不了一点点的挫折。近年来,学生自杀事件屡见不鲜,在痛惜一个个如花生命突然消逝的同时,究其背后的根源却仅仅是为了一件小事。这种不堪一击的心理现象在孩子的幼年时期就已经有所显现。如:争强好胜的玲玲因为没被选上小主持,就不想参加毕业汇报演出了;区角活动中,6岁的瑞瑞因为连输两盘棋,差点把棋盘给掀翻了。种种迹象表明,孩子的耐挫力实在太差,如果不及时加以引导,将会对他以后的人生产生极其不利的影响。因此,耐挫教育迫在眉睫,因为幼儿期是一个人习惯品德及心理素质形成的关键时期,如何有效引导,实施耐挫教育,对孩子一生的发展至关重要。

本次团辅活动设计从大班孩子的原有经验和年龄特点出发,用身边的事例、实际的感受等方式,帮助孩子树立面对挫折的正确态度,明白挫折无处不在,但要学会正确对待。

B 辅导节点

1. **热身台——音乐导航,体验情感**

(1)听忧伤的音乐,表达感受。

(2)这段音乐表现了一个小朋友难过的心情,因为在幼儿园的歌唱比赛中,她尽管认真准备,却没有被选上。你有过和她一样心情的时候吗?是因为什么事呢?

2. **景场——片段回放,真情感受**

(1)观看视频。

情景呈现一:学期结束时,班级里要评选好孩子,发奖状时,欣欣显得非常紧张,眼睛紧紧地盯着老师,一双小手也捏成了拳头。可这次欣欣却没被评上,随着最后一张奖状的发下,她一下子冲了上来,抓住老师的衣服又拉又扯,还差点把旁边一个孩子的奖状撕破。

情景呈现二:大班的冬冬看着同伴能熟练地跳绳,而自己在一分钟内都跳不了几下,而且笨拙的动作常常引得大家发笑。对此,她虽然苦恼,但并没有放弃,而是在妈妈的帮助下苦练本领,半个月后她的跳绳技艺让大家大吃一惊。

情景呈现三:在幼儿园每周五的户外大型体育区域活动时间,平衡能力较弱的鹏鹏看着同伴顺利闯关,自己却总是不能顺利走过人字梯,虽然有点难过,但他毫不气馁,在旁边的空地上单独练习,终于在活动快要结束时,他已经能够走过人字梯了。(后面两个实例中的孩子是大家熟悉的同班小伙伴)

(2)分享感受:视频中的三个小朋友都遇到了让自己难过、伤心的事情,他们分别是怎样处理的?你比较倾向哪一种处理方式?为什么?

除了像冬冬和鹏鹏那样,使用不放弃、多多练习的方法,你还有什么好办法让自己在遇到困难时开心起来?

3. 工作坊——实战演练,真实体验

(1)游戏体验:幼儿自由组合分成人数相等的两队,进行夹球走接力赛,看哪队夹球走得又快又好,赢的那一队可以获得礼品店(班级区角中的礼品饰物店)购物券一份,决出胜负。

(2)现场采访:采访输的那一队的小朋友:你们输了,没有得到礼品,现在的感觉是什么?(如果有不开心,那个不开心是什么?有什么方法可以把这个"不开心"赶走?)

请获胜的一队给失败的一队出出主意。

4. 感悟园——总结方法,经验提升

师小结:对待失败的方法其实很多很多,比如找准弱点,加强练习。赶走心里不开心的方法,如倾听音乐、排解情绪;找人诉说、大胆宣泄;拥抱自然、开阔心胸。发现优点、取长补短,每一个人都会有适合自己的方法。

5. 实践点——学会认输,寻求突破

让我们做一个输得起的孩子,不要因为失败让自己变得不开心和不自信。在接下来的一星期时间里,请大家用图画的形式记录自己所遇到的种种失败或者不如意,并把你对待失败的方法也画下来。一星期以后,我们会一起来分享,看看谁的方法最好。

C 辅导反思

团辅活动让孩子对如何面对失败有了全新的认识,他们能从失败中看到自己的不足,尝试寻求合适的方法化解不良情绪,而不是一味地消极抱怨。

抗挫教育不是靠一两次的团辅活动就能够完全起效,而是要结合孩子的日常生活随机教育,方能形成品质。实践点中的拓展活动——用图片的形式随时记录生活中的失败和面对失败的办法,就是很好的教育形式。但令我困惑的是,很多家长的教育观点依然停留在让孩子如何学会赢,而不是从失败中汲取经验和力量!因此,如何改变家长的教育观念,是后续的关注点所在。因为对幼儿的心理健康教育,不仅仅是幼儿园的任务,更是家庭和社会不可推卸的责任,只有家园协力、互相渗透,才能让教育达到事半功倍的效果。

人生总有几回挫,关键在于怎样去引导。让我们做个有心人,让自己的爱像春天的鸟鸣,夏天的柳荫,秋天的硕果,更像冬天的艳阳,照亮着每一个孩子,让他们幼小的心灵充满阳光、充满坚强,体验成功,更坦然面对失败!

作者单位:宁波市大榭开发区中心(金海岸)幼儿园

编者点评

通过音乐导航、情景呈现、实战演练等形式,教师用同理心打开幼儿的心扉。整个活动以讨论交流为主,引导幼儿正确认识挫折,学习遇到挫折不屈服,以积极的心态从挫折中奋起,形成能够经受挫折考验的健康心理。

"学生身边的问题"应该作为教学的起点,虽然本课在开头与结尾提到了现实存在的问题,但讨论的中心点没有直接落在幼儿的实际困难上。建议让幼儿的思考在得到自由而充分展示的同时,也应让他们全身心去体验当下的生活。

84 礼 物

周佳卉

A 辅导缘起

孩子都是父母的心肝宝贝,不可以经受一点伤害。平时为了保护孩子的自信心,常常把"你最棒"等这样的话语挂在嘴上。在孩子被赞扬包围长大的同时,任性、脆弱、自我、依赖性强、独立性差这些小毛病也开始蔓延滋长。孩子变得不堪一击,受不了任何失败;一点点的挫折,往往会使孩子们难以接受。

近年来,因为心理承受能力差,导致孩子受到一点挫折后就产生轻生想法的负面新闻层出不穷。孩子的健全心理,特别是良好的意志品质也是在学习、生活、游戏活动中与挫折困难作斗争中形成和发展起来的。因此,我萌发了开展团体心理辅导活动的想法。想要通过辅导,让大班幼儿懂得遇到困难和挫折时,要勇于面对、要有信心;引导幼儿在困难面前要有一个良好的心态,要提高承受挫折的能力,树立克服困难、解决困难的信心。在本次辅导方法的选择中,我以注重幼儿实际的心理需求为出发点,以亲身体验为突破口,让幼儿真正面对困难和挫折,积极地寻求各种解决方法并学会乐纳。

B 辅导节点

1. 热身台——话说挫折

(1)轻松聆听:幼儿在轻音乐中进入活动室。

(2)交流分享:你遇到过困难吗?在遇到困难的时候你是怎么做的?如果解决不了,你会怎么办?

2. 情景场——直面挫折

(1)体验挫折:今天老师带来了好多礼物,可是礼物上有许多绳结,只有打开了绳结才能够得到里面的礼物。我们一起来试一试吧!(幼儿尝试解绳结。播放急促紧张的音乐)

师:恭喜获得礼物的小朋友,通过努力你们获得了里面的礼物。而没有解开绳结的小朋友们,你们将不能够得到里面的礼物。

(2)分享感受:你得到里面的礼物了吗?没有解开绳结,没有获得礼物,你的心里是什么感觉?

教师小结:这种感觉的确令人不太舒服,可能这个对于大家来说就是一个小"挫折"。

3. 工作坊——分享挫折

(1)分享体验:请你选择一种颜色代表自己心情。你为什么选择红色?你为什么选择黑色?

(2)调整情绪:通过音乐疏导,结合音乐,调整呼吸,让幼儿急躁郁闷的情绪得到缓解。

(3)寻求方法:你在解绳结的时候,遇到了什么困难?如果这个时候为你提供一样工具,你需要什么工具吗?

4. 感悟园——再战挫折

(1)再次尝试:现在老师为你们提供了一种工具,我们调整一下心情,再去试一试,可以利用老师为你提供的工具,也可以继续用自己的力量来解绳结。

(2)再次操作:幼儿根据讨论的方法,再次尝试解礼物盒上的绳结。没有解开的幼儿,可以向同伴寻求帮助。

(3)选择颜色:现在你的心情怎么样呢?请你再次选择代表自己心情的颜色。颜色改变了吗?之前的坏心情已经不复存在了,让我们把它撕碎丢掉吧!

5. 实践点——悦纳挫折

(1)挑战难度。

出示难度更大的绳结礼物,让幼儿第三次操作。教师用鼓励性的语言调动幼儿向高难度挑战的决心,能勇敢地面对困难,去尝试解决。

师:老师这里又有更难解的绳结,你们想试一下吗?如果你在解绳结的过程中遇到了困难,可以找在场的小伙伴或者老师来帮忙,让我们再去试试看吧!

(2)悦纳挫折。

也许生活中还有一些我们解决不了的问题,就像还有一些小朋友最终还是没有能够解开绳结。但是没有关系,生活中并不是每件事情都能通过一次、两次就能成功,甚至还不能成功,我们不要气馁,保持好的心情去不断地努力,积极去面对,总会有解决的那一天。

C 辅导反思

"挫折教育"其实就是让孩子不仅能从外界给予中得到快乐,而且能从内心激发出一种自己寻找快乐的本能,即使遭遇失败,也能泰然自若,保持乐观。在这一次的心理辅导中,我运用了实物操作,让每个幼儿在操作游戏中真真切切地遇到困难,感受挫折,通过自我表达、出示辅助物等方法,分享心中的不悦,而后进行心理暗示,在多次自主操作中体验自己情绪变化,结合幼儿的生活经验,体现幼儿对心理变化过程的感知,寻找如何调节心理情绪方法,到最终的解决或悦纳,让幼儿深层次的感受了抗挫的过程。而在活动中,有一部分幼儿是可以根据提供的支持通过自己的努力最后成功的,但是还有一部分幼儿他们的能力较弱,也许在整个活动结束后,还是不能获得成功。这一类的幼儿又该如何进行指导和安抚,对于我来说,这是一个困惑。但这类辅导是不能从一次活动中就可以解决的,还是需要后续的跟进。特别是对于个体幼儿的辅导,那些日常的学习生活中抗挫心理缺失的幼儿,我要通过多种途径,有针对性地进行辅导,深层次地对幼儿这种心理现象进行实质性的改善。

作者单位:宁波市江北区阳光艺术幼儿园

编者点评

本节课的设计如同建筑物群中的形状重复,复合成庞大的整体美感,简约而不简单,干净利落,一气呵成。幼儿解的不仅是蝴蝶结,更是面对挫折的心结。从最初的徒手解蝴蝶结—使用工具解蝴蝶结—挑战难度更大的蝴蝶结,不变的是游戏,变化的是教学目标和幼儿们的心情。在这个过程中,幼儿们的情感和认知不断深化,最大限度地发挥了"解蝴蝶结"的功效。

我们往往将情感作为教育手段去推动教学,实际上情感本身就是教学的目的之一。在本课的教学过程中,教师应更多地关注幼儿的体验,分享幼儿的感悟,最终让他们的心灵与生命获得成长。

85 失望的时候

叶 蔚

A 辅导缘起

生活中我们经常会碰到这样的情况:小朋友和爸妈约好了第二天去玩,但因为天气或爸妈临时有事爽约了,孩子非常失望,有些性格外向的孩子,有哭有闹也会发脾气;而有些内向的孩子则郁郁寡欢很长一段时间,无法排解失望带来的心理伤害。由于许多家长对孩子的过度保护和溺爱,使孩子面对失望这种挫败感,承受能力很低,变得脆弱、不成熟,从而影响孩子心理、人格的正常发展。

幼儿期是个性形成的关键期,幼儿的心理健康与否对以后能否适应社会环境和承受生活挫折有着密切的关系。因此对孩子进行适当的挫折教育,从而提高对挫折的心理承受能力和环境的适应性,对他们成长有着重要的意义。我设计的大班心理辅导活动《失望的时候》旨在让幼儿在活动中体会相似的失望经历,引发幼儿迁移自己的生活经验,感受排解不愉快情绪,保持愉快心态的重要性。让幼儿面对失望时,能积极地与他人沟通,表达自己的不快;用适当的方式转移失望的情绪。并且让他们知道如何寻找合理的方式让自己开心起来,保持乐观的心态,从而达到对孩子进行心理健康教育的目的。

B 辅导节点

1. 热身台——设疑

(1)开心聆听:幼儿在熟悉的动画片的音乐声中进入活动室,用喜欢的动作表现。

(2)交流分享:这个动画片有趣吗?你喜欢这个动画片吗?

2. 情景场 体验

(1)情景呈现。

师:你们都这么喜欢这个动画片,我们今天就来看动画片吧!(幼儿兴奋地叫好)

(2)激发矛盾。

师(疑惑):怎么回事?电脑好像出了问题,看不了了。(老师表现出急躁的状态:拍电脑、发牢骚)

(3)努力解决。

小朋友,我们该怎么办?(通过各种努力都没办法看成动画片,进一步助燃失望

情绪)

(4)初步体验。

师:这次没法看了,你们心里觉得怎么样?(体会、理解失望的含义)

3. 工作坊——探索

(1)经验分享。

师:平时有没有遇到过让你失望的事情?你失望的时候会怎样?心里会有什么样的想法?(以前的经历被勾起,有助于宣泄、释放自己的失望情感)

(2)再次感受。

通过图片总结失望时候的感受(会哭、会跺脚、会发脾气、心像火烧一样),寻求和图片中人物的相同感受,提升幼儿经验。

师:我们做这些有用吗?(发脾气对我们的身体健康不好,对我们的心情也不好)

(3)探索方法。

师:我们怎样让自己的心情变好?(探索用正确的方法调节自己的情绪)

①采摘"巧果":幼儿讨论——我们能用什么更好的方法让自己开心起来?(找到一种方法,摘下一个"巧果")

②图示归纳:教师归纳应对的办法,用图示表述——倾诉、沟通,参加运动,听好听的音乐,吃喜欢吃的东西等等。(讨论和商量找出合理解决的办法,扩大幼儿的兴趣范围)

③模拟替代:操作体验"失望袋"。

师:把让你失望的事情对着纸袋说,深呼吸,尽量吐出来,然后用力拍袋子,把失望拍走。(把无形失望注入实物袋)

④平复情绪:师:现在,你的感觉如何?(体会轻松、平静之心)(探索正确的方法调节自己的情绪,淡化失望的感情)

4. 感悟园——感悟

(1)"巧果"成真。

师:你们找到好方法让自己开心起来了,再看看你们这些摘下的这些苹果……(变成真苹果)

(2)美味享乐。

师:刚才我们看不了动画片很失望、很不开心,现在我们一起来品尝美味的苹果,你还失望吗?(排解失望最好的排解方法是转移或是替代,通过这种方式我们能够重新恢复愉快的心情)

5. 实践点——领会

(1)学习掌握更多的方法(语言暗示法:"我不生气""我不发火"等等;放松训练

法:闭眼睛、深呼吸等等)

(2)家园协同,根据孩子对失望的反应进行必要的指导,教会他们如何在面对挫折后,重新振奋。

C 辅导反思

孩子经常会遇到大大小小的不如意,本次活动就是要帮助他们接受和对待这些失望甚至挫折,逐渐建立成熟和强大的内心。在活动中幼儿遭遇"失望情景",亲身体验"失望情绪",体验感知什么样的情绪是失望的,并愿意向别人表达失望的情绪。结合生活经验,幼儿学习了失望以后的情绪转移策略,选择合理的方式宣泄表达。

活动通过暗示、说服和质疑来改变孩子非理性的表达方式,从而学习合理的思考方法,让幼儿初步学习用正确的表达方式来解决问题;并结合生活经验,帮助幼儿学习失望以后的情绪转移策略,选择合理的方式宣泄表达。进行情绪疏导的同时,此次活动也扩展了幼儿的生活经验,提高了幼儿的认知水平。在活动中幼儿将主观能动的好办法化身为可以采摘的"巧果",把无形的失望情绪有形化地注入纸袋,直观地释放掉失望,符合幼儿的年龄特点和接受方式,最后的"巧果"变"真果"这一惊喜替代转移了幼儿原来的失望,得到了美好、完整的体验。

这种情感体验对我们成人又何尝不是呢?生活难免会失望,但也处处有惊喜。希望也把这种人生态度传递给每个人。

作者单位:宁波市新芝幼儿园

编者点评

本课的设计者心思灵巧,活动亮点频呈。不论是开头的布局设"陷",还是"巧果""失望袋"出彩化身,以及真苹果的惊喜现身,处处体现出本课"情感先于沟通"的辅导理念。教师通过逼真的情景设计,让幼儿置身其中,在充分体验之后,获得意想不到的收获。

在使用本教案的过程中,教师要注意始终秉持从思辨、体验入手,而不是使用灌输法实施教学。

心理辅导 之
学会创新

 魔术师变变变

胡 佶

A 辅导缘起

幼儿期是创造思维开始萌芽的时期，幼儿的创造性思维可以在他们的许多行为中表现出来，其主要特点是敢于大胆想象，不受客观事物的限制。而在现实生活中，幼儿喜欢模仿同伴，或根据老师的喜好去做一件事情，没有自己的思维，更别说创造性思维的表现了，因此我们应该重视幼儿期这种可贵的创造性思维萌芽，通过一定的辅导手段，使幼儿期这种创造性思维得到保护以及充分发展，为其未来的成长奠定良好的基础。

小班的幼儿自身潜藏着创造想象力，他们的精神世界充满着好奇、探索和幻想，他们的想象思维不受习惯的约束，是十分活跃的。因此，我辅导对象为小班幼儿，借助他们对魔术师的崇拜和想做魔术师的愿望，通过开展团辅活动，来促进这个时期幼儿创造性想象的发展。

B 辅导节点

1. **热身台——情境创设，激发愿望**

（1）课前交流：观看刘谦变魔术的视频，分享讲述魔术带来的乐趣。

（2）情感体验：刘谦小时候也跟你们一样，很喜欢把东西变来变去呢！你们有没有想把东西来变一变？

（3）一起分享：找找身边有什么可以让我们变一变的。

2. **情景场——分析讨论，提炼主题**

（1）发现问题：大家都没有吗？那我来变一个笑脸。

（2）心灵交流：幼儿"我不想变""我来变笑脸""我也要变笑脸"。

（3）发现问题：为什么你们不愿意变呢？为什么跟我变的一样呢？

3. **工作坊——创造思维，魔术三"变"**

（1）勇闯一关，肢体创造。

找找我们自己的身体上，哪些地方可以变？怎么变？

①教师提供轻松自由的环境，孩子们听着轻快的音乐，一起扭动身体，变变身体上的各个部位。（发挥孩子们的想象创造力）

②教师重点鼓励语。

你的小手一伸一缩地在变；你的小屁股扭啊扭地在变；你变得真棒；原来头还

可以这样变,像一个小乌龟;你真聪明,小脚变得就是和别人不一样……

(2)勇闯二关,一物多"变"。

①激励创造:看一看、比一比,谁把纸变得最多。

②评价表述:你的这张纸是怎么变的? 有哪些不同的变法? 孩子们用了折、捻、撕、团等不同的方法来变纸,实践中他们能将纸变成飞机、小鸟、小鱼、方块、面条、汤团,等等。这对于小班的孩子来说,已经很不错了,教师一定要在活动中进行鼓励和表扬,并把他们创造性思维成果贴在展板中。

(3)继续创造,物体改造。

①勇闯三关:请孩子们选择桌子上的物体,把它变一变。

②物体创造:教师提供球、易拉罐、电线、气球、海绵、橡皮泥等各种可以发挥创造的物品若干份,让孩子尝试改变这些物体的原有状态,感受用自己的创造性思维所改变的物体。

③手脑操作:在轻柔的背景音乐下,孩子自由选择材料进行创造性地操作,改变物体的外形或创造一个新型物体。

④创造反馈:孩子操作完成后,教师重点提问:你是怎么玩的? 你是怎么变这些东西的呢? 你现在变出来的东西与原来哪里不一样?

4. 感悟园——深入拓展,引发领悟

(1)获得成功:你喜欢你创造的物体吗? 你喜欢同伴创造的物体吗? 为什么? 胡老师为你们的新创造物体感到骄傲,你们真的太棒了,比老师们还会动脑筋呢!

(2)体验快乐:现在大魔术师为每位小魔术师制作了一顶属于你们自己的魔术帽,喜欢吗? (孩子们在开拓创造性思维的同时,又获得了成功的快乐)

5. 实践点——整合经验,迁移自我

提升经验:我们最先看到魔术师变魔术,感觉自己不行,现在你们觉得自己可以吗? 是的,孩子们,只要开动你的脑筋,相信自己,你就是一个十足的小魔术师啦! (让孩子懂得创造并不难,不要模仿他人,只要开动自己的脑筋,在游戏中,在活动中,就是最棒的那一个孩子!)

C 辅导反思

整个团辅活动都贯穿着情景游戏的模式,让孩子们在闯关游戏中,一步一步地从肢体创造到一物多变,再到物体再造,从中创造出属于自己的独特思维,并大胆地进行创造性想象,突破自己的同时又体验到了快乐的情感。

在活动过程中,孩子们一开始很排斥自己去想、去创造,觉得老师这样说、这样做,我也这样说、这样做,所以我必须改变孩子的这种思维模式。因此,在第三环节,只要孩子们有一点点的创造性思维的改变,我都对孩子进行即时鼓励和赏识,包括语言、动作以及眼神的肯定,因为这样既可以点燃幼儿创造的欲望,又可以增加幼儿的自信心,对帮助幼儿开拓求异的思维起着承上启下的重要作用。这样,孩子们觉得自己创造出来的东西才是最棒的,才会有阶梯式的思维提升,最后能运用于自己的工作室、游戏、生活中。

当然,仅仅靠我这节团辅活动是不够的,就如同我已经点燃孩子们创造思维的那个火花,我们还要借助于社会、环境、家庭所能给予的条件,让这团火熊熊地烧起!

作者单位:宁波市第一幼儿园

♥ 编者点评

> 本课教师非常用心,很好地创设了一个能刺激幼儿求异思维的环境,不论是肢体创造、一物多变,还是物体再造,都突破了物体的正常用途范围,能较好地训练幼儿的求异和创新思维,逐渐培养他们多方面、多角度认识问题,解决问题的习惯。
>
> 教师反思中提到幼儿一开始有排斥创造的现象。其实,只要幼儿对某事物有兴趣,就会积极主动去研究、体会、创造。因此,创造兴趣是创造的最高阶段,所以围绕幼儿的兴趣开展活动显得尤为重要。

87 美丽的花园

吴姿洁

A 辅导缘起

创造力是每个孩子都具备的潜能。3—6岁是幼儿想象力、创造力发展的黄金时期。这时期,他们思维活跃、可塑性强、想象力丰富,是创造力发展最有潜力的时期。创造力只有在适当的环境影响和成人的指点、引导、诱发及培养下才得以发展,而结构游戏则是利用许许多多的成品或半成品玩具为孩子提供自由探索、大胆想象的空间,有利于孩子创新能力的培养。

每个班级中总有几个在建构方面特别有想法的孩子,老师也总免不了表扬这几个孩子,久而久之,其他的小朋友总会自觉不自觉地去模仿他们的作品,从而使孩子们的作品失去个性化的呈现。我目前所带的中班孩子就存在这样的现象,有相当一部分的孩子总是喜欢模仿同伴,而缺乏独立思考。本次活动旨在发掘幼儿潜在的创造力,让孩子们发现自己在创造力方面的潜在能量,感受创造带来的乐趣。

B 辅导节点

1. 热身台——储存形象

(1)欣赏花园影像。

(2)交流:花园美吗?花园里的花一样吗?有哪些不同?

花园里的花五彩缤纷、色彩鲜艳,有的大、有的小,有的像喇叭、有的像圆盘,有的有好几层。

(3)再次欣赏影像,并模仿各种花的姿态。

2. 情景场——激发创想

提出挑战任务:今天的挑战任务是在规定时间内建构不同造型的花。挑战分个人赛和小组赛,完成基本挑战任务的得5分,在挑战中获胜的得10分。你们有信心接受挑战吗?(与表现出为难情绪的孩子进行个别沟通,鼓励孩子试一试,悄悄告诉孩子,我们一起来加油!)

3. 工作坊——多维建构

(1)个人挑战项目:在10分钟内,用雪花片搭出2种及以上不同造型的花,10分钟后比比谁的小花园里的花的品种多。(操作过程中,要注意观察孩子的表现,给有困难的孩子一些建议,尽量让每个孩子都能顺利完成挑战)

师:时间到!让我们一起来欣赏一下吧!小雪,你的花很美,能介绍一下吗?

幼:我搭的花是黄色的,它有6个花瓣;还有一朵是紫色的,像喇叭。

师:是,我看懂了,紫色的花上下由两个不同大小的椭圆形叠在一起,感觉就像个喇叭。那你喜欢谁搭的花呀?

幼:我喜欢茜茜的。

师:那就请茜茜来介绍一下吧!

幼:我搭了三朵,每朵花的颜色都不一样,这朵是圆形的,这朵上面像焰火一样分散开来,这朵像雪花。

师:表达得非常清楚,那你喜欢谁的花?

(循环介绍,要及时鼓励平时爱模仿而今天有创新表现的孩子)

小结:这次挑战任务大家都完成得很好,大家都可以得到奖励。搭出2朵的,奖励5分;2朵以上的奖励10分。

(2)集体挑战项目:6人一组,在15分钟内,用三种以上的材料(橘子皮、纸杯、毛线、电线、橡皮泥等)设计出不同造型的花,比一比哪一组的花园最有创意,使用的材料最丰富。

(幼儿分组操作,教师要注意观察孩子有没有碰到什么困难,及时给予协助)

师:哇,才短短5分钟,大家的花园已经变得比原来漂亮多了,有用纸杯剪出来的、有用毛线绕出来的……你们可以相互欣赏一下,然后再继续装扮。

(孩子们相互观察,教师引导孩子观察使用了哪些材料和手法,如:卷、粘、剪、绕等)

师:好,继续加油吧!

师:时间到! 你们真是太厉害了,老师都没有想到可以有这么多的变化!

4. **感悟园——领悟成就**

(1)邀请小班的弟弟妹妹来班级欣赏"美丽的花园",让孩子们在弟弟妹妹的赞美声中感受创造的乐趣。

(2)原始的雪花片及废旧材料与造型后的花园进行对比,请孩子们用一个词来赞美一下花园(如:神奇的花园、美丽的花园、五彩缤纷的花园、彩色的花园、可爱的花园),感悟创造的魅力。

5. **实践点——提升自我**

这些神奇的、五彩缤纷的、各种各样的花园是谁做的?

小结:我们每个小朋友的身体里都住着一个小小精灵,只要你发现他,就会发生神奇的事情,经常运用他,你就有可能成为一名小小发明家。老师要把你们建的花园保留下来,把它放到幼儿园的大厅里开一个花展,让全园的小朋友和爸爸妈妈都能够欣赏到你们的作品!

C 辅导反思

在结构游戏中,教师如果能打破幼儿的思维定式,为幼儿提供各种建构材料,引导幼儿从选择一种结构材料到选择多种结构材料,从构建单一的物体形象到构建丰富的物体形象,有利于幼儿想象力和创造力的发展。如本次活动中出现的雪花片、橡皮泥、废杯、橘子皮等,这些材料的最大特点是幼儿可以不受任何约束,根据自己的想象进行构建活动。

当孩子在结构游戏中有创新表现时,教师及时的鼓励、表扬,能给予孩子信心。本活动引导孩子从尝试同质异构过渡到异质异构,拓展了孩子的思路,启发孩子大脑想象,巧妙构思。孩子们在弟弟妹妹的赞扬声中得到鼓励,使他们的创造成果在这一过程中得到允分的展示,从中让他们感受到自己的创造能量,这对孩子的思维会产生积极的效应,有利于激发培养孩子的创新精神。

今后可以在班里开展"创造之星"评比专栏,将孩子们有创意的作品进行展示。同时老师要注意坚定孩子们的自信心,给予每个孩子创造性地表现和表达的机会,让创造的种子在孩子们心中生根、开花、结果。

作者单位:宁波市市级机关第一幼儿园

编者点评

　　教师在本课中如同一位总设计师,构建了一幅巨大的花园作品,每一个游戏环节,在提升幼儿创造力的基础上,也为花园的建设添砖加瓦。而多样材料的使用,有助于幼儿冲破习惯的思维定式,探索眼前物品新的用途,寻求多样性的解决方案,进而达到提升创造力的目的。

　　搭花的创造力评分不应以数量来衡量,就像画家一样,成就的高低从来不是以产量来决定的。所以,整个活动过程,教师不需要评论幼儿谁最有创意,谁的作品最多,而应把目光聚焦到每一个幼儿身上。一个善于发现美的鼓励眼神,是保护和支持幼儿创造力的有力武器。

 ## 游戏,带你走入创新王国

汪亚蓉

A 辅导缘起

　　案例描写一:娃娃家的爸爸一直在家里烧菜、做饭、吃饭;妈妈呢,就是抱娃娃唱唱歌,娃娃家的两个大人不断地重复着以上的动作,实在是没意思。

　　案例描写二:超市里的服务员站在柜台里,大声吆喝着:"快来买,快来买。"好不容易有个顾客买了一盒牛奶,十秒钟买好走人,服务员继续无聊地等客人上门。

　　这样的角色游戏内容情节固定,同伴之间重复模仿,缺乏新的主题内容,严重阻碍了孩子创新能力的发展。进入新世纪,创新将成为立足之本,没有创新将意味着误车掉队,没有创新就意味着淘汰落伍。幼儿教育是人生的重要启蒙阶段,担负着为人才培养奠基的艰巨任务,应该鼓励孩子们去标新立异,努力培养孩子的创新能力。

　　作为教师,我们要善于观察、发现、保护他们创新的火花,注重创造的延续。因此,我有了在角色游戏中有意培养孩子创造力的想法。辅导对象为小班幼儿。借助他们对角色游戏的喜欢,通过对他们的团辅活动,鼓励幼儿独立地、创新地开展游戏,从而达到发展创新能力的目的。

B 辅导节点

1. **热身台——笑哈哈,引发活动兴趣**

宝贝们我们一起来玩角色游戏吧!

提问:宝贝们,你最喜欢到哪里玩呢?你最喜欢扮演什么角色呢?

2. 情景场——美滋滋,创设问题情境

看视频(视频表现角色游戏中孩子单一重复的活动情节),提问:你看到的小朋友们是怎么玩角色游戏的?你觉得这样玩有意思吗?为什么会觉得没有意思?要怎么玩才会有意思呢?

3. 工作坊——乐悠悠,把握结构层次

设置娃娃家3个,超市1个。

(1)第一次玩,请孩子们分别选择自己喜欢的地方、喜欢的角色去玩一玩。

(2)听到音乐后回来,告诉老师,你扮演的是什么角色?你是怎么玩的?你为什么要这样玩?你还想怎么玩?除了这些你还需要什么?

教师重点鼓励:你一定玩得很开心吧;这个玩法我也很喜欢;下次我想跟你一起玩。

(3)第二次玩,老师提供了一些半成品材料供孩子们选择。

(4)听到音乐后回来,告诉老师,这次你到那里干了什么?玩了什么新内容?

教师激励创造:给有创新的孩子贴上具有想象能力的七色花。

评价点拨:你真聪明,这个"妈妈"真的超能干啊;原来××还能变成××,真是个好主意啊;进行展示和表扬(把箱子改造成了日常生活中的滚筒洗衣机;将白纸撕成细纸条当作面条,揉成一团当作馒头……)。

(5)第三次玩,孩子们更加投入,更加专注了。哪里最好玩?哪里不好玩?我们可以改一改吗?

发散思维:引导孩子合理想象,不断拓展游戏情节(比如超市卖同样的东西失去新意,可以增加制作各种食物,也可以生产真正的食物)。

4. 感悟园——甜蜜蜜,收获灵动活力

(1)鼓励发现问题——给幼儿自由的氛围,提供幼儿接触外界的机会。

(2)指导解决方法——给幼儿思考的余地,启发幼儿自己去寻求答案。

(3)善于标新立异——放手幼儿去玩去乐,激励幼儿敢于质疑的精神。

5. 实践点——喜洋洋,执着创新勇气

(1)镜头一。

我看到自然角的花儿、草儿非常漂亮,随口说:"小花、小草多可爱,花园里真美啊!"多多小朋友马上接着说:"我和妈妈手拉手,小花小草手拉手。"这是多么美的诗句啊!我真佩服孩子的创新能力。

(2)镜头二。

顺顺突然生气地跑到我跟前大声说:"汪老师,兵兵来我家捣乱,把我们家里的饮料罐拿走了……"我连忙来到兵兵面前,询问发生了什么事情,兵兵扬了扬手里的盒子:"我……想……要这只盒子。"

"要盒子做什么呀?"

"我想把它当作手机,邀请更多的朋友来玩!"

原来是这样,这是多么好的想法,我肯定了他的想法,然后一起想办法得到同伴的同意。

辅导反思

"创"者花样翻新,"新"者从无到有。

一提起创新能力、创造发明,人们往往会说这是科学家、工程师的事情。其实我们人人都有创造发明的潜力。尤其是孩子,他们犹如一张白纸,一些想法稀奇古怪,超越现实,我们不可以用成人固定的思维模式去限制或盲目干预。我们要允许孩子通过想象和思考来解决问题,允许孩子突破原有思维的条条框框,允许孩子标新立异的独创见解,敏锐地捕捉创新思维的触点,加以科学地引导,有意识地激发幼儿多角度地思考问题,从而达到创造能力的培养。

这样的角色游戏不仅让孩子们玩得开心,更是让孩子在玩的过程中不断去发现和创造。这种教育方式,真正地尊重了孩子,顺应了孩子自然成长的发展规律,培养和发展了幼儿的创新意识。

但活动中也有个别幼儿"躲藏"在同伴的身后,没有真正地投入到游戏之中,在老师面前一直表现出,你给什么我就玩什么这样"乖孩子"的角色,我能评价这样的孩子不好吗? 这正是我的困惑所在,希望得到同行以及各位专家的点拨指导。

作者单位:宁波市市级机关第二幼儿园

编者点评

本课设计独到,以"娃娃家""超市"这些常见的幼儿园游戏入手,教师运用体验法、情景教学法,通过音乐营造情景,引导幼儿在一次又一次相似的游戏中体验、领悟创造性游戏的乐趣。正是这样看似"重复",实则"创新"的过程让幼儿体会到了成就感,也更有兴趣参与其中,这种主动研究的努力过程,本身就孕育着创造性。

但从另一角度看,"娃娃家"和"超市"对于有些幼儿来说,没有吸引力,是在教师的主导和控制下行动的,因此幼儿显现出意兴阑珊的状态也在情理之中了。

圆形变、变、变

韩幼萍

A 辅导缘起

创新教育是素质教育的灵魂。只有创新才能激活孩子的思维和才智,从而激活他们全身的能量。大班幼儿求知欲旺盛,已经具有具象思维和善于想象的特点,此时是培养幼儿创新能力的最佳时期。

大班艺术活动《"宝贝"大变身》,要求幼儿运用美工材料对收集的宝贝进行创意制作,体验动手制作创意玩具的成功与快乐。我将孩子们收集的材料,如圆形的盘子、各种形状的盒子、石头、布料、纸张等进行了分类。在幼儿进行的自主创意制作环节中,我发现孩子们对盒子的变身非常感兴趣,变出了车厢、饮水机、空调等等,但对圆形盘子的变身就较局限,不外乎只是轮子和头,互相效仿的较多,独创性不够。

于是我想通过开展团辅活动,通过有趣的圆形想象,采用圆形添画及圆形创作描绘出更有独特价值的作品,培养孩子创造性思维。

B 辅导节点

1. **热身台——游戏引入,激情热身**

(1)游戏激趣:今天我们来玩一个"转个身儿变变变"的游戏,一起来变各种圆,争当"圆形大使"。

(2)游戏规则阐述:可以用自己身体的任何一个部位来变圆,也可以几个人合作变圆,看谁变得跟别人不一样。

小结提升:大家真会动脑筋,你用小嘴变了一个小圆圈;你和小伙伴一起变了一个圆圈……很多孩子都变出了不一样的圆。

2. **情景场——交流讨论,聚焦问题**

(1)提出问题:"圆形国王"说,只要有人能一口气说出十个圆形的物体,就邀请他进入"圆形王国",你们行吗?

(2)心灵交流:幼儿"我想不出""我说不出这么多""我来试试"。

(3)发现问题:为什么有小朋友重复答案?为什么不能一口气说出很多?为什么有许多孩子不敢举手?

(4)展示团辅主题:我们一定能变出十个圆形物体。这样吧,先去"圆形王国"玩一玩。

3. 工作坊——争分夺秒，抢说快画

（1）找圆说圆两分钟：找一找，说一说，周围生活中有哪些圆形？（要求细心观察，拓宽视野）

（2）快速添画两分钟：画一画，比一比，看谁的圆形物体画得既多又新奇。（培养孩子们求异欲望及思维的敏捷性）

（3）整理作品两分钟：想一想，聊一聊，你把圆形变成了什么？（重视提升孩子们的发散性思维）

（4）快乐体验：哇！国王已经打开了第一扇宫门。

4. 感悟园——强化经验，难点梳理

（1）归类摆放：请大家仔细观察，大家的圆形都一样吗？幼儿每说一个不同点，教师马上摆放相应的图片。

①圆的大小不同：有的圆大大的，像大蛋糕的底层；有的圆小小的，如跳跳糖……

②圆的数量不同：两个圆变出小鸡，四个圆变出蝴蝶……

③圆的形状不同：有浑圆的，如大盘子；有扁圆的，如管子的口子；有椭圆的，如鸡蛋……

④圆的排列方式不同：有大圆藏小圆的，如饼干；也有小圆在大圆的各个方向的，如花；还有一样大小的圆的不同排法，如眼睛……

（2）"盒子"整理：出示4个面都以图文并茂的形式呈现圆的四个不同特点，且一个面画有大拇指的盒子。

小结：其实圆除了大小不一样以外，还有数量不同、形状不同、排列方式不同等特点。（每说一点就转动箱子的一个面，呈现4个不同点）如果这四个方面我们都想到了，我们就能一口气说出很多很多的圆。所以我们平时想问题也要从多个角度去思考，多方面去努力，这样会使自己更聪明。（出现大拇指的一面）

（3）快乐体验：国王夸我们发现了那么多不同的圆形，已经打开了第二道城门。

5. 实践园——迁移经验，激情创作

（1）分组合作：一个说圆形的物体，另一个给他贴一个红点点，看谁的点点多。

（2）个别展示：请有3个点点的孩子进行表演。（圆片奖牌鼓励）

（3）大胆创作：引导孩子大胆进行圆形创作，并请他们张贴在教室两边的展示板上，创作10个以上的以圆片奖牌鼓励！

（4）分享成功：我们从怕变圆到变成了"圆形大使"。瞧，国王吹出一串串的圆泡泡，放出了五颜六色的圆气球，在宫殿欢迎大家呢……（PPT展示）

C 辅导反思

创造思维训练包括发散性思维训练、横向思维训练和逆向思维训练，这些思维训练可以帮助人们打开思路，让创意悄然降落心中。

本次活动主要从拓展幼儿思维方面进行设计,以"圆形大使"进皇宫为游戏主线,游戏情景始终贯穿其中,在不知不觉中进行了颇具实效的团辅活动。孩子们由怕变圆到乐意添画再到大胆创作,创新能力得以提升,快乐情绪得以升华。活动以"转个身儿变变变"的游戏热身,自然引发了孩子的心理冲突;然后通过工作坊时间,培养孩子独立思考的能力及思维的灵活性。在此基础上,师生共同整理出四大类圆形的不同点,拓展了思维;并用盒子游戏,培养孩子解决问题的能力;然后以不同的组织形式,从想象添画过渡到想象创作;最后人人完成任务。

作为教师,在日常教学活动中要善于关注幼儿的兴趣,及时表扬孩子的创造性行为,鼓励幼儿去尝试。在游戏中,教师也要注意到幼儿创造性思维的个体差异,让幼儿在现有水平上再提高一个层次,使孩子的创造性思维得到发展。只要我们充分认识创新的重要性,并精心培育这些创造嫩芽,每个幼儿都将是小小的创造发明家。

作者单位:宁波慈溪市白沙路街道中心幼儿园

❤ 编者点评

教师采用了"游戏通关"的活动模式,将一个"圆"玩到了极致。在通关的过程中,我们看到了幼儿群策群力,集体讨论。这种集体讨论不同于一般的集体讨论,它不集中于单一的"正确答案",而是鼓励幼儿寻找尽可能多的方法与答案,这个过程对培养幼儿的创新和求异思维非常有利,也达成了"圆"满的效果。

对于看似相同的答案,教师应详细询问发现其中的不同之处,而不是给予否定。譬如,同样从圆联想到"扣子",就会有很多不同的花色品种的扣子,这也是创造力的表现。教师对幼儿的认可和鼓励在活动中起到至关重要的作用。

画声音

陈莉霞

A 辅导缘起

在我们的生活环境中充满了各种各样的声音,有气势磅礴的海浪声、溪水潺潺声、悠扬的乐器声等。正是由于这些声音的存在,我们才能更好地了解自然,交流思想。人在胎儿时期,发育最为兴旺的就是听觉系统了。因此,孩子对声音是非常敏感的。

音乐是声音中最为神奇的一样东西，认真地倾听，能给人以各种遐想，能勾起人内心的各种情绪，世界上每一个孩子都具有音乐的潜能。

绘画是幼儿表达情绪、情感和对事物理解的一种最直接的方式之一。绘画对幼儿有种天然的吸引力，绘画对幼儿来说是一种游戏，更是他们的第二种语言。

每个人对音乐都有自己独特的感受，这种感受对幼儿来说，很难用语言表达清楚。把自己对音乐的感受通过绘画的形式表现出来，不仅能让幼儿的情绪情感得到最直接的宣泄与表达，还能让教师更好地了解幼儿内心的想法，走进孩子的内心，能有效地疏导和调节幼儿的心理。

根据大班幼儿的年龄特点，我设计"画声音"活动，表达幼儿自己对音乐的独特感受和理解。

B 辅导节点

1. 热身台——挥起彩带，舞动起来

舞动的彩带：孩子们听着《花好月圆》的音乐走进活动室，然后请大家选择一条自己喜欢的彩带，随着音乐舞动起来。

2. 情景场——发现线条，伴有音乐

神奇的线条：当孩子们尽情地挥舞着手中的彩带的时候，在大屏幕中出现与音乐相一致的波段。一个、两个、三个……越来越多的孩子会看到这一现象，并会产生各种好奇。同伴之间的交流引发各种讨论。教师提问：你在哪里也看到过这样的线条？

小结：声音不仅能让我们的耳朵听到，也能让我们的眼睛看到。

3. 工作坊——用心聆听，画出音乐

（1）不同声音与不同线条。

要求：请你仔细听一听，猜猜是什么打击乐器发出的声音？想想可以用什么线条来表示？

请幼儿一边倾听音响里播放敲三角铁、锣鼓，以及钢琴里弹奏出的声音，一边作画。

小结：原来不同的声音可以用不同的线条来表现。

（2）不同旋律与不同图案。

请幼儿先欣赏一段用钢琴弹奏的旋律，然后再欣赏一段刮音，请幼儿把自己的感受画在纸上，然后相互交流。

小结：原来不同的旋律可以用不同的线条和图案来表现。

（3）不同画笔与不同感受。

为幼儿准备好水彩笔、油画棒、水粉笔、水粉颜料、小抹布等。在活动室四周的墙上贴上1K宽的长卷。请幼儿聆听《花好月圆》的音乐，尝试用不同的笔在长卷上画出不同的线条和图案。

小结:原来用我们手中的画笔可以把自己聆听到的音乐画得这么美。

4. **感悟园——心灵感悟,手绘尽显**

(1)我画我心:让孩子静静地去聆听不同的声音,在脑海里尽情地遐想,然后通过手中的画笔,把自己的感受用各种线条、图案表现出来。把抽象的声音转变为直观的图画,对于语言表达能力还较弱的幼儿时期的孩子来说,是表达内心感受最直接、最独特、最完整的方式。

(2)多种体验:通常我们会引导幼儿把听到的信息用语言表达出来。对于以直观形象思维为主的幼儿来说,用绘画的方式,更容易进行欣赏和交流。而且在画声音的过程中,幼儿也会宣泄内心的情绪。这也是排泄不好情绪的好方法。

5. **实践点——小小线条,大大作用**

(1)线条的广泛应用:对声音的自我感受,除了可以用各种线条来表现,还可以用什么方法来表现呢? 我们可以组织大家再次进行讨论,拓展幼儿的思维,如画味道、画心情等。通过不同的画线条活动,感受到小小的线条有大大的作用。

(2)对声音的多种表现:对声音的独特感受,除了用语言表达、身体动作、绘画的方法,还可以用什么方法进行表现呢? 提问引发大家的思考,进一步激发幼儿对探索声音的兴趣,增强幼儿的发散性思维。

C 辅导反思

团辅活动让幼儿看到了声音的另一种表现形式——作画。把抽象的声音转变成具象的线条,大大激发了幼儿对这一现象的好奇心。我创设机会引导幼儿从易到难地去尝试用线条或图案来表达内心的感受。从单音到旋律,再到完整的一段音乐,幼儿运用多种绘画工具,体验到了对音乐的独特的表现方式。并且此过程也培养了幼儿认真倾听、独立思考的良好学习品质。

本次团辅活动并不是一节真正的音乐活动。因为音乐活动需要引导幼儿去感受声音的高低、节奏的变化等音乐元素,掌握一些音乐技能等,但是这样的团辅活动不能按照音乐活动的要求,去要求幼儿掌握音乐技能,更多的是引导幼儿对音乐独特的感受、理解与表达。

在本次活动中,我发现幼儿运用作画的方式来表现音乐的能力差异很大。有的想象力丰富,所画的线条和图案非常清晰。有的幼儿在听音乐的时候很兴奋,可是作画的时候却表现不出来。对于这样的活动形式,幼儿需要有个适应的过程,还需要进一步强化良好的倾听习惯和大胆的想象能力。如果能经常开展这样的活动,相信幼儿的表现会更好。

作者单位:宁波市鄞州区德培幼儿园

编者点评

幼儿的创造力是可贵而美好的,就如同一粒种子,它蕴含了生命成长的潜在资源,但需要外界适当的条件才能更好地成长。本课教师使用了独特的载体,用幼儿对音乐和声音的感受作为主线展开,让人耳目一新。音乐具有一般的游戏和语言所没有的能量,更能唤醒幼儿内在的潜能。通过用线条和图案表达内心感受等一系列游戏,教师激发了幼儿内在创造力种子的萌发。整个课堂充满了艺术感,其本身就是一节具有"创新"特色的心理辅导活动课。

能表现声音的不仅有线条,还有更多的图形;能表现声音的不仅有图形,还有更多的方式,如肢体动作、色彩、影像、物品等。如果教师的脑海里已有定式,会阻碍幼儿原生态创造力的发展。此外,教师如果没有一定的音乐基础,请慎重尝试此课。

91 我的地盘我做主

陈音子

A 辅导缘起

体育活动区永远不缺乏热情的小观众,也永远都伴随着一个乱糟糟的器械柜:一碰就滚的篮球、缠绕纠缠的高跷、找不到朋友的羽毛球……幼儿不能快速、自主地取还器械,教师更是疲于反复的整理工作。

体育器械一定得按照教师的想法来整理吗?教师的整理方式就一定是最合适的吗?为什么不发挥大班幼儿的主动性,让他们自己动手、按自己的想法整理器械?听到这里,想必许多教师心中开始疑惑:"孩子真的可以吗?"

大班幼儿具有基本的生活自理能力,而且会按类别整理物品,这是整理活动所需的基本能力经验。大班幼儿虽思维活跃,充满探究精神和创新勇气,但他们的想象思维不受习惯约束,没有展示和被尊重的机会,所以他们的创新想法要么天马行空,不着边际;要么追随大流,毫无新意。

本次辅导活动以体育器械的整理为契机,凭借他们愿意为他人服务的愿望,通过团辅活动来促进这个大班幼儿创造性思维的发展。

B 辅导节点

1. 热身台——欢乐进场

(1)欢快入场:伴随着音乐声,幼儿来到提前布置好的活动室就坐。

(2)口令游戏:师幼共同玩游戏"大风吹",轮到的幼儿想出一个与众不同的口令,比比谁的口令最特别。

2. 情景场——问题呈现

(1)发现问题(出示一筐乱糟糟的高跷):每次活动后,高跷总那么乱糟糟,谁能帮老师想一个又快又便捷的整理方法。

(2)心灵交流:畅所欲言,讲述各自的点子。

(3)展示主题:老师用你们想到的一个点子来整理。(出示把高跷两个一对,每对涂上不同颜色做标记后的整理视频片段)整理高跷真的变方便多啦!

3. 工作坊——尝试解决

(1)体育材料,乱糟糟。

①现场展示乱糟糟的体育器械柜:你们能帮老师把这些体育器械柜整理整齐吗?

②小组讨论,分享结果。

③教师重点鼓励:你的方法与众不同;你的想法真独特;我真想试试你的方法……

(2)实践操作,试一试。

①分组操作,整理柜子:请大家分组动手整理各自的器械柜吧。

②交流分享,操作心得(结合幼儿好方法的照片):刚才你是怎样整理的?这个方法有什么好处?

③教师小结,提炼主题:以物品特征进行分类,方便材料的归类摆放;用物物整合的方式把篮球放进呼啦圈内,不仅充分利用空间而且防止篮球滚动;按柜子大小摆放材料,充分利用柜子空间。

(3)再次操作,理器材。

①深入讨论,调整想法:想一想怎样调整能更合适、更快捷地整理这些材料?

②再次操作,整理器材。

③分享交流,操作反馈:这一次你用了什么方法?与之前的方法相比有什么改变?

④教师小结,提炼主题:你认真思考了器械乱的原因,再选用合适的方法去整理,可见你具有很强的问题意识。你们没有模仿其他人的方法,求新求异地想出了适合的方法。你们小组虽然花费时间最久,但却从未放弃,是群具有坚强意志力的孩子。

4. 感悟园——体会成功

(1)照片分享,收获成功:看到整理后的体育器械柜觉得怎么样?为什么?

(2)深入交流,引发领悟:这个柜子这么整洁,是哪一组整理的?刚才整理时为什么停下来?(遇到困难,因为第一次整理时有些方法是老师教的,但是方法并不好)为什么后来又开始整理了呢?(想到了更好的方法)

教师小结:你们敢于推翻之前老师的方法,说明具有批判精神;同时你们没有放弃终获成功,说明你们克服了重重困难。之前你们是这样整理的,为什么又选择了另一种方法呢?(会借鉴好的方法,举一反三创造出新的方法)

(3)教师小结,提炼主题:在整理过程中,你们质疑思考器械乱的原因,积极动脑想出各种方法,独立思考寻找适合的方式,勇于挑战,敢于推翻自己,最终举一反三找到了最适合的办法。

5. 实践点——投放实践

(1)延伸生活:日常生活中还有哪些地方也需要整理?又该怎样整理?

(2)精彩荟萃:幼儿讲述自己认为需要改进的地方和理由,并阐述整理的方法,激发幼儿的主动性。

(3)活动延伸:原来有这么多地方需要整理呀,那就让我们一起动手去整理吧!

C 辅导反思

本次团辅活动从孩子的实际生活问题出发,通过思维碰撞、实际操作、调整反思、推陈出新,发现适合的整理方式,突破自己的同时又体验到成功的快乐。

孩子们从一开始天马行空、随波逐流地想办法,到亲自操作分享整理的好点子,再到反思方法中的问题所在,最终能调整想法、举一反三改变固有思维寻找到更为适合的方式。起初乱糟糟的体育器械柜,通过孩子们小手的整理变得整洁舒适,直接感受到创造的乐趣,体验到成功的快乐。孩子只有觉得改变固有思维的创新是最棒的,才能促使他们自身将这种思维运用于生活之中,成为一个有创新精神的孩子。

创新是一种精神,是对现实的再创造,是思维的火花碰撞,更是对孩子学习品质的深化。除了类似的团辅活动,我们还可借助家园合作、班级活动的形式,为孩子创建更多的活动机会,让创新之心在孩子心中冉冉升起,伴随终身。

作者单位:宁波市象山县海韵幼儿园

❤ 编者点评

这堂课的设计非常接地气,不仅培养了幼儿的创造力、动手能力和合作意识,而且贵在能解决班级的实际问题,我相信这样的课程一定深受广大班主任的欢迎。教师给幼儿搭建了一个实操平台,让幼儿运用已有的能力和知识,对新的任务——整理体育器械柜进行加工,产生新颖、独特、有价值的方法,并在不断的比较和调整中提升自己的创造力。创造力强的幼儿所作所为时逾常规,这在很多教师眼里是不能容忍的,而本课教师则鼓励幼儿对教师进行批判和质疑,这点特别让人感动。

但一味的求新求异可能会将创造力引向错误的方向。在整理器械的过程中,即使是同样的方法,如有小细节的改进,也是非常值得称道的。不否定模仿,好的方法应该推广;如模仿有创新,则更值得推崇。

 送你一个惊喜

周飞波

A 辅导缘起

对于幼儿园的孩子而言,他们在艺术表现和文学创作等方面已展现出非常丰富的创造力,而事实上,在人际交往方面,孩子们同样需要去创造性地看待和处理问题,才会使自己的生活变得更加融洽并富有乐趣。尤其是大班孩子,尝试学习并运用一定的交往技能跟不同的人相处,尝试创造性地去解决交往过程中遇到的各种问题等,都将对孩子未来的生活发生至关重要的作用。比如孩子们认为给心爱的人送礼物,就是送好吃的、好玩的或者是红包之类,比较偏物质,定义还是过于狭隘,不知道情感上也可以有创造性的礼物,而且更能感动人。因此,我辅导对象为大班幼儿,借助绘本故事使其理解惊喜及制造惊喜的意义,体验收到惊喜和给予惊喜时的快乐,了解给心爱的人制造惊喜的简单方法,尝试给自己心爱的人设计一个惊喜。此次活动旨在让孩子以各种不同的惊喜方式,创造性地表达对他人的爱与关怀,赢得与他人更深厚的情谊,同时又让各自的生活更富有情趣。

B 辅导节点

1. **热身场:见面中铺垫惊喜**——**意外遇见,激发兴趣**

(1)体验惊:老师躲在门后,突然跳出来,吓孩子一下,请孩子谈谈感受。

(2)聊聊惊:说说生活中其他自己被吓一跳的事,都是些什么事。

2. **情境场:欣赏中理解惊喜**——**角色引入,绘本解读**

节选弗洛格成长故事《特别的日子》,音乐伴奏,结合PPT讲述故事,倾听欣赏

后提问:

(1)为什么小伙伴们前面都不告诉弗洛格?——引出惊喜概念。

(2)什么是惊喜?——明确惊喜特点(事先没预知,突然获得某件心仪的物品或突然遭遇某件奇妙的事情),儿童化语言定义:被高兴的事吓一大跳,叫作惊喜。(用图标提炼)

(3)为什么他们要给弗洛格制造一个惊喜?——剖析惊喜用意(想让自己喜欢的人高兴)。

3. 工作坊:回顾中链接惊喜——生活谈话,交流经历

聊聊曾经在生活中遇到过的惊喜。分享中,一方面教师对惊喜的各种类型进行提点梳理,突出渲染孩子曾经遇到惊喜时的那份喜悦与幸福;另一方面教师根据孩子的回顾举例,检验对惊喜的理解是否准确,如有出入,让孩子们结合惊喜的三大特点进行相互纠正。

4. 感悟园:接受中体验惊喜——现场实验,操作感受

现场送每个小朋友一个惊喜:"第一,因为喜欢你们,希望你们快乐,所以要送惊喜。第二,因为是惊喜,所以不会告诉你们是什么,等你们自己去发现。"

(1)给每个孩子发一张白纸,先看看里面藏着什么惊喜。

(2)每人拿一个装有稀释碘酒的喷壶,往白纸上喷洒。(白纸上有用米汤画过的图案,有冰激凌、礼物盒、棒棒糖等,当稀释碘酒喷上时,蓝色图案瞬间在白纸上出现)

(3)说说发现老师送的惊喜是什么?发现这个惊喜时,心情怎么样?

小结:其实不光你们收到惊喜时快乐,老师发现你们收到惊喜很快乐时,也觉得快乐!

5. 实践点:输出中践行惊喜——尝试设计,分享方法

(1)提出愿望:你有自己喜欢的人吗?想不想给他们制造一个惊喜,让他们高兴一下?

(2)设计表介绍:给谁送惊喜?为什么?怎么惊?什么喜?说说设计要点:事先不能让对方知道,要是对方喜欢的,有点奇妙;可以自己一个人设计,也可以跟别人一起设计,我们能够做得到的……

(4)孩子们分组,相互商议,并填写自己的惊喜设计表。

(5)集中分享交流:觉得很棒的,给予掌声通过;觉得有问题的,给予补充完善。(碰到幼儿要送的好朋友在现场,让孩子自己选择要不要分享,要不要让对方听到,如想分享又不想让对方听到,可以怎么办?)

延伸:用诗化的语言概括惊喜的美好,进一步感受生活中有了惊喜以后的无穷乐趣。孩子们带上自己的设计稿,在生活中用行动完成它。

辅导反思

整个活动都沉浸在浓浓的爱与快乐中，创造更是让活动升华到了一个超越成人预期的美好。比如有的孩子说："我要送给妈妈的惊喜是全世界花钱都买不到的，就是亲亲，今天妈妈下班回家时，我要躲到门后面，突然钻出来给她一个亲亲，我想她一定会很高兴。"有的孩子说："我要约我的好朋友到公园来玩，突然把她一直很喜欢的一个发夹送给她，她一定会很高兴。"有的孩子说："我想给我的外婆一个惊喜，明天早上我悄悄地帮她把牙膏挤好，她一定会觉得非常奇妙，非常奇妙。"……看着孩子们一面讲述一面抑制不住的笑容，完全有理由相信他们就会去那么做，而且一个个都做得那么出色。自己分享了一个惊喜，而从同伴的分享中学习到了N个创造性的惊喜，有多少人会在这个辅导活动后，收获收到和送出惊喜的快乐呀！

在后续的延伸活动中，孩子们以绘画的方式跟进记录了自己实践的惊喜、对方当时的反馈以及自己的感受，满满的都是以自己力所能及的方式表达爱意的创造。生活，便变得如此美好了。

作者单位：宁波市北仑区戚家山中心幼儿园

编者点评

这堂心理辅导课，教师通过惊喜的分享，赋予了幼儿对惊喜的快乐体验；通过设计惊喜，让幼儿的才情得到自由展示和表达；通过拓展实践，让幼儿将课堂上的体悟得以历练，最终收获成长。

但惊喜的重点不应该是形式，而应是其中包含的情谊。整个活动虽热闹，但不够走心，是为憾事。此外，从门背后突然跳出来吓人的方式，如幼儿模仿用于家庭或其他场合，遇到心脏病等患者，将会只有"惊"而没有"喜"。

心理辅导 之
其他

分豆豆

周 静

A 辅导缘起

在我们的日常生活中,幼儿的自我控制能力缺乏的表现是多种多样的,最常见的诸如随便发脾气、上课说话、无故招惹别人。我曾给小班的幼儿做过一个实验,给一群孩子分糖果,告诉他们如果过一段时间吃就可以多得一颗糖。结果,有的孩子坚持了等待,而有的孩子却没能坚持。经跟踪调查发现:那些在早年时能以坚持换得第二颗糖的孩子通常独立性强、自信、开朗、社会适应性强;而那些早年经不起果汁、软糖诱惑的孩子则更多地表现出孤僻、易受挫折、固执,并往往屈服于压力,逃避挑战。

现在的孩子爱表现、好表现,他们经常会在课堂上不由自主地抢着回答问题,缺乏等待,阅读的时候看到好看、好笑的又会率性为之;在做事情的时候他们又极易受外界的干扰,可以说他们会时常"管不住自己",严重影响自身的身心健康,影响到他们的学业、同伴关系和社会适应能力,影响其将来的工作、学习和生活。

因此,我设计了幼儿行为自控、情绪自控等系列的相关活动,意在通过活动让幼儿掌握一些自我行为控制的小技巧,并在体验成功的过程中获得快乐。

辅导对象:中班幼儿。

B 辅导节点

1. **热身台——制造"诱惑",引发"冲击"**

(1)抛——抛出主题的第一次诱惑点。"你们来帮我一个忙,把黄豆和绿豆帮我分分开好吗?你们分完,我会给你们看动画片。"教师在提问中,让幼儿主动获取对提问的理解与认知,让他们明确教师的要求,形成初步的规则意识。

(2)引——引导幼儿的第一次感知力。在幼儿分豆子时播放动画片,给予其内心强大的矛盾冲击,看还是不看?分还是不分?一边看还是一边分?这样的矛盾跟随幼儿进行他们内心的第一次感知与互动,潜意识地进行心理活动,以此来达到教师预设目标的心理活动过程环节。

(3)启——启发幼儿的第一次交流欲。教师用征求意见的语气进行实质性的强制方式,让幼儿停下思考,并要求幼儿开展第一次的内心流露,进一步引导幼儿探讨如何控制自己,抵住诱惑。

(4)合——整合幼儿的第一次经验群。教师通过谈话讨论并运用"互动—分享—感知—体验—反思—获得"的螺旋递进式模式与幼儿展开心理的经验分享和交流。

小结性提升：教师与幼儿进行系列的分享后整合出小结性的问题，眼睛不看，心里不想，心里只想着自己此时正在做的事情，这样才能可以管住自己。

2. 情景场——视频互动，倾听心声

(1)观看视频，初步感知。

第一个视频(滑滑梯)：帮助幼儿理解和表达。而后，教师出示图片，重点剖析视频上的小朋友发生的事情，激发幼儿对生活经验的回忆、理解，发表自己的初步感想。教师提出：做好耐心的等待，一个一个等着，最后总会轮到自己的。

(2)分组讨论，自由分享。

再次播放第二、第三个视频，进行分组讨论。运用情景再现的方式让幼儿再次联想和运用生活经验，进行系统的心理活动，这样的自我矛盾体验，让幼儿明白原来有的时候可以用各种各样的方法来管住自己，从而实现内心活动与内心表现。

(3)集体模式，经验串烧。

教师请每组幼儿上来分享自己的内心体验和对这个情景的理解。最后运用小博士进行集体的心理总结，帮助幼儿有更加正确的心理观念。

3. 工作坊——情境游戏，内心体验

以两个小游戏的方式，来对幼儿之前所学会的一些管得住自己行为的方法进行梳理和内化。

4. 感悟园——亲身实践，真实感受

(1)闯关行动。再一次请幼儿分豆豆，同时进行零食大诱惑，再次让幼儿回归原点进行体验，当然这次的体验是基于第一次内心后的经验突发和运动，尝试和考验幼儿是否真的学会了自控力。

(2)举办成功嘉奖，增强幼儿成长路上抵抗诱惑的信心，检验幼儿的抗诱惑的意识，幼儿在不知不觉中促进其社会性心理的发展。

5. 实践点——区域设置，提升能力

在今后班级的区域游戏中，在图书区阅览书籍时，幼儿能否控制住自己不大声喧哗；在益智区表演区，正当玩得起劲热闹时，幼儿听到区域游戏结束的音乐，是否能立马收拾整理。

 辅导反思

"分豆豆"这个活动充分关注了不同水平层次的每一位幼儿，让行为自控能力差的孩子学习提高自控能力的方法，让已经具备一定自控能力的孩子在分享交流的过程中体会到成功的乐趣，更将自己零散的经验进行了梳理。幼儿期的孩子对于自控能力是不能形象地理解的。我将其巧妙地改编成了孩子能听懂的语言——管住自己的能力。并且在活动中的每一次小结我都用"管住自己"来代替"控制自己"。

这既不生硬,也便于孩子理解。

整个活动我遵循幼儿年龄特点,以游戏贯穿整个活动,让孩子在快乐的游戏中去体验,去感悟,注重幼儿的互动性、参与性。辅导过程中的孩子需要的不是说教而是倾听、诉说、分享与交流,因此活动中教师要为孩子创设一个轻松、信任的氛围,充分尊重每一位孩子,认真对待每一位孩子的发言。整个活动都要以"我和你的想法一样""原来你是这样想的"等富有正能量的引语,让幼儿在教师的赞美中获得自信的力量。

作者单位:宁波厚生幼儿园

编者点评

教师从"分豆豆"的自控及专心为引爆点,引导幼儿思考"管住自己"的方法——专心。这样的导入很自然,又能为活动提供新鲜真实的讨论素材。整个活动的设计使幼儿能真切地体验、充分地交流。课堂最后再一次的"分豆豆"游戏,教师重新设置了许多干扰,使幼儿的成功体验得以内化,各种管住自己的方法在实践中得以清晰而全面地总结展示。

如何关注"管不住"自己的幼儿,并作合适的引导,是教师需要进一步思考的。

94 《不要随便摸我》

俞婷婷

A 辅导缘起

当前社会儿童性侵案件频发,不禁让家长和老师都担心孩子的安全,再一次掀起全社会对儿童性侵问题的关注。通过对儿童性侵案件的调查和分析发现,80%以上的案件是由于家长过于相信他人,疏于对孩子的监管所致。家长、孩子性保护意识淡薄,遭遇性侵犯浑然不知。现象一:孩子屡次遭性侵犯,却不知这是对自己的侵犯;现象二:儿童遭遇性侵犯,却因惧怕不敢向家长说出实情;现象三:家长性保护意识缺乏,忽视孩子已经遭遇性侵犯的表现;现象四:受传统观念影响,有些家长对孩子遭遇性侵选择沉默。

如果孩子从小建立起性保护意识,遇到危险时,学会大声说"不",就能很大程度地避免被性侵犯。

本次团辅活动从中班幼儿的心理以及年龄特点出发,以绘本故事《不要随便摸我》为载体,通过实用性很强的故事,告诉孩子衣服遮住的那些部位是隐私部位,如果有人要随意触摸这些隐私部位是不对的,是危险的,要学会大声说"不",然后及时离开,寻求帮助。

B 辅导节点

1. 热身台——肢体接触,表达想法

(1)轻松氛围:幼儿在音乐声中进入活动室,围成圆圈,找一个舒服的姿势坐下。

(2)师幼互动:找一个幼儿进行互动,挠挠痒痒,摸摸肚子……

(3)交流分享:如果有一个人一直摸你,触碰你的身体,你有什么感觉?你会怎样对他(她)说或者怎么做?

2. 情景场——绘本欣赏,体验交流

(1)欣赏绘本《不要随便摸我》第一部分:妈妈对吉米做了什么事情?吉米感觉怎么样?后来妈妈跟吉米谈论了什么问题?

(2)欣赏绘本《不要随便摸我》第二部分:学习保护自我,提高自我保护意识。故事中小姑娘为什么突然离开了?当遇到这样的情况时,你要怎么做?

(3)交流分享:妈妈说跟触摸有关的、令人讨厌的事是什么?你遇到过别人触摸你让你感到讨厌的事吗?你是怎么做的?

3. 工作坊——认识隐私,实景演练

(1)认识隐私:图上的男孩和女孩穿的泳衣有什么不同,为什么要这么穿?引导幼儿了解男孩和女孩不同的隐私部位。

(2)保护自己:知道隐私部位是不能随便让别人摸、看的,要保护好。自己也不能随便触摸别人的隐私部位。

(3)实景演练:现在我们来模拟一下,如果有人把手伸进你们的衣服里面想要摸你们的身体,你们会怎么做?(立马拒绝,让他把手拿开)让他把手拿开的同时,你们还要大声说:"住手,我不喜欢你这样做!"(请幼儿重复这句话)老师鼓励:"很好,当遇到这类危险的时候,你要大声地表示拒绝,告诉对方。然后尽可能想办法快速地离开,寻求帮助。"

4. 感悟园——保护自己,拒绝侵犯

经验总结:如果没有正当理由,除了自己,没有任何一个人有权利触碰你的隐私部位,即便是最亲近的人也不可以。不要随便单独和陌生人在一起,一旦有人要侵犯自己的隐私部位,一定要马上制止并快速离开。如果受到了侵犯,你要马上告诉爸爸妈妈和老师,请他们帮助你,让坏人受到惩罚。

有些大人的心理不健康,会做一些错事,当你们遇到这样的触摸问题时,不要怕,这绝对不是你自己的错,你要学会保护自己,大胆地说:"不,不要触摸我。"

5. 实践点——家园互动，拓展延伸

将《不要随便摸我》这个绘本系列推荐给家长和孩子，邀请他们在家时一起阅读，让孩子从小建立起自我保护的意识，懂得如何保护自己，学习怎么拒绝他人非善意的触碰，体会保护自己隐私的重要性。其实遇到危险时，身体就像警报器一样，会发出一些令人不舒服的警告，鼓励孩子相信自己的直觉，一旦觉得不舒服或者害怕，要及早离开，寻求帮助。

C 辅导反思

在班级里经常会发现有的孩子们很喜欢把手伸到裤子里摸，有几个女孩在穿裙子的时候会经常把裙子往上拉或者把上衣掀起来。

整个活动我以绘本《不要随便摸我》作为载体，根据吉米和妈妈的对话展开今天的主题，每个环节循序渐进，环环相扣，进而迁移到具体的生活中，让幼儿知道要保护自己的隐私部位，隐私部位是不能随便让别人摸、看的，要保护好；让幼儿学习保护自我，提高自我保护意识；了解面对侵犯事件时应该怎么做，体验到保护自己隐私的重要性。

通过学习他人的事例，很好地调动了孩子们对这一话题的兴趣。通过谈谈自己学习的体会以及以后会怎么做，较好地完成了本次辅导活动的目标。

面对性侵犯等事情发生时，想办法保护自己，学会拒绝，是孩子们必须学会的一项自救技能，这不是仅仅通过一次活动就能改变的。活动虽然结束了，但是关注还要继续，活动也许能在观念层面对孩子们进行引领，后续还需要老师和家长在日常生活中，悉心关注孩子的心理状态，积极沟通，及时疏导。

作者单位：宁波市大榭开发区中心（金海岸）幼儿园

编者点评

据调查，绝大多数的幼儿性侵事件是熟人所为，幼儿甚至会有"是自己做错事"的错觉，因害怕受惩罚而不告诉长辈，在幼儿园进行这方面的引导能增加幼儿生命的能量。教师使用了自我性保护图书《不要随便摸我》，通过儿童性侵犯的案例，很自然地引导幼儿认识到身体的哪些隐私部位是别人不能随意触摸的，以及遇到性侵犯该如何处理。最重要的是，教师十分重视训练幼儿学会大声地、坚定地说"不"，增强幼儿自我保护和自救的技能。

除了说"不"，教师应侧重引导幼儿如何"防患于未然"，毕竟面对成人性侵，对于弱小的幼儿来说是十分危险的。同时，教师可以用智慧取胜的方法加以引导。此外，教师在"辅导反思"中提及的幼儿抚摸生殖器现象，是幼儿对身体充满好奇、探索自己身体的一种正常反应，与幼儿的情感发育有关，不可与性骚扰或性侵相混淆。

不跟陌生人走

叶 彦

A 辅导缘起

近年来,我国相关部门对打击拐卖儿童犯罪高度重视。但拐卖儿童犯罪仍屡禁不止。儿童安全预防针要早打,机智勇敢要从幼儿平时的教育做起,一旦遇到坏人,一些防拐及自我保护的方法会帮助孩子逃离危险。2015年3月,湖北的5岁女童被陌生人强行带走,机智地向警察求救而成功脱险的事件,足以说明幼儿自我保护教育的必要性。

当今社会,安全隐患无处不在。然而很多家庭却采取了不当的教育方式,在我们班,一些幼儿不懂如何保护自己,如:幼儿对陌生人无戒备心、随便接受陌生人给的食物、不清楚安全知识、说出家里的详细地址,还有部分幼儿不会拨打紧急电话……基于这些,需要我们及时地进行安全心理辅导活动。

绘本《学会爱自己——不要随便跟陌生人走》从小蕾娜的角度出发,用讲故事的方式,教中班幼儿应对危机的方法,教他们爱自己、保护自己,树立安全意识;会让幼儿勇敢、不畏惧,并树立积极向上的人生观,有利于幼儿身心的健康发展。

B 辅导节点

1. 热身台——分享已有经验

(1)入场:在《不上你的当》的儿歌中进入活动室,找一个舒服的位置坐下聆听。

教师:让我们一起舒服地坐下来,唱唱安全儿歌。

(2)自我判断:"如果有陌生人给你玩具玩,你愿意玩吗?"请幼儿用姓名贴来做一个选择,如果幼儿不愿意,就将姓名贴贴到白色的画板上;反之,则将姓名贴贴到黑色的画板上。

(3)心声流露:请幼儿说出自己的选择及选择的理由,教师根据幼儿的回答出示相应的图片。

(4)教师小结:A. 对于一些小朋友来说,见到有趣的玩具很好奇:①虽然妈妈和老师说不能随便玩陌生人的玩具,但只是玩一次没关系的;②新奇有趣的玩具小朋友很喜欢,无法拒绝陌生人。B. 不愿意玩陌生人玩具的小朋友则觉得,陌生人的玩具再有趣也不能玩,我们要懂得自我保护。

2. 情景场——进行情景扮演

(1)进入角色:今天我们要听一个故事,故事里的女孩名叫蕾娜。请你听一听蕾

娜的故事。(辅助提问)

(2)情景扮演:蕾娜遇到陌生人又害怕又恐惧,如果你是蕾娜,你会怎么做?请你找一个朋友结成一组,一个当陌生人,另一个当蕾娜。把自己当作是蕾娜,会怎么做表演一下,然后再交换角色。(提示:遇到陌生人如何保护自己?)

(3)展示团辅主题,分享体验:教师问幼儿:"情景扮演过之后,你感觉怎样?从这个活动中你学到了什么?"

3. 工作坊——获得自保方法

(1)自我保护。

①遇到陌生人的时候,蕾娜身边有其他同学,如果当时只有蕾娜一个人该怎么办?蕾娜心里是怎样的感觉?(提示:蕾娜很害怕,吓得快要哭了,可是这个时候哭能解决问题吗?)

②在遇到坏人的时候,蕾娜是怎么做的?(提示:跑到人多的地方,打妈妈的电话,熟记安全电话)

(2)实景演练:在危险环境中,蕾娜处理得很好,你能不能成功逃走呢?领任务:家人、老师、安全自救的电话能记住吗?

①幼儿分成2人一组,每组分配一块白板,要幼儿分别写下父母、老师和安全自救的重要电话。

②幼儿互相商量,说出遇到危险情况如何脱逃的方法。

③分组演示,教师巡回指导。

4. 感悟园——汲取有效经验

(1)播放视频:生活中有很多好哥哥好姐姐值得我们学习,让我们一起来看看儿童安全关爱音乐剧《皮皮鲁送你100条命》里的大哥哥大姐姐是怎么做的吧!(播放音乐剧,引导幼儿自我思考)

(2)随机提问:音乐剧里讲了哪些安全知识?他们遇到危险是怎么做的?

5. 实践点——落实日常行为

不管在什么时候,我们都要学会自我保护,远离不安全的环境。在遇到危险的时候,我们要不畏惧、不慌乱、动脑筋、想办法。请你在接下来的时间里,熟记家人和老师的电话,家里和幼儿园的地址、安全电话,并学会一首安全儿歌。

C 辅导反思

本次活动以读绘本《学会爱自己——不要随便跟陌生人走》的直观形式,很好地引导了孩子们体验自我保护的重要性。在经历害怕—慌乱—勇敢等一系列情绪变化,进而带动自身,帮助幼儿机智地处理危险事件,增强自我保护的能力。

整个活动围绕"自我保护"展开。安全儿歌、绘本思考、电话熟记、视频展示、能力提升,把思考与行动融合在一起,调动幼儿对活动的兴趣,完成辅导目标。而角色体验和现场演练是本次活动的亮点,使幼儿增强处理危机事件的能力。

生活中隐藏在幼儿身边的危险很多,丰富幼儿临危不乱的经验,教给他们安全知识是他们必须要学会的生存经验,这不可能仅是一次活动就能学会的。本次活动给幼儿直观引导,意识到形形色色的危险,并学会自我救助。而自我保护的能力也是需要老师和家长在日常生活中,共同教育,时刻提醒促使幼儿不断增强的。

这是孩子们的心理辅导活动,同时教师和家长也深深地感悟到——让孩子学会自我保护,是比把孩子圈在身边更明智的行为。

作者单位:宁波市乐源幼儿园

❤ 编者点评

这节课针对幼儿园那些即将进入小学校园生活、逐渐远离父母视线的孩子们来说,是非常有帮助的。教师结合幼儿的生活实际,设计多重情景,将幼儿带入角色之中,在形象、丰富、有趣的角色体验和讨论中,使幼儿明白自我保护的重要性。经过师生、生生互动和实景演练,幼儿在讨论中擦出思维的火花;在实践中感受成功的喜悦,逐步学会应对危机的方法,很有实际意义。

但本课预设的情景太多,容易使幼儿得到"置身事外"的旁观者定位。建议设置一些现场感参与感更强的游戏,如在"陌生人玩具"游戏中,可以请一位成人做现场扮演,而不是对着枯燥的例子来讨论。

 时间都去哪儿了

姚成瑾

A 辅导缘起

临近毕业,幼儿园的学习生活即将画上句号。孩子们通过参观小学校园、感受小学校园文化等活动,对小学的生活充满了向往,他们经常会和同伴说起自己将来要上哪所小学、为上小学准备了新书包等。然而在精神的向往及物质的准备之外,他们对小学的实际生活缺乏学习习惯的心理准备,主要表现在:时间观念淡薄、做事拖拉没有效率。例如,在集体活动和户外活动时的自主时间,幼儿一直闲聊着,等到要排队了才想起喝水、如厕;在操作活动中,幼儿往往在前面的时间拖拉,等在临

近结束时才"奋起直追",最终只能草草了事。

在我对我园6个大班进行普查后,发现类似于以上的现象非常普遍。基于以上大班幼儿的心理现状,我设计了本次活动。希望通过活动让大班的孩子感受到时间匆匆易逝,使幼儿学会惜时,有一定的时间观念,养成高效率的学习习惯,唯有珍惜时间才能让自己将来的校园生活更精彩,更有意义,也为幼儿的后续发展带来帮助。

B 辅导节点

1. **热身台——时光列车,遇见过去**

(1)回忆再现:伴随着美妙的音乐进入活动室,乘坐"时光列车",一同观看自己小时候的照片。

师:欢迎乘坐我的时光列车,现在一同来到的是"过去",你还记得过去的你吗?

(2)回忆分享:拿着自己的照片,和大伙儿分享那时的自己在做什么。

(3)今昔比较:畅聊今昔变化,感受成长的快乐。

2. **情景场——重识分秒,感受时间**

(1)重识分秒:ppt呈现大时钟。粗粗短短的是什么针?比粗粗短短稍长稍细一点的呢?最细最长走得最快的是什么针?秒针走一圈代表什么意思?一分钟有多少秒?如果没有秒针,我们怎么知道一分钟到了。

教师小结:一分钟有60秒,秒针走一圈或分针走一格都表示过了一分钟。

(2)感受一分钟:你觉得一分钟长吗?闭上眼睛感受一下。

小结:当你静静地坐着时感觉一分钟并不短,那么在游戏中再来感受一下吧。

3. **工作坊——分秒流逝,把握时间**

(1)一分钟能做什么:观看视频,成人在一分钟内做了什么事。小结:大人在一分钟内能做这么多事,我们也来挑战一下,你的一分钟能做什么。

(2)挑战一分钟。

①游戏一:一分钟木头人。

提问: 分钟不动容易吗?

小结:一分钟坚持一件事情也不那么容易。

②游戏二:一分钟系鞋带。

提问:都完成了吗?有快有慢,请快的小朋友介绍经验。

小结:一分钟时间对我们的生活很有帮助。

③游戏三:一分钟夹弹珠。

提问:你夹了几颗?填写在表格里,请幼儿传授经验。

小结:在相同的一分钟做同样的事,因为每个人的快慢不同,结果也会不同。抓紧时间你完成的任务就多了。

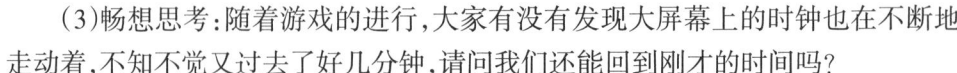

(3)畅想思考:随着游戏的进行,大家有没有发现大屏幕上的时钟也在不断地走动着,不知不觉又过去了好几分钟,请问我们还能回到刚才的时间吗?

小结:过去了的时间再也不能倒回,珍惜时间才是真理。

4. 感悟园——珍惜时间,憧憬未来

(1)反思自我:你在学习生活中有哪些浪费时间的行为?这些行为会造成什么样的后果?

(2)观看视频,学习经验:观看视频《小学生的课间十分钟》,深刻感悟进入小学后更需珍惜时间。

(3)出示课程表:这个表格你们看得懂吗?你知道这个表格上的安排吗?这个表格有什么用?

小结:课程表能帮我们合理安排时间,我们以后也来尝试为自己安排一下。

5. 实践点——制订计划,分秒必争

为自己制订周末时间计划表,集中展示,分享在做这些时间安排的时候你是如何考虑的。

辅导反思

本次活动我首先设计让幼儿比较过去与现在,感受成长的变化,初步感知时间匆匆。时间的概念对幼儿来说是抽象的,所以我通过游戏这一幼儿最有兴趣、最熟悉的方式,在自然的情境下完成幼儿对时间的使用,从而引发幼儿思考如何合理地利用时间。许多幼儿在我游戏喊停时,纷纷表示"这么快啊""好可惜啊""还想再玩一次""我下次系鞋带的时候不能看你了",这些幼儿自发的感受,弥足珍贵。紧接着我通过课程表的呈现,引发幼儿思考如何安排自己的时间,养成不浪费时间的习惯,深入思考如何自主地活动。

在制订周末计划过程中,幼儿间的能力差距比较大。部分幼儿对时间点的把握比较零散,时间顺序不清晰。这与幼儿的生活经验有关,也符合幼儿片段化的思维方式。如果能调整为设计一个上午或一个下午的计划,更符合幼儿的能力,也会有更好的效果。

课堂的时间是短暂的,在区域活动中我还会开展个性化的活动,利用"课间十分钟"等时间段开展集体活动,为幼儿适应小学生活打下基础。

作者单位:宁波市第一幼儿园

编者点评

本课的设计重点落在帮助幼儿感知时间的可贵,初步了解时间的概念,以及如何提高时间的利用效率,符合大班幼儿心理发展特征。制订计划的环节又将视角回归到幼儿的实际生活,运用课堂上所学的惜时方法合理安排自己的休

心理辅导之其他

息时光,学以致用、用以促学。

但时间管理的对象不是"时间",而是"使用时间的人",其本质是"自我管理"。建议将"挑战一分钟"中的游戏改为"任务计时",选用与幼儿生活息息相关的小任务,如系鞋带等。然后为幼儿的行动计时,经过交流分享、总结经验,不断地重复任务,使幼儿在每一次系鞋带的体验中都感受到"比上一次更快更好"的成功,激发幼儿"自我管理"的兴趣和信心,而不是感受"没有完成任务"的失败感。

魔鬼医生覆灭记

顾芳芳

A 辅导缘起

在我们的身边幼儿害怕牙医,不愿意看牙医的事例比比皆是,我们班中这样的事例也是不少。家长们为了孩子能去看牙医都先会好言相劝,一看效果不佳就会使出各种糖衣炮弹进行诱惑。如果还没有达到效果,部分的家长就会使用强硬手段进行恐吓了。不管是哪种办法,都没能让孩子消除恐惧,这也让家长们头疼不已。现今的孩子遇到困难就会退缩逃避,这对孩子今后的发展是很不利的。如果孩子遇事能勇敢面对,我们就可以逐渐帮助他们培养克服困难、迈向成功不可或缺的内在力量和挫折忍受力。

因此,我萌发了开展团体心理辅导活动的想法。大班的孩子他们的情感稳定性逐步提高,对于外界的事物有了一定的判断力、理解力。大班孩子渐渐开始换牙,由于心中害怕不敢把乳牙松动的事告诉父母,而错过换牙最佳的时期。很多孩子拒绝看牙医其实是对牙医认识得不够深刻,他们的认知只是停留在各种表面的现象上。如果能对牙医工作进行比较具体的介绍,拨开孩子心中的雾团,让他们真真切切感受牙医工作的过程,那么魔鬼医生的形象便会慢慢覆灭。

B 辅导节点

1. **热身台**——放松心情,用心交流,我害怕的牙医

(1)愉悦入场:在《刷牙歌》的音乐声中进入活动室,请幼儿一边聆听歌曲一边静静找个座位坐下来。

(2)心的选择:"你的牙齿健康吗?你喜欢去看牙医吗?"每位幼儿手中拿着一颗牙齿道具,喜欢看牙医的请贴在红色展板上,不喜欢的请贴在蓝色的展板上。

(3)用心交流:请害怕牙医的孩子来说说自己害怕的原因是什么,教师根据幼儿的回答出示相应的PPT。

(4)教师简单地总结:一部分孩子不喜欢是害怕医生的工具,也有的孩子是因为怕治疗过程中的疼痛。

2. *情景场*——绘本欣赏,真情感受,重新认知牙医

(1)欣赏绘本:请幼儿欣赏《老鼠牙医》绘本的第一部分。

①出示身材小的动物,师:当老鼠医生遇到小个子病人时,它是怎么治疗的?

②出示高大动物。师:遇到个子比较大的病人,老鼠医生想什么办法来解决?

(2)情景表演:两位小朋友一组,一位幼儿扮演病人,一位幼儿扮演老鼠牙医。情景表演中,幼儿能感受牙医是如何看病的,初步认识牙医,减少了对牙医的恐惧。

(3)交流提升:看了这几幅画,你觉得它是个怎样的医生?

教师小结:是呀,老鼠牙医为了那些特殊的病人,制作了这么多特殊的工具,有梯子、有升至半空可以荡来荡去的吊环,尽管它的身材比别的动物小,但都难不倒它。老鼠牙医可真是厉害呀!

3. *工作坊*——换位思考,拓展体验,好聪明的牙医

(1)抽丝剥茧:欣赏绘本第二部分,并展开想象:狡猾的狐狸牙痛,来向老鼠牙医求救,老鼠牙医会怎么做?

(2)交流对决:大家认为第二天老鼠牙医会让狡猾的狐狸进来,继续给狐狸看病吗?为什么?请幼儿根据自己的意见分成两队,并能大胆讲述自己的观点。

(3)情景重现:两两一组,表演牙医帮狐狸看病的过程。幼儿分组进行,教师巡回指导。

(4)分享交流:谁扮演的医生最像,请他(她)在全班小朋友面前进行表演。(教师提问:它是怎样帮狐狸治病的?用了哪些方法?)

(5)情感提升:老鼠牙医是一位怎样的医生?(勇敢、聪明)

4. *感悟园*——播放课件,疏导情绪,不再害怕牙医

(1)播放PPT:出示儿童牙医门诊的环境照片。回归到幼儿的生活中,将儿童门诊温馨的一面展示在大家面前,有效转移、分散恐惧情绪。

(2)医生悄悄话:播放背景音乐以及医生阿姨对我们说的话,让孩子直面牙医,放下对牙医的成见。

5. *实践点*——体验时间,真情延伸,我来做做牙医

为了让孩子了解牙医,进一步认识牙医的职业,减少孩子对牙医存在的潜意识的恐惧,我随机生成了"医生你好"的主题活动和动态式区域活动。我让孩子们通过

模拟医生,和坏细菌做斗争,提升幼儿做医生的光荣感和使命感。

C 辅导反思

本次活动我以绘本《老鼠牙医》作为载体,引导孩子们跟着老鼠牙医的角色亲身进入到牙医看病的过程中来。辅导的过程分成了两部分:第一部分从老鼠牙医为不同病人看病着手,让幼儿了解牙医的工作,放下对牙医的成见,再次感受牙医的聪明,从而激发孩子对牙医的崇拜之情;第二部分从老鼠牙医惊险的狐口拔牙这一系列情绪变化开始,重塑牙医形象,进而迁移到幼儿自身,为老鼠牙医的勇敢而鼓掌。

整个辅导活动直面孩子的恐惧心理,从一开始的日常渗透、心理交流到真情感受、强化角色,紧接着拓展体验、重塑角色到最后的疏导情绪、消除恐惧,较好地完成了辅导目标。特别是交流对决和牙医角色体验是本次活动的高潮所在,使孩子们在真实地表达内心想法的同时,通过情景表演体验到老鼠牙医的勇敢。

在现今的社会中,学会勇敢是孩子们必须面对的,恐惧牙医也仅仅是其中的一小点,这不是仅仅通过一次活动就能改变的。在后期的生活中,我也会继续关注孩子的心理,并进行积极正面的疏导。

作者单位:宁波市江北区实验幼儿园

♥ 编者点评

恐惧常常源于我们对事物的不了解,教师从幼儿害怕看牙医这一现实问题入手,通过赏析绘本《老鼠牙医》,帮助幼儿获得战胜恐惧的力量。有趣的是,绘本的前半部分很好地让幼儿了解了看牙病的过程,消除了幼儿因不了解而产生的看病恐惧症;随即老鼠牙医又化身为"勇敢"的代言人,运用机智化解危机,可贵的是这个过程中没有魔法,没有夸张的巧合,教师用这种无懈可击的真实感触及幼儿内心,进而迁移到幼儿自身——勇敢和机智能帮助我们战胜危机和恐惧,小个子战胜大家伙不是梦想。

本课的着眼点较小,没有让勇敢的精神拓展延伸,只是局限于看牙医这一事件,未免有些不过瘾的遗憾感。

原谅小黑猪

李玉波

A 辅导缘起

部分幼儿在日常生活中会为一些小事发生争执,甚至出现攻击行为,是因为孩子以自我为中心的现象比较严重。幼儿也会因为别人做了让自己生气的事情,在心里产生愤怒、讨厌别人的不良情感,日积月累,不利于幼儿心理健康发展。因此,我萌发了针对"宽容"这一主题开展团体心理辅导活动的想法。辅导对象为大班幼儿,他们的求知欲、同理心、理解能力不断提升,能够开始换位思考。

"宽容"对幼儿来说还是比较抽象的。我选择了"宽容"含义中的一个点——原谅。本次辅导活动的主要目的是通过情景游戏,通过"小黑猪"的角色刺激,体验由生气到原谅后的情绪变化,让幼儿感受到"原谅别人"自己也会快乐,从而培养幼儿的宽容意识。活动中用故事为引线,从幼儿亲身经历的事件中进行提问剖析、层层引导,让幼儿主动发现、学习谅解别人的方法。这对幼儿以后的处事态度会产生积极影响,有利于幼儿逐渐形成宽容品质。

B 辅导节点

1. 热身台——"叠高楼"游戏,设置冲突

(1)介绍新朋友"小黑猪"角色。

(2)出示礼物盒,布置任务。

挑战任务:用易拉罐合作搭高楼,每幢楼房高10层。目前记录是半分钟6幢。(打破纪录,将收到礼物)

(3)幼儿分组执行挑战任务,小黑猪好心办坏事,导致挑战失败。

2. 情景场——交流诉说,情感流露

(1)心情交流:为什么挑战没成功? 你们喜欢这只小黑猪吗? 为什么?

(2)贴表情:用表情贴纸,把现在的心情告诉大家。

(3)生活讲述:你以前有遇到过别人做了让你生气的事情吗?

幼儿回忆讲述,教师归纳记录。

3. 工作坊——讲述故事,迁移生活

(1)讲述故事,引发感触。

提问:

①大雄心里怎么会有这么多"石头"?

②把生气的事情一直藏在心里,人会怎么样?

③机器猫发射了神奇炮弹帮大雄消灭了"石头"。(出示炮弹图片)提问:炮弹里有什么秘密?大雄在想什么呢?

(2)迁移生活,思考分析。

①我们一起来想想办法,把我们心里的"石头"消灭掉。

根据情境场中的记录案例引导幼儿解决,并将所说方法用简笔画的形式进行记录。

②小结:当我们遇到生气的事情时,可以用上面记录的方法消灭压在我们心中的"石头",让自己心情变得轻松、愉快。

4. 感悟园——回顾内省,感悟宽容

(1)小黑猪刚才的行为让我们感到生气,我们一起来看看,是不是也有原因。(播放小黑猪"好心办坏事"的行为视频)

①提问:小黑猪做了什么事?结果怎样?

小结:原来小黑猪刚才的行为也是有原因的,只是方法不对。

②提问:小黑猪怎么做,你会原谅他?

(2)小黑猪向大家道歉,并说说自己刚才做的动机和原因。

提问:小黑猪已经道歉了,你们愿意原谅他吗?

(3)谁原谅小黑猪了?可以用什么方法表示你原谅他了?(拥抱、语言等)

5. 实践点——原谅别人,感受快乐

(1)原谅的快乐。

提问:原谅了小黑猪,你们现在心情怎样?请用表情贴纸,把你现在的心情告诉大家!

小结:原谅别人真好,别人变高兴了,我们自己的心情也变得更好了!而且我们现在又多了一个朋友!以后当我们遇到生气的事情时,可以用到这些好方法:想一想别人这样做是不是有原因的;想想别人好的地方;想想原谅别人后自己也会快乐;想想对方已经向自己道歉了,我们就原谅他吧。

(2)延伸活动。

幼儿再次游戏,体验成功的快乐。

C 辅导反思

本次辅导活动注重幼儿情绪体验,为幼儿设计现场实践,让幼儿情绪真实地流露,使辅导活动更有意义;从幼儿亲身经历过的事件中进行提问剖析、层层引导,让幼儿主动发现、学习谅解别人的方法,更能让幼儿接受。

教师采用视频录像的形式从事件本身去挖掘,让幼儿回到了最初的事件中,了解到"小黑猪"行为背后的原因,让幼儿真正地去理解别人,从而达到"原谅"的效果,疏导自己的不良情绪。

当然一节心理活动课不可能马上让孩子形成宽容品质,希望这个活动能起到抛砖引玉的作用,能对孩子以后的处事态度产生积极影响。特别是在以后的生活中与别人发生摩擦时,幼儿能尝试运用今天所发现的方法去分析思考,理解别人的行为,谅解别人。如果幼儿一直坚持这样做,接纳别人的过失,长大后会有一个宽容、博爱的胸怀。

活动中"小黑猪"的扮演者在幼儿眼里是"反面角色",所以教师应在活动前后对幼儿作一个心理疏导。

作者单位:宁波市市级机关第二幼儿园

编者点评

教师巧妙地设置了一个"小黑猪"的角色,从幼儿的实际游戏体验入手,借助"大石头"作为负面情绪的形象代表,通过讨论和比较几种不同的情绪处理方式,帮助幼儿认识到宽容他人的重要性,引导他们在交往中学会互相尊重和体谅,并体验宽容带来的内心滋养。整个活动层层深入,重视体验,富有情感渲染。

但活动中对"小黑猪"的宽容是有前提的——那就是"无心之过"。而现实生活中幼儿会遇到他人的"有心之过",如何帮助幼儿理解"宽容别人,就是舒畅自己",宽容是防止进一步伤害的明智之举,值得商榷。

坚持,我小小的梦想

李洁莹

A 辅导缘起

每个孩子的童年里珍藏着美好梦想,梦想是孩子对自己未来的设计,它能唤醒一个人的自我潜能,是成功的原动力和发动机:拿破仑很小的时候梦想能成为统帅,桥梁专家茅以升小时候就梦想造大桥……由此可见,梦想能引发巨大的动力。因此,从小就对孩子进行梦想教育,对孩子未来的成功有不可估量的作用。学校作为梦想的加油站,应该设法激发、加固孩子的梦想。特别是对大班幼儿来说,他们对周围事物充满了强烈的求知欲和好奇心,在成长的过程中会悄悄冒出自己的兴趣和爱好,其可塑性强。作为教育工作者,应抓住这个个性形成的关键期,进而使得孩子的个性和潜能得到健康的发展。

以《大脚丫跳芭蕾》作为心理辅导活动的引子,告诉有梦想的孩子,无论遇到什么困境,你都要付诸行动、乐观面对、坚持到底。希望通过开展团体辅导活动,运用"绘本触梦想""我的达人秀""制作愿望塔""造梦计划书"等几个心理辅导环节帮助每个孩子行走在实现梦想的路上。

B 辅导节点

1. 热身台——唤起梦想,快速选择

(1)倾听心声:随《种太阳》伴奏曲入座。"什么是梦想?你有自己的梦想吗?"请幼儿来大胆说出自己的梦想。

(2)快速选择:教师拿出调查题板(问题一:你是否在别人面前提过自己的梦想?问题二:是否为了实现梦想想做一些努力的事情?),幼儿用绿树和石头两种贴纸代表"是"和"否"。

总结:"绿树"代表希望,绿树越多,就与梦想越近。

2. 情景场——梦想之路,坚持会赢

(1)走进绘本:欣赏绘本故事人偶剧《大脚丫跳芭蕾》。这里有个女孩她叫贝琳达,她想成为一个芭蕾舞演员,可是她的大脚会让她遇到什么事呢?

(2)感受心情:边观看边感受心情变化:当贝琳达被评委打击(她的心情会怎么样?如果是你,你会怎么想?);转行做餐厅服务员后她用舞姿感染了顾客(她对跳舞发自内心的热爱);被大家重新认可回到舞台的喜悦(她为什么能回到舞台?你的心情是怎么样的?)。

(3)为她点赞:因为她面对打击没有放弃,因为她依然坚持练习舞蹈,因为她愿意自信展示自己。我们一起伸出大拇指为贝琳达点赞。

3. 工作坊——建立自信,展现自我

(1)放声说出来:为什么贝琳达能被乐团的指挥发现?因为她在大家面前自信地展现自己的才艺。其实我们也可以。

点燃"自信":请每个小朋友依次说出"我在××方面很棒""我有××本领"。

(2)展示达人秀:你会大胆展示自己的才艺吗?自己紧张害怕的时候该怎么办?小伙伴没有信心的时候,我们怎么鼓励他?

练习"自信":自我暗示——和老师一起大声说出"我可以";能量释放——深呼吸;语言激励——"去吧!你真棒";动作鼓励——抱一抱、拍拍肩。

展现"自信":每个小组提供一个小舞台,尝试上台秀出自己才艺的幼儿,会得到小伙伴的"宝贝真棒"徽章。

(3)梦想中的自己:贝琳达的舞蹈赢得那么多人的掌声,是因为她在背后坚持练习,坚持不变的梦想。如果你想成为一名医生、一名科学家,你会通过哪些方法去坚持?分组讨论:在小组中说说"我坚持"的N种方法。

4. 感悟园——绘筑梦想,种下信念

(1)用心绘制梦想:把自己的梦想画在梦想塔上,与周围的小伙伴分享自己在梦想塔上的梦想。

(2)在线传递梦想:在镜头前说出自己的梦想和实现梦想的决心。教师拍摄记录并发送到班级微信平台给他们的父母,感受孩子的成长。

5. 实践点——定计划书,坚持梦想

和父母一起制订"造梦计划书",根据自己的计划书定期记录自己为实现梦想应该要做的事情,以图画的形式记录下来。用实际行动去坚持梦想,努力实现。

C 辅导反思

辅导的目标一直围绕着"梦想不要轻易放弃"来展开,教师和孩子们一起用心阅读绘本《大脚丫跳芭蕾》这个关于愿望的故事,亮出每个跌宕起伏的情节,鼓励孩子去思考,跟随主人公情绪的变化感悟梦想的真谛。在感受故事情节中主人公"遭受评委心理打击"和"餐厅翩翩起舞获得掌声"这两处时,如果能选配两段对比鲜明的背景音乐(失落低沉、轻舞飞扬),来衬托整个人物强大的内心世界,会给孩子带来更多的心灵震撼和共鸣,随之释放出更多积极、大胆的表现欲。

有了这样的情感牵引,实践练习的推进就是一剂"强心剂",让孩子们面对自己的梦想能大胆说出来、喊出来、做出来,通过自我突破、榜样示范、同伴激励等方法迈出自信的脚步。

最后的环节,孩子们完全沉浸在自己的梦想国中——"搭建梦想塔、传递梦想声、计划梦想书",梦想需要记录。这就需要父母的共同参与,既是分享和见证,也是一种隐形的鼓励。当然后续的活动需要去体现,并能定期展示孩子们的梦想成果,真正发挥辅导的延续性。

作者单位:宁波市鄞州区首南街道中心幼儿园

编者点评

教师在使用绘本《大脚丫跳芭蕾》的过程中,能有意识地引导幼儿了解"贝琳达的问题不是她的脚,而是别人的歧视",并将她所遭遇的困难与幼儿现实生活中的问题相联系,保护幼儿对"梦想"的热情。"自信舞台"上,幼儿在展示活动中认识自己、发挥特长,通过同伴和教师的反馈,发现自己的才能和禀赋。此外,教师还运用了现代多媒体手段,通过微信平台在线传递梦想,将课堂延伸,形成线上线下、课内课外互动的"O2O"模式。

建议教师关注一下大班幼儿是否理解"梦想"这个概念,如有必要应给予说明。此外,通过活动教师也有必要引导幼儿从小学会尊重别人,不把嘲笑别人作为好玩有趣的娱乐。

心理辅导之其他

 # 我不知道我是谁

顾科青

A 辅导缘起

绘本《我不知道我是谁》主要讲述了一只名叫达利B的兔子不知道自己是谁,不知道自己住在哪里,也不知道自己应该吃什么。最最困扰他的是他的脚为什么会那么大。而当可怕的杰西D出现的时候,达利B用他的超级大脚赶跑了杰西D。整个故事有趣、幽默,由故事的发生、发展直至高潮。

班上有个孩子是去年刚进来的插班生,对环境的不熟悉,导致她经常是一个人唯唯诺诺地缩在角落,每次活动她都默不作声地坐在不起眼的角落。通过一段时间的了解,原来这个孩子是外来务工子女,一直都是由爷爷奶奶带着,比较内向、胆小,不能够很好地肯定自己。当然在她身上的这个问题,很多孩子身上也会有。因此,我萌发了开展团体心理辅导活动的想法。

通过辅导,幼儿能了解到一些动物的生活习性。绘本中其实也蕴含着另一个最重要的教育目标,就是对自我的认知。而通过本次活动,我觉得可以迁移到幼儿自身,如幼儿自身能干的地方、自己的优点,等等。辅导对象:大班幼儿。

B 辅导节点

1. **热身台——放松心情,制作名片**

(1)轻松聆听:幼儿在轻音乐中进入活动室坐下,制作自己的名片。

师:请你自己来设计一下自己的名片。

(2)小组讨论:请幼儿以组为单位介绍一下自己制作的名片。

(3)交流分享:请幼儿上台来介绍一下自己的名片及名字的含义。(事先已经问过家长取这个名字的寓意)

2. **情景场——绘本欣赏,自我认识**

(1)感受达利B的认知。

我是什么?住在哪里?我应该吃什么?我的脚为什么这么大?

(2)达利B对自我认知的寻找。

达利B看见鸟住在树上,就决定自己也要住在树上。

达利B看见松鼠吃橡子,就决定自己也吃橡子。但他还是不知道自己的脚为什么那么大。

(3)达利B得到的自我认知。

达利B遇到了谁？发生了什么事情？

达利B为什么非常吃惊？它知道自己是谁了吗？

小朋友猜猜别的兔子们看到了会怎么样？

那现在我们来看看达利B最后知道自己是谁了吗？达利B是兔子,还是英雄？

3. *工作坊——分享交流,提高自我认知*

(1)脑洞大开:达利B为什么成了英雄？你觉得达利B怎么样？你喜欢它吗？为什么？

(2)现场采访:你了解自己吗?你有什么本领呢?能向大家展示一下自己的本领吗?

(3)了解家庭成员的本领:你的爸爸妈妈都会干什么？你了解吗？

(4)了解一下同伴的本领:你的好朋友他(她)会干什么？你了解吗？

(5)了解特种工作人员的本领:你知道他们是谁吗?他们都会干什么?在什么情况下,他们会施展自己的本领？你觉得他们厉害吗？你喜欢他们吗？为什么？

(6)学会自我肯定:每个人都是独立的个体,每个人都有自己闪光的一面,要善于发现自己身上的优点,学会自我赏识。

(7)分享交流:说说你和别的孩子有什么不一样的地方,我是一个什么样的人,我会干什么……

(8)夸夸自己:学会自我赏识,提高自我认知。

(9)夸夸同伴:学会欣赏自己的同伴。

(10)夸夸父母:对父母的工作给予肯定。

(11)请幼儿上台来展示一下自己的本领。

(12)颁奖鼓励:对参与自我展示的孩子进行奖品发放。

4. *感悟园——视频展示,真情绽放*

(1)播放视频:生活中每个人都有自己的本领,我们来看看。

(2)依次介绍:猜猜他们都在干什么?你知道他们的工作是干什么的吗?你觉得他们怎么样？喜欢他们吗？

(3)随机提问:如果没有人做这个？那会怎么样呢？

(4)观看哥哥姐姐展现自我本领的视频:这个哥哥(姐姐)真棒,给他(她)鼓鼓掌。你会什么本领呢？

5. *实践点——体验时间,真情延伸*

原来我们每个人都有自己的本领呢,可真棒啊！现在请孩子们把自己的本领绘画在纸上,并进行分享。

C 辅导反思

这篇文章讲述了达利B有很多的烦恼,因为他不知道自己是谁,住在哪里,吃什么,还有为什么他的脚那么大。虽然如此,他还是模仿学习一些动物的生活方式,希望获得存在的认同。一天,当可怕的黄鼠狼杰西D出现在森林时,他的大脚丫却帮了大忙,他才意识到自己的价值,并得到了大家的肯定。在这个有趣故事中,每个动物都有可爱又俏皮的造型,表情生动多变,让小朋友认识森林里的动物,也学会认识自我。对于五六岁的幼儿来讲,正是处于性格初步形成的关键时期。认识自己,寻找自己喜欢并且适合自己做的事情十分重要。如果幼儿能够早早地认知自己,并且找到自己喜欢的东西,就会为之努力。著名作家莎士比亚说过:"学问必须合乎自己的兴趣,方才可以得益。"

作者单位:宁波市第三幼儿园

编者点评

幼儿可以用镜子看清自己的面貌,用仪器测量自己的身高、体重等,但要正确地认识自己,并不容易。为此,教师精心挑选了幽默呆萌的绘本《我不知道我是谁》激发幼儿思考,兔子一次又一次地询问别的动物,才慢慢了解自己,这是以别人对自己的评价来了解自己;而当他战胜了黄鼠狼后,是通过实践来认识自己。当然,教师并没有停留在绘本的赏析,而是立刻将活动的重点转移到发现自己和身边人的优点,展示自己的优势,学会自我赏识,提高自我认知,这样的衔接和转换是值得肯定的。

最后的实践点又回到话优点,有种狗尾续貂的感觉。建议进行活动的拓展延伸,将自己的优势运用于实际生活,解决实际问题,并记录交流展示,给予幼儿发挥特长的机会,在实践中更深入地了解自己。

101 上小学,你准备好了吗?

郭晓蕾

A 辅导缘起

随着大班最后一学期的来临,孩子们即将升入小学,由小朋友转变为小学生,其学习的内容、节奏、环境将发生很大的变化。对于小学的新环境,孩子们在感到新奇的同时,也会产生种种担忧:没有朋友怎么办?上学迟到怎么办?不会做作业怎么办?上课时想要小便了怎么办?……这些担忧对孩子们造成了潜在压力(上小学真有点害怕),这就是成长的问题。

与孩子们共同面对"上小学"的问题,尝试解决由此而产生的心理"恐惧",让孩子们进一步熟悉小学、了解小学,积累有关上小学的必要经验,从而减少心理压力,跨过这个"幼小衔接"上的"心理坎",这无疑对孩子的发展具有积极意义。

基于上述考虑,我认为开展大班团体心理辅导活动是非常有必要的。从大班孩子的年龄特点和成长需要出发,用情景体验、解决困惑、适应生活等策略,引导幼儿梳理、归纳有关上小学的困惑与担忧,共同寻找解决问题的方法,积累有关上小学的经验,萌发向往上小学的积极情感。

B 辅导节点

1. 热身台——模拟小学课堂,激发兴趣

(1)快乐入场:"看看今天我们上课摆放的桌椅和我们平时教室里一样吗?有什么不同?"在《童年》的音乐声中,幼儿按座位表入座。

(2)交流分享:"坐在小学的课堂里感觉怎么样?"教师用追问、动作提示的方法让幼儿尽可能说出将要做小学生的感受。(选择表情符号)

教师小结:小学是我们向往的地方,做一个小学生让我们觉得很自豪,但是也有一些的担忧。

2. 情景场——欣赏绘本,引出担忧

(1)绘本欣赏:请幼儿欣赏《小阿力的大学校》绘本的前一部分:有一个叫'阿力'的小朋友跟大家一样,马上就要上小学了……

(2)辅助提问

①阿力马上要上小学了,阿力的心情怎样?他在担忧什么?

②你们也要上小学了,会有和阿力一样的担忧吗?说说你的感受与想法。

(3)讨论交流:要上小学,我的担忧。(选择表情符号)

(4)梳理困惑:根据幼儿的交流,梳理出四大担忧的问题:

①有关生活上的担忧:上学迟到、找不到卫生间和喝水地方等。

②有关交往上的担忧:怎样交新朋友等。

③有关学习上的担忧:作业太多、题目太难等。

④有关对老师的担忧:小学老师凶吗?会罚站吗?……

3. 工作坊——分组讨论,消除担忧

师:原来要上小学了,每个人都有小担心、些许焦虑,今天老师就为你们准备了四本大书,书里就藏着解决担忧的方法,请你们去找一找。

(1)合作解疑:分组寻找解决担忧问题的方法。

(2)分享交流:解决有关生活上、交往上、学习上、对老师的担忧的方法。

①发表演说:在生活上很多小朋友担心上学迟到,你找到了什么好办法让自己

不迟到?

②图示分析:有什么好办法和新同学很快地成为朋友?

③小小辩论:小学老师"凶"吗?挑选两组幼儿说出自己的理由。再通过小学生的录音让幼儿认识小学的老师。

④播放视频:引导幼儿通过观察小学生的学习,梳理出正确的学习方法。

4. **感悟园——分析思考,调整心态**

分享心情:"四个担忧",这么多解决的方法,现在大家的心情又怎样呢?(选择表情符号)

教师小结:小朋友们要上小学了,心里有些担忧是很正常的。以后遇到这些担忧别害怕、别退缩,运用办法尝试去解决,办法总比困难多,只要肯动脑筋,你们的困难会越来越少,本领会越来越大。

5. **实践点——师幼互动,情感延伸**

散文诗小结:帮助幼儿再次梳理了担忧问题和解决担忧的经验,激发了幼儿勇于面对困难、向往上小学的积极情感。

教师小结:看来上小学是一件很快乐的事,让我们一起来做好准备。老师相信你们一定会成为一名快乐的小学生!

C 辅导反思

本次活动以大班幼儿上小学前的心理困惑为主线,借助绘本《小阿力的大学校》这一载体,围绕"体验小学课堂—发现问题—消除担忧"进行,满足了幼儿最近经验发展的需要,具有一定的心理辅导价值。

活动自始至终都让幼儿在模拟的小学课堂中进行,在学做小学生的过程中,解决"小学生的问题",情趣生动又富于创意。有情趣的活动在一开始调动了幼儿的积极性,不知不觉萌生了对做小学生的自豪感,为接下去解决孩子"担忧"的事,埋下了积极的心理伏笔。"工作坊"环节,幼儿以小组合作的形式解决问题,通过发表演说、分析图示、小小辩论、播放视频等四种形式共同分享探索"好方法",紧紧围绕要解决的关键问题展开,给幼儿以新鲜感,从而激发了幼儿的多元表达。

幼儿的个体经验、集体智慧通过互动环节得到充分共享,我认为通过本次活动使幼儿能在积极愉悦的情绪中建构有效应对"入学担忧"的新经验,积累有关上小学的经验,萌发幼儿向往上小学的积极情感。

作者单位:宁波市江北区朱佳苑幼儿园

♥ 编者点评

对大班幼儿进行幼小衔接的教育活动,如及时雨般应景应心。绘本《小阿力的大学校》中小阿力的反应,使幼儿们深有同感,引出幼儿对上学这件事的担心和害怕，进而归纳梳理为四个方面的担忧。接下来，教师没有走继续使用绘本的寻常路，而是通过四本图书，引导幼儿阅读讨论，并借助小学生的现身说法，帮助幼儿找到克服害怕和恐惧的方法。在这个过程中，每个问题都会有多种解决之道，无形中培养了幼儿"不沉溺在情感体验中，而要积极寻找办法"的正向思维模式。

　　课堂体验不只是为将来作准备，当下的课堂本身也是幼儿生活的一部分。未来的知识不一定能指导未来的生活，但现在的生活体验一定会对他们的未来产生重要影响。因此，建议有条件的幼儿园可以带领幼儿走进即将入学的小学（可选择大部分幼儿将会入学的小学），实地感受校园环境与氛围。

后记

　　幼儿园团体心理辅导是根据幼儿生理、心理发展特征,运用心理辅导技术,培养幼儿良好的心理素质,促进幼儿身心全面和谐发展的教育活动。辅导活动需要教师以心理学理论为基础,运用心理辅导的技术和手段,以达到培养幼儿良好的心理素质的根本目的。而心理辅导活动的相关理论、技术、手段的特殊性、专业性的掌握,对大多数幼儿园教师来说是一个新的课题。

　　2006年,宁波市教育心理研究会开始举行"宁波市幼儿园心理辅导活动优质课评选",至今已近10个年头。每次活动,研究会都会通过层层选拔,把最优秀的心理辅导活动课在宁波市进行现场展示。在这个过程中,教师设计的心理辅导活动教案几乎涵盖了幼儿发展阶段的方方面面,从内容上需要将它们理出头绪,科学归类;与此同时,幼儿园心理辅导活动课究竟应该如何设计、如何引领?时常困惑着幼儿园教师,在形式上又亟需将它们提炼、优化或者说形成一定的模式!所以,当《直面童心的点拨——幼儿园个体心理辅导101例》完稿后,我们就一直希望有一本关于"幼儿园团体心理辅导"的姊妹篇,用适合幼儿学习规律的形式去体现团体心理辅导中的"活动""体验""感悟""转变",力求书中的每一篇教案都可以让教师信手拈来、稍作调整就成为班级孩子的需要。

　　在"101例"德育·心育系列丛书主编张骏乐的支持下,去年6月我们开启了这项极为有意义的工作。由于有关"幼儿园团体心理辅导"的书籍,国内非常少见,可借鉴参考的几乎为零,这就使得我们对该书内容的遴选和形式的设计,具有了一定的挑战性和创新性。

　　征稿获得了宁波乃至浙江、安徽、江西、河北等省幼教同仁的积极参与,半年的时间里,我们共征得稿件近300篇,使得我们可以优中选优地把幼儿发展各个方面的心理辅导活动教案从容地呈现给大家。

　　这次精选的幼儿园心理辅导活动101个课例,概括起来有这么几个特点:

　　1. 体现了孩子的主体性。在这里,教师选择的事例都是孩子平时关心和熟知的,是与他们的生活密切相关的,因而能激活孩子的心理活动,引发起他们的兴趣和内心共鸣。

2. 体现了师生的平等性。在这里,教师卸掉了自己的"心理盔甲",以班级平等一员的身份,与孩子在同一个平台上进行民主的讨论和沟通,共同分享个人的感受和经历。

3. 体现了参与的广泛性。在这里,教师营造了孩子能够并且愿意倾诉心声的氛围,让孩子可以自主地发表意见,宣泄情感,有较多的思维投入、行为投入和情感投入,确保全班孩子最大限度地参与,从而成为心理辅导活动课的主角。

4. 体现了活动的多样性。心理辅导的任何一种形式都不可能同时满足所有的孩子,在这里,教师提供了丰富多彩的解决问题的方法,特别是多媒体技术的广泛运用,大大活跃了课堂气氛,增强了教育效果。

5. 体现了"助人自助"的原则。孩子在心理辅导活动中,既是受助者,又是助人者,在这里,当孩子上完这堂课以后,他会觉得内心滋生了一种新的力量,他不是感到老师帮助了自己,而是自己帮助了自己。

在此,我们对杭州市朝晖幼儿园胡嫣、宁波市江北区中心幼儿园朱黎黎、宁波市北仑区新碶高塘幼儿园虞佳维3位老师,为本次征稿尽心地撰写范文;对姐妹省、市幼儿园教研员大力支持征稿工作;对宁波市各个县(市)、区心理教研员积极组稿、推荐优质稿源一并表示深深的感谢。

《直面课堂的灵动——幼儿园团体心理辅导101例》,希望能为幼儿园心理课堂成长助推一臂之力,增添一抹灵动。

编者

2016年8月15日

亲爱的读者：

感谢你购买《直面课堂的灵动——幼儿园团体心理辅导101例》。

本书为幼儿园教师开展团体心理辅导提供参考，分为以下十二个版块：学会生存、学会感恩、学会关爱、学会诚信、学会交往、学会合作、学会分享、学会接纳、学会自信、学会抗挫、学会创新和其他。全书选编了幼儿团体心理辅导活动案例101例。

每个案例由三个部分组成：一是"辅导缘起"，即介绍辅导活动的起因和辅导对象；二是"辅导节点"，即辅导活动过程中的几个关键环节，包括热身台(进行热身活动)、情景场(展示团辅主题)、工作坊(转向辅导对象)、感悟园(获得活动感受)、实践点(认知转变行为)；三是"辅导反思"，即对辅导活动进行正反两方面的小结及对后续辅导的思考。

本书介绍幼儿园教师在团体心理辅导实践中的理性思考和实操方法，全方位展示幼儿园教师在团体心理辅导中"扎实"而又"灵动"的技巧，是幼儿园教师开展团体心理辅导不可多得的参谋和助手。

联系地址：宁波市甬江大道1号宁波书城8号楼616室

联系人：章淑芳　　联系电话：87242865　18969437121　　QQ：573236244

开户行：
1. 交通银行宁波分行(户主：宁波出版社)　　账号：3320062710120155 01188
2. 支付宝户名：宁波出版社　　　　　　　　账号：cw@nbcbs.com

宁波出版社

2016年8月30日

------------ 裁切线 ------------　　　　　------------ 裁切线 ------------

回　执

书　名	《直面课堂的灵动——幼儿园团体心理辅导101例》		
订　数		定　价	35.00元/册
经手人		电　话	
邮寄地址			

学校(盖章)＿＿＿＿＿＿＿＿＿＿＿

亲爱的读者：

感谢您购买《直面课堂的灵动——幼儿园团体心理辅导101例》。

《直面文本的融合——中小学学科渗透心育101例》为《直面课堂的灵动——幼儿园团体心理辅导101例》的兄妹篇。本书为中小学一线教师学科渗透心育的教案集锦，按学科分为以下十二个板块：语文、数学、外语、政治、历史、地理、物理、化学、生物、音美、体育和其他。全书选编了运用心理学原理进行学科渗透心育的101个教案。

每篇教案由三部分组成：一是"渗透缘起"，即介绍该渗透个案的背景及采用该渗透技巧的心理学思考；二是"渗透节点"，即该渗透过程中的几个关键节点；三是"渗透反思"，即对该渗透正反两方面的小结或对后续渗透的思考。

本书介绍中小学一线教师在学科渗透心育中的思考和实践，全方位展示中小学一线教师在学科渗透心育中的创新艺术，是中小学开展学科渗透心育不可或缺的参谋和助手。

联系地址：宁波市甬江大道1号宁波书城8号楼618室

联系人：章老师　电话：87242865　18969437121　　QQ：573236244

开户行：

1. 交通银行宁波分行(户名：宁波出版社)　　账号：3320062710120155011 88

2. 支付宝户名：宁波出版社　　　　　　　　账号：cw@nbcbs.com

(汇款务必备注学校名称)

宁波出版社

2016年8月30日

------- 裁切线 -------   ------- 裁切线 -------

回　执

书　名	《直面文本的融合——中小学学科渗透心育101例》	
订　数	定　价	35.00元/册
经手人	电　话	
邮寄地址		

学校(盖章)＿＿＿＿＿＿＿＿＿＿